中国口岸外来入侵植物彩色图鉴

ILLUSTRATED HANDBOOK OF INVASIVE ALIEN PLANTS OF CHINESE PORTS

于胜祥　陈瑞辉　主编

李振宇　主审

河南科学技术出版社

·郑州·

图书在版编目（CIP）数据

中国口岸外来入侵植物彩色图鉴 / 于胜祥, 陈瑞辉主编. — 郑州：河南科学技术出版社, 2020.4

ISBN 978-7-5349-9696-2

Ⅰ. ①中… Ⅱ. ①于… ②陈… Ⅲ. ①外来入侵植物—中国—图谱 Ⅳ. ①Q948.52-64

中国版本图书馆CIP数据核字(2020)第036756号

生物中国总策划：周本庆

出版发行：河南科学技术出版社

地址：郑州市郑东新区祥盛街27号　　邮编：450016

电话：（0371）65737028　　65788613

网址：www.hnstp.cn

策划编辑：陈淑芹　杨秀芳

责任编辑：杨秀芳

责任校对：王晓红　马晓灿

整体设计：张　伟

责任印制：朱　飞

地图审图号：GS（2019）5469号

地图编制：湖南地图出版社

印　　刷：河南瑞之光印刷股份有限公司

经　　销：全国新华书店

开　　本：889 mm×1 194 mm　1/16　印张：34　字数：870千字

版　　次：2020年4月第1版　　2020年4月第1次印刷

定　　价：498.00 元

《中国口岸外来入侵植物彩色图鉴》

编委会

《中国口岸外来入侵植物彩色图鉴》

照片拍摄者

Hannes Öhm　于胜祥　车晋滇　刘　冰　刘　军　刘　演　刘全儒

许为斌　农东新　李　敏　李西贝阳　李振宇　何　海　汪　远

张　军　张金龙　张思宇　张晓霞　范晓虹　林建勇　林秦文　郑锡荣

胡长松　胡仁传　夏常英　徐克学　徐晔春　黄　健　黄云峰　黄雪彦

彭玉德　傅连中　曾佑派　薛　凯　薛天天　魏　泽

前　言

外来入侵物种是指通过有意或无意的人类活动被引入自然分布区外，在自然分布区外的自然、半自然生态系统或生境中建立种群，并对引入地的生物多样性造成威胁的物种。由于外来入侵物种本身形成的优势种群，使本地物种的生存受到影响并最终导致本地物种灭绝，破坏了物种多样性，使物种单一化，并且通过压迫和排斥本地物种导致生物的物种组成和结构发生改变，最终导致生态系统的破坏。故外来入侵物种对生物多样性及可持续发展所带来的生态危害和经济损失，无论是现实的还是潜在的都不可低估。

生物入侵最根本的原因是人类活动把这些物种带到了它们本不会出现的地方。从目前的数据分析来看，外来入侵生物的传播途径是多方面的。很多外来入侵生物是伴随人类活动而无意传入的。尤其是近年来随着国际贸易的不断增加，对外交流频繁，国际旅游业的迅速升温，外来入侵物种越来越多地传入我国。这方面以大宗粮食进口所携带的大量杂草籽进入我国为重要渠道，近年来，在进口美国大豆、玉米的粮谷企业的厂区内屡屡监测到入侵物种。以长芒苋为代表的苋属异株苋亚属种类杂草籽在口岸截获频率较高，苋属 *Amaranthus* 异株苋亚属 subg. *Acnida* 植物约 10 种，是原产北美洲的特有苋种，其代表种有长芒苋 *Amaranthus palmeri*、西部苋 *Amaranthus rudis*、糙果苋 *Amaranthus tuberculatus*，是美国农田最主要的危害性杂草。在美国堪萨斯州进行的实验表明，长芒苋在玉米田间可导致玉米作为谷物时最高减产量达 74%，在大豆田内，可导致大豆最高减产量达 68%。再者长芒苋还是植物寄生虫的主要寄主，可传播虫害危害庄稼，且其植株富集亚硝酸盐，其茎叶被牲畜和人类食用后有毒害作用。长芒苋独特的抗除草剂性质，和其易于进行种间杂交的特性，具有将该抗除草剂基因转移扩散给国内现有近缘杂草的可能，以及出现"超级杂草"的潜在风险，不仅对农业，也会对环境产生巨大威胁。因此，异株苋亚属杂草随进口农产品携带传入我国，其中的潜在危害不容忽视。

本书从服务中国口岸外来入侵植物日常监测的工作出发，旨在解决口岸监测中外来植物的鉴定困难，我们基于多年来在口岸监测工作中积累的数据，以图文并茂的形式编研了本图鉴。本图鉴分概况和各论两部分。概况介绍了我国外来入侵植物的现状、主要种类、地理分布格局等，旨在使读者了解全国外来入侵植物的概况。各论详细介绍了约270种外来入侵植物，其内容包括：物种名、形态特征、国内分布、原产地信息、入侵历史及原因、入侵危害等。此外，还包括外来入侵植物的一些近似种，共计50余种(46种为外来植物)。从实用出发，本图鉴在物种编排方面科级顺序沿用恩格勒的分类系统，科内的属和种按拉丁文字母排序。每个类群的名称均遵从最新的命名法规。

本图鉴的出版得到了河南科学技术出版社以及相关领导，周本庆先生、陈淑芹女士、杨秀芳女士的大力支持。本图鉴植物彩色照片除了编著者拍摄之外，朱鑫鑫、徐晔春、何海、刘军、李敏、徐克学、车晋滇、张军、魏泽、张思宇、曾佑派、郑锡荣、李西贝阳、刘全儒、林建勇、汪远等老师还提供了大量宝贵的照片，在此一并表示感谢！本图鉴内容为多年来从事口岸外来有害杂草监测研究工作的所有工作人员集体智慧的结晶，而纰漏之处归由主编承担，敬请批评指正。

编者

2018 年 1 月

目录

第一部分　中国外来入侵物种概况

第二部分　各论

第一部分
中国外来入侵物种概况

自 1992 年里约热内卢联合国环境与发展大会召开以来，生物多样性保护和生态安全保障已经在当今国际社会受到越来越多的关注，其中的热点之一即外来物种入侵问题。近年来，随着国际贸易、旅游和社会交往的日益发展与扩大，全球一体化的进程飞速发展，外来有害生物的入侵数量明显增加。生物入侵已成为威胁全球生态安全与生物安全的重大灾害。

外来入侵物种是指通过有意或无意的人类活动被引入自然分布区外，在自然分布区外的自然、半自然生态系统或生境中建立种群，并对引入地的生物多样性造成威胁的物种。外来物种是对于一个生态系统而言，在该生态系统中原来并没有这个物种的存在，它是借助人类活动越过不能自然逾越的空间障碍而进来的。在自然情况下，山脉、河流、海洋等的阻隔以及气候、土壤、温度、湿度等自然地理因素的差异构成了物种迁移的障碍，依靠物种的自然扩散能力进入一个新的生态系统是相当困难的。虽然也有由于气候和地质构造变化，使动物、植物或病原体进入新的生态系统的情况，但更多的却是由于人类活动而有意或无意地导致了越来越多的物种迁移。

外来物种的入侵与生态系统的建立、稳定及演化的机制是分不开的。一个外来的物种被引入一个新的平衡的生态系统中后，可能因不能适应新环境而被排斥在系统之外，必须依靠人类的帮助才能生存；也可能其恰好适合当地的气候和土壤条件，并且在新的环境中没有与之抗衡的生物，此时，这个外来种就成为真正的入侵者，打破生态平衡，改变或破坏当地的生态环境，成为外来入侵物种。

当外来物种在自然或半自然生态系统或生境中建立了种群，改变或威胁本地生物多样性的时候，就成为外来入侵物种。

由于外来入侵物种本身形成的优势种群，使本地物种的生存受到影响并最终导致本地物种灭绝，破坏了物种多样性，使物种单一化，并且通过压迫和排斥本地物种导致生物的物种组成和结构发生改变，最终导致生态系统受到破坏。故外来入侵物种对生物多样性及可持续发展所带来的生态危害和经济损失，无论是现实的还是潜在的都不可低估。

但是外来入侵物种对生态环境的负面影响作为热点问题被提出来，还只是近几年的事情。随着研究的深入，越来越多的人开始认识到，外来入侵种对生态、环境、经济等方面所造成的危害，并不比前面提到的各种因素小，而且随着全球经济一体化，这个问题也越来越严重。由于生物可不断地繁殖、更新和扩散，加上入侵生物门类繁多、生物学特性复杂，控制外来生物污染的难度，在某种意义上更是超过了控制化学和物理（声、光）污染源。对于其他的环境污染，我们可以采用行政干预措施取缔或限制污染源，而外来入侵物种一旦泛滥，靠行政、经济、物理、化学、生物等措施都很难解决，甚至无法阻止其进一步扩散。

一、中国外来入侵植物的组成与分布

中国是遭受外来入侵生物危害最严重的国家之一。外来物种入侵所造成的生物安全问题尤为突出。我国南北、东西跨度大，跨越 50 个纬度及 5 个气候带。这种自然特征使中国很容易遭受外来物种的侵害。大多数外来物种都可能在中国找到合适的栖息地。同时，我国生物多样性丰富，生态系统类型多样，在全球经济一体化、水体富营养化以及种植业结构调整等方面的影响下，外来入侵物种在我国已表现出入侵物种种类多、入侵地域范围广以及入侵危害程度重等方面的特征。

初步估计，中国有 860 余种（含种下等级）的归化植物，隶属于 102 科 426 属。其中种类相对较多的大科有菊科（140 种）、豆科（116 种）、禾本科（81 种）以及茄科（47 种）。860 余种归化植物中，其中 369 种（占 42%）（隶属于 70 科 223 属）被认为是入侵性植物。

外来入侵植物已在全国 34 个省（区、市）均有发现，包括已建立的 1 500 余个自然保护区内，除少数偏僻的保护区外，或多或少都能调查到外来入侵植物。全国 34 个省、自治区、直辖市均发现入侵种。这些被入侵的生态系统在森林、农业区、水域、湿地、草原甚至是城市居民区等都有覆盖，几乎在所有的生态系统中都可见到。其中以低海拔地区及热带岛屿生态系统的受损程度最为严重。例如，在云南造成严重危害的紫茎泽兰，其入侵的就是大面积退化的草场。许多地方停止原始森林砍伐，严禁人为进一步生态破坏的情况下，外来入侵种已经成为当前生态退化和生物多样性丧失等的重要原因。例如，飞机草在西双版纳自然保护区的蔓延已使穿叶蓼等本地植物和依赖于穿叶蓼生存的植食性昆虫处于灭绝的边缘。

中国外来入侵植物物种密度随着纬度的增加呈递减趋势；在经度梯度上，从东到西外来入侵植物物种密度呈递减趋势。中国东南地区外来入侵植物物种多样性较为丰富，但在西北地区相对少。年均温、单位面积降水变幅和年降水量为主要影响因素，另外，自然环境和人类活动因素也显著影响外来入侵植物物种多样性的空间差异。

二、主要的入侵原因及途径

生物入侵最根本的原因是人类活动把这些物种带到了它们本不会出现的地方。人类迁移的同时伴随着物种的迁移，贸易活动促进了物种的迁移，军队也是物种迁移的重要载体，蒸汽轮船也为物种的迁移提供了一条新的途径。

外来物种在新的生态系统中，如果温度、湿度、海拔、土壤、营养等环境条件适宜，就会自行繁衍。许多外来物种虽然可以形成自然种群，但多数种群数量都维持在较低水平，并不会造成危害。造成生物灾害的外来入侵种往往生态适应能力强、传播能力强。

很多外来入侵生物是随人类活动而无意传入的。近年来，随着国际贸易的不断增加，对外交流频繁，国际旅游业的迅速升温，外来入侵物种越来越多地传入我国。无意引种的主要途径有船只携带、海洋垃圾、随进口农产品和货物带入、旅游者带入、通过周边地区自然传入、随人类的建设过程传入、军队的转移等。例如，以长芒苋为代表的苋属异株苋亚属种类杂草籽在口岸截获频率较高，是原产北美洲的特有苋种，是美国农田最主要的危害性杂草。在美国堪萨斯州进行的实验表明，长芒苋在玉米田间可导致玉米作为谷物时最高减产量达74%，在大豆田内，可导致大豆最高减产量达68%。

有些外来物种则是有意引入的。有意引种的目的多种多样，主要有作为牧草或饲料、作为观赏物种、作为药用植物、作为改善环境植物、作为食物、作为麻类作物、植物园的引入等。虽然引种是以提高经济收益、观赏、环保为主要目的，但是也有部分种类由于引种不当，成为有害物种。例如，作为牧草或饲料引进而入侵的空心莲子草 *Alternanthera philoxeroides*、苏丹草 *Sorghum sudanense*、大薸 *Pistia stratiotes* 等。作为观赏植物引入而入侵的秋英 *Cosmos bipinnatus*、堆心菊 *Helenium autumnale*、马缨丹 *Lantana camara* 等。另外还有逃逸出来的观赏水草水盾草 *Cabomba caroliniana*，以及为改善环境而引入的互花米草 *Spartina alterniflora*，等等。

三、外来入侵植物的主要危害

（一）对生态系统的危害

外来入侵物种是造成严重生态系统破坏和生物多样性损失的主要原因之一。在自然界长期的进化过程中，不同生物之间相互制约、相互协调，形成了稳定的生态平衡系统。植物入侵全新生境后，脱离了原来生境中的物种之间的相互制约，在适宜的气候、土壤、水分及传播条件下极易大肆扩散蔓延，形成大面积单优群落，破坏本地植物相，危及本地濒危植物的生存，对生态系统带来灾难性的后果。生态系统可以分为自然生态系统和人工生态系统，外来物种入侵对不同生态系统危害不同。

外来物种入侵对自然生态系统的影响：改变地表覆盖，加速土壤流失；改变土壤化学循环，危及本土植物生存；改变水文循环，破坏原有的水分平衡；增加自然火灾发生频率；阻止本土物种的自然更新；改变本土群落基因库结构；加速局部和全球物种灭绝速度。例如，豚草可释放酚酸类、聚乙炔、倍半萜内酯及甾醇等化感物质，对当地物种如禾本科、菊科等一年生草本植物有明显的抑制、排斥作用。

外来物种入侵对人工生态系统的影响：外来物种入侵对城镇生态系统产生影响，城镇密集的人口产生的各种复杂行为活动增加了外来物种进入城镇生态系统的机会，而本身又缺乏自我调控能力，因此城镇生态系统更易遭受外来物种入侵；外来物种入侵对农业生态系统结构有很大影响，如果引种不当，会对农业生态系统产生负面影响；外来入侵种不仅对生态环境造成影响和给国民经济带来巨大的损失，而且直接威胁人类健康，例如，豚草花粉是人类变态反应症的主要病原之一，所引起的"枯草热"给全世界很多人的健康带来了极大的危害。

（二）对社会和文化的影响

外来入侵物种通过改变侵入地的自然生态系统，降低物种多样性，从而严重危害当地的社会和文化。我国是一个多民族国家，各民族聚居地区周围都有其特殊的动植物资源和各具特色的生态系统，对当地特殊的民族文化和生活方式的形成具有重要作用，特别是傣族、苗族、布依族等民族地区。由于紫茎泽兰等外来入侵植物不断竞争，取代本地植物资源，生物入侵正在无声地削弱民族文化的根基。

（三）对经济发展的影响

外来入侵物种对人类的经济活动也有许多不利影响。杂草使农作物减产，增加控制成本；水源涵养区和淡水水源生态体系质量的下降会减少水的供应；旅游者无意中带入国家公园的外来入侵物种，破坏了公园的生态体系，增加了管理成本；病菌传播范围的不断扩大，导致每年上百万人致死或致残。外来入侵物种给人类带来的危害是巨大的，造成的损失也是显而易见的。美国已有 5 万多种外来入侵物种，虽然有害的外来入侵物种只占其中一小部分，但它们造成的负面影响却是惊人的。美国每年有 700 000 hm² 的野生生物栖息地被外来杂草侵占，每年由于外来入侵种造成的经济损失达 1 230 亿美元！在美国受威胁和濒危的 958 个本地种中，有约 400 种主要是由于外来入侵物种的竞争或危害而造成的，这种损失是难以用货币来计算的。外来入侵物种给中国造成的损害尚未做出全面的评估。由于中国的生态环境破坏得更为严重，外来入侵物种更为猖獗，加上本土物种的基数较大，估计受损程度要大于美国。外来入侵物种已成为我国经济发展、生物多样性及环境保护的一个重要制约因素。保守估计，外来入侵物种每年给我国的经济造成数千亿元的经济损失。

外来入侵动植物对农田、园艺、草坪、森林、畜牧、水产和建筑等都可能直接带来经济危害。比如，外来的白蚁是破坏建筑的重要因素。因此，在国际贸易活动中，外来种常常引起国与国之间的贸易摩擦，成为贸易制裁的重要借口或手段。外来有害生物还可以通过影响生态系统而给旅游业带来损失。在云南省昆明市，20 世纪 70~80 年代建成了大观河篆塘处—滇池—西山的理想水上旅游线路，游人可以从市内乘船游览滇池和西山。但自 20 世纪 90 年代初，大观河和滇池中的凤眼莲"疯长"成灾，覆盖了整个大观河以及部分滇池水面，致使这条旅游线路被迫取消，在大观河两侧建设的配套旅游设施也只好废弃或改作他用，大观河也改建成地下河，给昆明的旅游业造成了巨大的损失。松材线虫扩展速度惊人，现在正威胁着著名的黄山和张家界风景名胜区。一旦泛滥，给这些风景区带来的经济损失将是很难估量的。

与直接经济损失相比，间接损失的计算十分困难。外来生物通过改变生态系统所带来的一系列不良后果而产生的间接经济损失是巨大的。比如，大量的凤眼莲植株死亡后与泥沙混合沉积水底，抬高河床，使很多河道、池塘、湖泊逐渐出现了沼泽化，甚至失去了其应有的生态作用，并对周围气候和自然景观产生不利影响，加剧了旱灾、水灾的危害程度。凤眼莲植株往往大面积覆盖河道、湖泊、水库和池塘等水体，影响周围居民和牲畜生活用水，人们难以从水路乘船外出。凤眼莲植株还大量吸附重金属等有毒物质，死亡后沉入水底，对水体二次污染，又加剧了污染程度。尽管这些损失难以准确计算，但却不容忽视。

（四）入侵危害程度评估

对于外来入侵物种的入侵危害程度或者入侵风险分级等方面的评估研究，国内外的研究人员均做了大量的研究工作，并提出了很多有益的方案，如李振宇和解炎（2001 年），徐海根等（2011 年），Pheloung et al.（1999 年）（澳大利亚杂草风险评估体系 WRA），National Research Council 2002（美国政府发布的生态风险评估体系）以及 Chen et al.（2015 年）等。但多数研究均重点考虑了外来入侵物种自身的生物学习性，如繁殖和扩繁能力、遗传特征、有害特征、适应性特征、物种类型、被控制特点、入侵历史等方面，而对于目前造成的实际危害，如入侵现状、已实现入侵的分布面积等因素考虑得较少。这也可能是这方面的数据很难获取等原因。但实际研究中发现，外来入侵现象是一个相对复杂的过程，虽然有些外来入侵物种具有了以上大多数特性，但也未必真的实现了大规模的严重入侵。

本图鉴对外来入侵植物的入侵危害评估研究也进行了尝试，我们在充分考虑前人研究中涉及的外来入侵物种的生物习性等方面的前提下，还包括了外来入侵物种的入侵范围、野外分布点的数量（目前以入侵县域的数量进行计算），同时也会考虑具体的历史调查记录数据等，对图鉴中所涉及的 270 余种外来入侵植物的入侵危害进行了评估。对以上提及的生物学习性以及现有的入侵面积和野外入侵点的分布数量应赋值，赋值的高低，反映了这个单项的不同风险程度，以及引起入侵可能性的权重的大小，分为潜在入侵、轻度入侵、中度入侵、严重入侵、恶性入侵五个等级。

四、外来入侵物种的防控措施

能否成功地控制外来入侵物种，很大程度上取决于我们采取控制措施时，外来入侵物种所处的阶段。外来入侵物种并不是一进入新的生态系统就能形成入侵。其入侵过程通常可以分为几个阶段：引入和逃逸期、种群建立期、停滞（或潜伏）期和扩散期。控制可以在外来入侵物种的任何阶段实施。控制手段采取得越早，成功的可能性越大。外来物种一旦大面积入侵后就很难控制，人工拔除、天敌控制、化学农药等都无法将其根除，甚至无法限制其继续扩展。有时，不当的措施反而有利于外来入侵种的扩展。因为采取的控制方法常常是以对生态系统的进一步破坏为代价的，遭到破坏后的地方更有利于这些外来入侵种的滋长。在这个阶段，只能制定长期控制目标，采用综合治理方法，综合人工、化学、生境控制和生物防治的方法，进行长期作战。

（一）建立入侵物种的早期预警体系

外来入侵物种一旦大面积入侵后就很难控制，所以控制手段采取得越早，成功的可能性越大。因此，早期预测入侵并及时采取控制措施是极其重要的，各国为保护本国利益，尽可能降低外来物种入侵危害的风险，重视外来入侵物种早期预警体系，以实现通过各种技术支持手段，提供外来入侵种信息，帮助评估物种的入侵危险性，预测潜在影响并提供管理措施建议等。同时，各地将外来物种新记录及其发展情况，通过畅通的渠道及时汇报到相应的管理部门。这个早期预警体系是对物种引入控制措施的补充。两种措施配合使用就可以更好地抵御入侵种对经济和环境造成的损失。

（二）外来入侵物种的清除技术

在发现外来物种具有潜在的入侵性或已经入侵时，应该尽快采取清除、抑制和控制等措施，以降低负面影响。控制方法应该为社会、文化和道德所接受，要有效、无污染，而且不能危害本地动植物和人类。达到所有这些标准很困难，但可以把这些标准视为治理目标之一，以便权衡控制行动的利弊。外来入侵种的控制并不是简单的事情，需要制订控制计划，其中包括确定主要的目标物种、控制区域、控制方法和时间。计划的制订需要有生态学家的直接参与，采用的方法应当经过充分论证，以确保方法的有效性，并避免引起更大的生态破坏。同时需要和当地居民达成共识，取得他们的理解和支持。

清除和控制是两个不同的概念。控制是将外来物种的种群和范围限制在不危害的程度，清除则是彻底将入侵种从入侵地完全消灭。对于入侵物种，最好采用清除手段，以避免长期控制带来的负担。但是清除并不是容易的事情，必须周密评估和设计，确保计划的可行和有效。目前的防控与清除措施主要有以下几个方面：

1. 人工防治　依靠人力，捕捉外来害虫或拔除外来植物，或者利用机械设备来防治外来植物，利用黑光灯诱捕有害昆虫，等等。人工防治适宜于那些刚刚引入建立或处于停滞阶段，还没有大面积扩散的入侵种。我国人力资源丰富，人工防除可在短时间内迅速清除有害生物，但对于已沉入水里和土壤的植物种子和一些有害动植物则无能为力；高繁殖的有害植物容易再次生长蔓延，需要年年防治；人工防治有害动植物后如不妥善处理动植物残体（如卵）、残株，它们可能成为新的传播源，客观上加速了外来生物的扩散。这种方法已经被用于凤眼莲、空心莲子草、互花米草、薇甘菊等外来入侵植物的防治。

2. 生境管理控制　使用火烧和放牧方法可以起到一定的消耗外来物种的作用，但这种方法必须在充分掌握当地植被生长周期等生态规律的基础上，否则火烧和放牧后，如果没有当地植物的及时恢复，很可能反而促进外来物种的滋生。使用水淹方法可以消灭旱生动植物，使用排空水的方法可以清除水生的入侵物种，但是需要确定调节水位可以彻底杀死入侵物种，如果这些物种可以以孢子、种子等形式躲过这些变化，这种方法就是不可取的。对于农田害虫，特别是对危害专一性比较强的物种，可采用轮作倒茬，这种方法被应用到毒麦控制中，起到一定的作用。此外，利用当地植被恢复退化的环境，良好的生态系统是有效地抑制外来植物暴发的良策。

3. 化学防除　化学农药具有效果迅速、使用方便、易于大面积推广应用等特点。但在防除外来生物时，化学农药往往也杀灭了许多种本地生物，1975~1985 年，加拿大为消灭杉树上的云杉色卷蛾（*Choristoneura fumiferana*）而喷洒名为 Mataci 的杀虫剂。进入 20 世纪 90 年代后期，渔业和环境专家们推断，雷斯蒂古什（Restigouche）河中的大西洋鲑鱼（*Salmo salar*）数量减少，是因为杀虫剂中含有一种名为壬基酚 fennonylphenol 的惰性溶剂。因此对一些特殊环境如水库、湖泊，化学农药应该限制使用。化学防除一般费用较高，在大面积山林及一些自身经济价值相对较低的生态环境如草原使用往往不经济、不现实。另外对于许多多年生杂草，大多数除草剂通常只能杀灭其地上部分，难以清除地下部分，所以需连续施用，防治效果难以持久。

4. 生物防治　生物防治是指从外来有害生物原产地引进食性专一的天敌，将有害生物的种群密度控制在生态和经济危害水平之下。生物防治方法的基本原理是依据有害生物—天敌的生态平衡理论，在有害生物的传入地通过引入原产地的天敌因子重新建立有害生物—天敌之间的相互调节、相互制约机制，恢复和保持这种生态平衡。生物防治的一般工作程序包括：在原产地考察、采集天敌；天敌的安全性评价；引入与检疫；天敌的生物生态学特性研究；天敌的释放与效果评价；天敌和入侵种种群监测。因为天敌一旦在新的生境下建立种群，就可能依靠自我繁殖、自我扩散，长期控制有害生物，所以生物防治具有控效持久、防治成本相对低廉的优点。通常从释放天敌到获得明显的控制效果一般需要几年甚至更长的时间，因此对于那些要求在短时期内彻底清除的入侵物，生物防治难以发挥良好的效果。但是引进天敌防治外来有害生物也具有一定的生态风险性，释放天敌前如不经过谨慎的、科学的风险分析，引进的天敌很可能成为新的外来入侵生物。

5. 综合治理　将生物、化学、人工、生境管理等单项技术融合起来，发挥各自优势、弥补各自不足，达到综合控制入侵生物的目的，这就是综合治理技术。综合治理并不是各种技术的简单相加，而是它们的有机结合，彼此相互协调、相互促进。因此，综合治理一般具有：a) 速效性，在实施的前期，在一些急需除掉有害植物的地方，将有选择地使用一定品种和剂量的除草剂，以在短期内迅速抑制有害植物种群的扩散蔓延，从而加快控制速度；b) 持续性，由于除草剂只能取得短期防效，难以持久，因此，使用除草剂后，可释放一定数量的专食有害植物的天敌昆虫并使其建立种群定居，长期自我繁殖，并逐渐达到和保持植物—天敌之间的种群动态平衡，从而取得持续控制的结果；c) 安全性，与单一应用化学除草剂相比，综合治理对化学除草剂的品种、使用浓度、剂量及应用次数都有严格的限制，所选择的除草剂对其他生物安全，使用浓度、剂量、次数都大大低于常规用量，因此具有较高的安全性，对环境影响不大；d) 经济性，综合治理技术体系以生物防治为主，在释放天敌后，天敌可自我繁殖，建立种群，在达到一定数量后基本上不再需要人工增殖，因此具有一次投资、长期见效的优势，防治成本相对较低。

五、外来入侵植物管控对策与建议

（一）综合评估，重点突破

外来入侵植物已经给我国的本地物种保护、生态系统的平衡甚至是人畜的生命健康带来了很大威胁。在当今世界保持高速发展的背景下，国际贸易和人口迁移仍在高密度和高频率的进行中，给我国防治外来植物入侵增加了很大难度和压力。在这种情况下，要想实现外来入侵植物的全面防控必须以全面评估、重点突破为原则。这主要是考虑到外来入侵植物的组成、各物种的入侵及扩散能力是存在明显差别的，有些物种在实现定植后较长的一段时间内也并不会有较大的入侵性，而且另外一些物种，如紫茎泽兰与飞机草等，一旦引入便快速形成恶性入侵。因此，在实现外来入侵植物的有效防控与清除的实际工作中，有所侧重，做到既能实现有效控制恶性入侵物种的快速蔓延，也要做到对所有外来入侵物种的有效防控与清除。

（二）改进防控与清除手段

改进防御、预警和监测机制，做到防患于未然。一旦物种入侵已经开始，要尽快地给出对应各个阶段的防控和清除的方案计划，及时采取措施，做到早发现、早控制，尽可能避免形势恶化。在清除工作中，合理使用人力，提升人力清除工作效率；同时要改进清除手段，合理适度地使用化学防除剂，避免误伤本地物种和人畜；避免新的入侵物种危害生态环境。通过有机结合人工防治、生境管理、化学防除、生物防治，使得防治效果最大化。

（三）健全法律、法规体系

外来入侵生物也是当前一项重大的全球环境问题。我国政府十分重视外来入侵生物的防治工作，在外来入侵物种的防控与清除方面做了大量的工作，但有关外来入侵种的专项法规或条例还不健全。虽然《陆生野生动物保护实施条例》《海洋保护法》《中国生物多样性保护战略与行动计划》（2011~2030 年）中涉及外来入侵问题，但涉及范围十分有限；也没有列出具体措施。此外，《生物多样性公约》《国际植物保护公约》《联合国海洋法公约》和《实施卫生与植物卫生措施协议》等都要求缔约方加强对外来入侵生物的防治工作。实际工作中，健全法律和制度，加强制定、修订和完善相关法律法规和各项条例，减少规章制度的漏洞，保证在治理外来物种入侵时能做到有法可依。尤其是在海关查验监督方面，对入境物种或可能携带外来物种的人员及货物应执行更高的标准，提高查验密度和概率，防止外来入侵物种个体、组织或种子等器官流入境内。

（四）提高公众生物安全意识

随着全面经济一体化的快速推进，个人出入境变得越来越频繁，而由于缺乏对生物安全方面的知识，近年来在口岸截获越来越多的个人携带的植物材料，如各种肉质花卉的球茎或宿根等，这些未经检疫或入侵风险评估的植物活体材料一旦入境，可能会给本土生态系统带来灾难性的后果。因此对公众做好关于物种入侵的宣传，介绍潜在的或普遍分布的入侵物种，提高公众生物安全意识，对于打赢这场可能会长期存在的外来入侵物种防控与清除战争是至关重要的。国内的植物园或植物所、林业局、高校等相关机构，可制作视频音频或各种宣传材料，展示入侵物种对生态环境的损害，对本地物种的伤害进行实体展示，以加强加深公众对其入侵危害的理解。

在生物圈形成后的历史长河里，生物入侵曾因为地理隔离等因素而基本无法实现。然而自从人类出现，有意无意的外来种引入变得越来越频繁，严重影响着本地物种的生存、生态系统的平衡和人畜的健康生活。如何合理控制并设法逐步解决外来物种入侵的问题，是世界各国都应仔细思考并认真着力解决的重要问题。

第二部分

各　论

1. 满江红科 Azollaceae

细叶满江红 *Azolla filiculoides* Lam.

别名：细绿苹、蕨叶满江红

英文名：Water Fern

分类地位：满江红科 Azollaceae

危害程度：中度入侵。

性状描述：水生小型漂浮植物；植株长
3~5cm，披针形；茎干明显，羽状分枝，侧枝腋外生，
其数目比叶片数目少。斜升或直立于水面；须根细
长，悬垂于水中。叶小型，无柄，互生，在茎上
覆瓦状排列成两行，近似方形或卵形，长约 1mm，
宽约为长的一半，先端截形或圆形，基部与茎合生，
全缘；通常分裂为上下 2 裂片，均为肉质绿色（秋
后变为紫红色），展于水面以上，营光合作用。叶
基部有一共生腔，内生大量鱼腥藻。孢子果成对着
生沉于水中的裂片上，孢子果大小之分；大孢子果
卵形，内含 1 个大孢子囊，大孢子囊的外面有 3 个

浮膘；小孢子果圆球形，内有多数小孢子囊；小孢
子囊的泡胶块上生有锚状毛，锚状毛无横隔，每个
小孢子囊内有 64 枚小孢子。

生境：几乎遍布全国各地的水田。

国内分布：全国各地几乎均有分布。

国外分布：原产美洲；在东半球广泛归化。

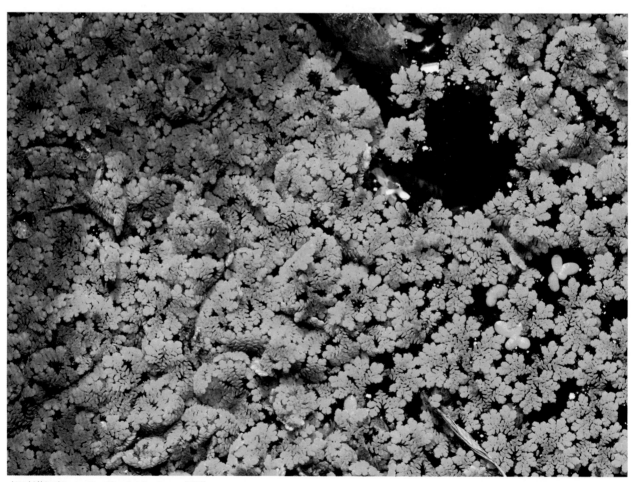

细叶满江红 *Azolla filiculoides* Lam. 居群

细叶满江红 *Azolla filiculoides* Lam. 居群

入侵历史及原因：我国 20 世纪 70 年代引种放养和推广利用，现已几乎遍布全国各地的水田。有意引进，人工引种。

入侵危害：本种植株比常见的满江红粗大，耐寒，能大量结孢子果，容易进行有性繁殖，不仅被引种放养和利用，而且在有些地方已归化成为野生，对淡水生态系统构成威胁。

近似种：三角满江红 *Azolla pinnata* R. Br. 与细叶满江红 *A. filiculoides* Lam. 的不同在于植株呈三角形，侧枝腋外生出，侧枝数目比茎叶的少，当生境的水减少变干或植株过于密集拥挤时，植物体会由平卧变为直立状态生长，腹裂片功能也向背裂片功能转化。大孢子囊外壁只有 3 个浮瓢，小孢子囊内的泡胶块上有无分隔的锚状毛等。

三角满江红 *Azolla pinnata* R. Br. 居群

三角满江红 *Azolla pinnata* R. Br. 居群

2. 胡椒科 Piperaceae

草胡椒 *Peperomia pellucida* (L.) Kunth

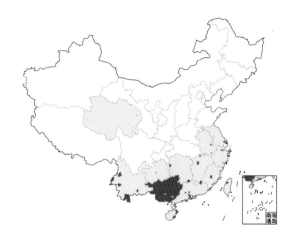

别名：透明草

英文名：Silverbush

分类地位：胡椒科 Piperaceae

危害程度：中度入侵。

性状描述：一年生肉质草本，高 20~40cm；茎直立或基部有时平卧，分枝，无毛，下部节上常生不定根。叶互生，膜质，半透明，阔卵形或卵状三角形，长和宽近相等，1~3.5cm，先端短尖或钝，基部心形，两面均无毛；叶脉 5~7 条，基出，网状脉不明显；叶柄长 1~2cm。穗状花序顶生，与叶对生，细弱，长 2~6cm，其与花序轴均无毛；花疏生；苞片近圆形，直径约 0.5mm，中央有细短柄，盾状；花药近圆形，有短花丝；子房椭圆形，柱头顶生，被短柔毛。浆果球形，先端尖，直径约 0.5mm。

花期 4~7 月。

生境：常生于林下湿地、石缝中、宅舍墙脚下或园圃。

国内分布：安徽、福建、广东、广西、贵州、海南、湖南、江苏、江西、青海、台湾、香港、澳门、云南、浙江。

国外分布：原产热带美洲；现全球热带地区广泛归化。

入侵历史及原因：20 世纪初在香港开始成为杂草。无意引进，通过绿化苗木和盆花携带引进到华南，再陆续向北传播。

入侵危害：本种由于种子和营养繁殖能力都极强，常随带土苗木传播。在外界条件适宜的情况下，容易蔓延成片，成为优势群落，破坏生态系统的结构和功能，降低生物多样性的丰富度。目前，尽管草胡椒在我国只是一般性园圃杂草，没有对农业生

草胡椒 *Peperomia pellucida* (L.) Kunth 植株

草胡椒 *Peperomia pellucida* (L.) Kunth 果序

草胡椒 *Peperomia pellucida* (L.) Kunth 居群

产造成严重危害，但侵入潮湿的山谷、森林后，有
可能大规模蔓延，因此应该防患于未然，及时加以
防治。

草胡椒 *Peperomia pellucida* (L.) Kunth 叶

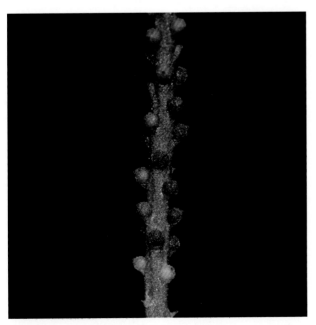

草胡椒 *Peperomia pellucida* (L.) Kunth 果序

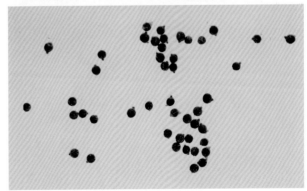

草胡椒 *Peperomia pellucida* (L.) Kunth 果实

3.桑科 Moraceae

大麻 *Cannabis sativa* L.

别名：线麻、野麻、火麻

英文名：Hemp

分类地位：桑科 Moraceae

危害程度：中度入侵。

性状描述：一年生直立草本，高 1~3m，枝具纵沟槽，密生灰白色贴伏毛。叶掌状全裂，裂片披针形或线状披针形，长 7~15cm，中裂片最长，宽 0.5~2cm，先端渐尖，基部狭楔形，表面深绿色，微被糙毛，背面幼时密被灰白色贴状毛后变无毛，边缘具向内弯的粗锯齿，托叶线形。雄花序长达 25cm；花黄绿色，花被片 5 片，膜质，外面被细伏贴毛，雄蕊 5 枚，花丝极短，花药长圆形；小花柄长 2~4mm；雌花绿色；花被片 1 片，紧包子房，略被小毛；子房近球形，外面包于苞片。瘦果为宿存黄褐色苞片所包，果皮坚脆，表面具细网纹。花

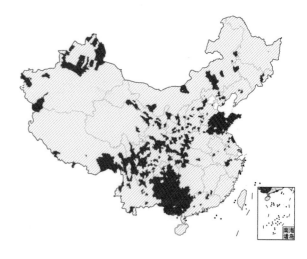

期 5~6 月，果期 7 月。

生境：生于山坡、旷野、路边、农田。

国内分布：黑龙江、吉林、辽宁、内蒙古、河北、山西、陕西、河南、山东、安徽、江苏、浙江、江西、湖北、湖南、福建、广东、广西、海南、台湾、四川、重庆、贵州、云南、西藏、甘肃、宁夏、青海、新疆。

国外分布：原产印度至中亚；在世界各地引种和归化。

入侵历史及原因：《本草经》记载，根据新疆吐鲁番洋海墓地约 2500 年前的考古遗存，该区在春秋时期就已引种栽培。现中国各地有栽培或逸为野生。有意引进，人工引种。

入侵危害：危害玉米及大豆，但发生量相对较小，危害轻。

大麻 *Cannabis sativa* L. 植株

大麻 *Cannabis sativa* L. 果实

大麻 *Cannabis sativa* L. 居群

大麻 *Cannabis sativa* L. 花序

大麻 *Cannabis sativa* L. 花序

大麻 *Cannabis sativa* L. 花序

4. 荨麻科 Urticaceae

小叶冷水花 *Pilea microphylla* (L.) Liebm.

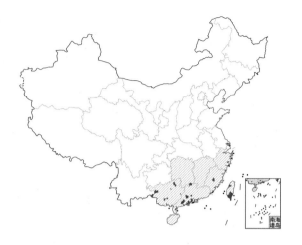

别名：礼花草、透明草、小叶冷水麻

英文名：Rockweed

分类地位：荨麻科 Urticaceae

危害程度：轻度入侵。

性状描述：纤细小草本，无毛，铺散或直立。茎肉质，多分枝，高 3~17cm，粗 1~1.5mm，干时常变成蓝绿色，密布条形钟乳体。叶很小，同对的不等大，倒卵形至匙形，长 3~7mm，宽 1.5~3mm，先端钝，基部楔形或渐狭，边缘全缘，稍反曲，上面绿色，下面浅绿色，干时呈细蜂巢状，钟乳体条形，上面明显，长 0.3~0.4mm，横向排列，整齐，叶脉羽状，中脉稍明显，在近先端消失，侧脉数对，不明显；叶柄纤细，长 1~4mm；托叶不明显，三角形，长约 0.5mm。雌雄同株，有时同序，聚伞花序密集成近头状，具梗，稀近无梗，长 1.5~6mm；雄花具梗，在芽时长约 0.7mm；花被片 4 片，卵形，外面近先端有短角状突起；雄蕊 4 枚；退化雌蕊不明显。雌花更小；花被片 3 片，稍不等长，果时中间的 1 枚长圆形，稍增厚，与果近等长，侧生 2 枚卵形，先端锐尖，薄膜质，较长的 1 枚短约 1/4；退化雄蕊不明显。瘦果卵形，长约 0.4mm，熟时变褐色，光滑。花期夏秋季，果期秋季。

小叶冷水花 *Pilea microphylla* (L.) Liebm. 居群

小叶冷水花 *Pilea microphylla* (L.) Liebm. 居群

生境：常生于路边、溪边和石缝等潮湿环境中。

国内分布：浙江、湖南、福建、江西、台湾、广东、香港、澳门、海南、广西。

国外分布：原产南美洲热带地区；全球热带地区广泛归化。

入侵历史及原因：1928 年在我国台湾省台北市采到标本。无意引进，首次在华南地区入侵，然后随南方观赏植物贸易挟带到其他省区。

入侵危害：该种常随带土苗木传播，成为一种常见的园圃杂草。逃逸后在一些低海拔山地、沟谷归化，排挤本土的石生和附生草本植物，对当地的生物多样性产生不良影响。

小叶冷水花 *Pilea microphylla* (L.) Liebm. 花枝

小叶冷水花 *Pilea microphylla* (L.) Liebm. 花枝

5. 藜科 Chenopodiaceae

灰绿藜 *Chenopodium glaucum* L.

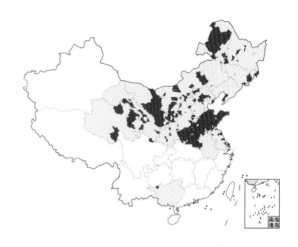

别名：盐灰菜、黄瓜菜、山芥菜、山菘菠、山根龙

英文名：Oak-leaved Goosefoot

分类地位：藜科 Chenopodiaceae

危害程度：恶性入侵。

性状描述：一年生草本，高 20~40cm。茎平卧或外倾，具条棱及绿色或紫红色色条。叶片矩圆状卵形至披针形，长 2~4cm，宽 6~20mm，肥厚，先端急尖或钝，基部渐狭，边缘具缺刻状牙齿，上面无粉，平滑，下面有粉而呈灰白色，有的稍带紫红色；中脉明显，黄绿色；叶柄长 5~10mm。花两性兼有雌性，通常数花聚成团伞花序，再于分枝上排列成有间断而通常短于叶的穗状或圆锥状花序；花被裂片 3~4 片，浅绿色，稍肥厚，通常无粉，狭矩圆形或倒卵状披针形，长不及 1mm，先端通常钝；

雄蕊 1~2 枚，花丝不伸出花被，花药球形；柱头 2 裂，极短。胞果顶端露出于花被外，果皮膜质，黄白色。种子扁球形，直径 0.75mm，横生、斜生及直立，暗褐色或红褐色，边缘钝，表面有细点纹。花果期 5~10 月。

生境：逸生于农田、菜园、村旁、水边等有轻度盐碱的土壤。

国内分布：安徽、北京、甘肃、广西、河北、河南、黑龙江、吉林、江苏、辽宁、内蒙古、宁夏、青海、山东、山西、陕西、上海。

国外分布：原产欧洲；南北两半球温带地区归化。

入侵历史及原因：近代随压舱土无意引入。

入侵危害：主要危害生长在轻盐碱地的小麦、棉花和蔬菜等，田间或田边均有生长，发生量大，危害重。

灰绿藜 *Chenopodium glaucum* L. 居群

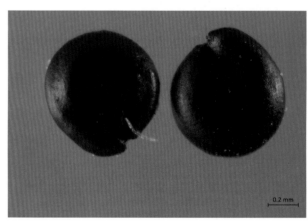

灰绿藜 *Chenopodium glaucum* L. 种子

灰绿藜 *Chenopodium glaucum* L. 居群

灰绿藜 *Chenopodium glaucum* L. 花序

灰绿藜 *Chenopodium glaucum* L. 叶

杂配藜 *Chenopodium hybridum* L.

别名：大叶藜、血见愁

英文名：Maple-Leaved Goosefoot

分类地位：藜科 Chenopodiaceae

危害程度：中度入侵。

性状描述：一年生草本，高 40~120cm。茎直立，粗壮，具淡黄色或紫色条棱，上部有疏分枝，无粉或枝上稍有粉。叶片宽卵形至卵状三角形，长 6~15cm，宽 5~13cm，两面均呈亮绿色，无粉或稍有粉，先端急尖或渐尖，基部圆形、截形或略呈心形，边缘掌状浅裂；裂片 2~3 对，不等大，轮廓略呈五角形，先端通常锐；上部叶较小，叶片多呈三角状戟形，边缘具较少数的裂片状锯齿，有时几全缘；叶柄长 2~7cm。花两性兼有雌性，通常数个团集在分枝上排列成开散的圆锥状花序；花被裂片 5 片，狭卵形，先端钝，背面具纵脊并稍有粉，边缘膜质；雄蕊 5 枚。胞果双凸镜状；果皮膜质，有白色斑点，与种子贴生。种子横生，与胞果同形，直

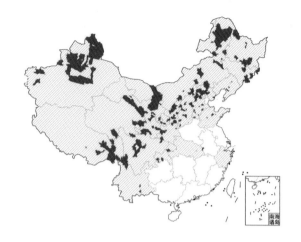

径通常 2~3mm，黑色，无光泽，表面具明显的圆形深洼或呈凹凸不平；胚环形。花果期 7~9 月。

生境：常见于林缘、山坡灌丛间、沟沿、旷野、荒地、库滨带等处。

国内分布：黑龙江、吉林、辽宁、内蒙古、河北、北京、山东、浙江、陕西、山西、宁夏、甘肃、湖北、四川、重庆、云南、青海、西藏、新疆。

国外分布：原产欧洲及西亚；现北半球温带及

杂配藜 *Chenopodium hybridum* L. 叶

杂配藜 *Chenopodium hybridum* L. 花序

夏威夷群岛归化。

入侵历史及原因：1864 年采自河北承德。无意引进，本种通过鸟和家畜携带散播，也可通过农业生产活动，以及运输过程无意散播。

入侵危害：在农田中与作物竞争水源，降低产量；在一些湿地会形成优势种群，降低物种的多样性。幼苗可做家畜饲料，但大量食用会引起猪、羊等家畜硝酸盐中毒。

杂配藜 *Chenopodium hybridum* L. 花序

杂配藜 *Chenopodium hybridum* L. 居群

铺地藜
Dysphania pumilio (R. Br.) Mosyakin & Clemants

英文名：Clammy Goosefoot

分类地位：藜科 Chenopodiaceae

拉丁异名：*Chenopodium pumilio* R. Br.

危害程度：潜在入侵。

性状描述：一年生草本，茎直立或匍匐，多分枝，具单列毛和无柄或有柄的腺毛。叶具臭味，柄长 0.3~1.5cm，叶片呈宽阔或狭窄的卵形或椭圆形，长 0.5~2.7cm，宽 0.3~1.5cm，边缘羽状裂至花序处稍减，基部呈楔形，先端钝圆，具腺状茸毛。花序为侧生的聚伞花序或团伞花序，近球形，直径为 1.2~2.5mm；苞片长 3~4.5mm，边缘具圆锯齿，先端钝；花被裂片 5 片，近基部分裂，呈狭长椭圆形或长方形，长 0.6~0.7mm，宽 0.2~0.3mm，先端锐尖，通常背面呈圆形，具腺毛，发育为果实的硬质和空白部分。雄蕊缺失或 1 枚；柱头 2 个。瘦果卵球形，果皮贴壁，膜质，稍具褶皱。种子红棕色，卵球形，长 0.5~0.7mm，宽 0.5~0.6mm，边缘褶皱或圆滑，种皮光滑。花期 7~9 月，果期 8~10 月。

生境：多生于沟边、路边、农田。

国内分布：河南、北京。

铺地藜 *Dysphania pumilio* (R. Br.) Mosyakin & Clemants 居群

铺地藜 *Dysphania pumilio* (R. Br.) Mosyakin & Clemants 植株

国外分布：原产澳大利亚南部。

入侵历史及原因：朱长山、朱世新 1993 年在河南农业大学校园草坪中首次采到该种植物标本。无意引入。

入侵危害：有成为恶性杂草之势。

铺地藜 *Dysphania pumilio* (R. Br.) Mosyakin & Clemants 叶

铺地藜 *Dysphania pumilio* (R. Br.) Mosyakin & Clemants 居群

土荆芥
Dysphania ambrosioides (L.) Mosyakin et Clemants

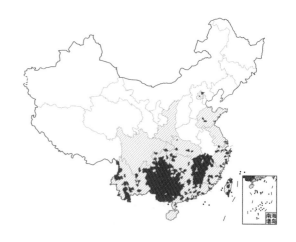

别名：臭草、杀虫芥、鹅脚草

英文名：Wormseed

分类地位：藜科 Chenopodiaceae

拉丁异名：*Chenopodium ambrosioides* L.; *Ambrina ambrosioides* (L.)Spach

危害程度：恶性入侵。

性状描述：一年生或多年生草本，高 50~80cm，有强烈香味。茎直立，多分枝，有色条及钝条棱；枝通常细瘦，有短柔毛兼有具节的长柔毛，有时近于无毛。叶片矩圆状披针形至披针形，先端急尖或渐尖，边缘具稀疏不整齐的大锯齿，基部渐狭具短柄，上面平滑无毛，下面有散生油点并沿叶脉稍有毛，下部的叶长达 15cm，宽达 5cm，上部叶逐渐狭小而近全缘。花两性及雌性，通常 3~5 朵团集生于上部叶腋；花被裂片 5 片，较少为 3 片，绿色，果时通常闭合；雄蕊 5 枚，花药长 0.5mm；花柱不明显，柱头通常 3 个，较少为 4 个，丝形，伸出花被外。胞果扁球形，完全包于花被内。种子横生或斜生，黑色或暗红色，平滑，有光泽，边缘钝，直径约 0.7mm。花期和果期都很长。

生境：常见于路边、河岸等处的荒地及农田。

国内分布：北京、山东、陕西、江苏、上海、

土荆芥 *Dysphania ambrosioides* (L.) Mosyakin et Clemants 居群

土荆芥 *Dysphania ambrosioides* (L.) Mosyakin et Clemants 植株

土荆芥 *Dysphania ambrosioides* (L.) Mosyakin et Clemants 居群

浙江、江西、福建、台湾、广东、海南、香港、澳门、广西、湖南、湖北、四川、重庆、贵州、云南。

国外分布：原产中美洲、南美洲；现全世界温带至热带地区广泛归化。

入侵历史及原因：1864 年在我国台湾省台北淡水采到标本。无意引进，通过人类活动裹挟带入。

入侵危害：本种数量大，对生长环境要求不严，极易扩散。该种含有毒的挥发油，对其他植物产生化感作用。同时还是常见的花粉过敏原，对人体健康可造成危害。

土荆芥 *Dysphania ambrosioides* (L.) Mosyakin et Clemants 花

6. 苋科 Amaranthaceae

华莲子草 *Alternanthera paronychioides* A. St.-Hil.

别名：美洲虾钳菜

英文名：Smooth Joyweed

分类地位：苋科 Amaranthaceae

拉丁异名：*Alternanthera polygonoides* (L.) R. Br. ex Sweet

危害程度：潜在入侵。

性状描述：多年生草本植物，高约 80cm。根呈纺锤形。分枝具白色茸毛，最后脱落，淡黄色或微红色，具条纹。幼叶被白色长柔毛，后期脱落，叶下被纤毛，叶长 8~43cm，宽 2~12mm，椭圆形、卵形或倒卵形，基部钝或近急尖，渐狭成长过渡不明显叶柄，在较大的叶中叶柄与叶片长度近相等。花序无柄，腋生，单生或 2~3 合生，多少圆球形或最终为卵球形，直径 4~8mm；苞片坚硬，膜质，白色，卵状渐尖，主脉外延形态突尖，小苞片近似，但较小，稍窄，约 2.5mm，随着果实脱落；花被裂片白色，近等长，矩圆状披针形，急尖，均具明显的三脉至中部，中脉外延形成短尖，下部多少被柔毛，明显具白色，细小的钩形短刺毛；雄蕊 5 枚，全部可育，在花期稍微超过子房和花柱，而假退化雄蕊较花丝短，长圆形，先端具齿状；子房压扁，基部变狭；花柱很短，宽大于长。果实压扁，圆球形倒心形。种子盘状，呈褐色，有光泽，稍网状。

生境：生于湖泊、湿处、荒地和宅旁。

国内分布：台湾、海南、广东、澳门等地。

国外分布：原产墨西哥和西印度群岛以南到巴

华莲子草 *Alternanthera paronychioides* A. St.-Hil. 叶

华莲子草 *Alternanthera paronychioides* A. St.-Hil. 居群

西的热带美洲本土。

入侵历史及原因：1969 年最早在我国台湾有记录。有意引进，引种栽培。

入侵危害：在一些国家和地区如印度、巴基斯坦和英国都表现为杂草，排挤本地物种的生长。可作为家畜饲料。

华莲子草 *Alternanthera paronychioides* A. St.-Hil. 花

华莲子草 *Alternanthera paronychioides* A. St.-Hil. 植株

华莲子草 *Alternanthera paronychioides* A. St.-Hil. 叶

空心莲子草
Alternanthera philoxeroides (Mart.) Griseb.

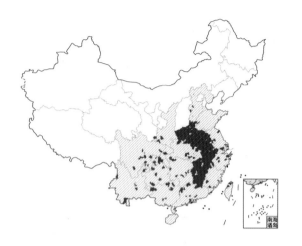

别名：空心苋、水花生、喜旱莲子草

英文名：Alligator Weed

分类地位：苋科 Amaranthaceae

危害程度：恶性入侵。

性状描述：多年生草本。茎基部匍匐，上部上升，管状，不明显 4 棱，长 55~120cm，具分枝，幼茎及叶腋有白色或锈色柔毛，茎老时无毛，仅在两侧纵沟内保留。叶片矩圆形、矩圆状倒卵形或倒卵状披针形，长 2.5~5cm，宽 7~20mm，先端急尖或圆钝，具短尖，基部渐狭，全缘，两面无毛或上面有贴生毛及缘毛，下面有颗粒状凸起；叶柄长 3~10mm，无毛或微有柔毛。花密生，呈具总花梗的头状花序，单生在叶腋，球形，直径 8~15mm；苞片及小苞片白色，先端渐尖，具 1 脉；苞片卵形，长 2~2.5mm，小苞片披针形，长 2mm；花被片矩圆形，长 5~6mm，白色，光亮，无毛，先端急尖，背部侧扁；雄蕊花丝长 2.5~3mm，基部连合成杯状；退化雄蕊矩圆状条形，和雄蕊约等长，先端裂成窄条；子房倒卵形，具短柄，背面侧扁，先端圆形。果实未见。花期 5~10 月。

生境：生于湖泊、池沼、水沟、水田、果苗圃和宅旁。

国内分布：河北、山东、陕西、河南、安徽、江苏、上海、浙江、湖北、湖南、江西、福建、重庆、四川、贵州、云南、广西、广东、台湾、海南。

国外分布：原产南美洲；世界温暖地区广泛归

空心莲子草 *Alternanthera philoxeroides* (Mart.) Griseb. 居群

空心莲子草 *Alternanthera philoxeroides* (Mart.) Griseb. 居群

化。

入侵历史及原因：1892 年在上海附近岛屿出现，20 世纪 50 年代作为猪饲料推广栽培。该草主要以匍匐枝进行无性繁殖，扩散蔓延速度极快，在适宜条件下，每 5 天就能繁殖一新植株，该草一旦在新的传入地定居，通常在很短时间内侵占周围水域，影响本地植物种，形成大面积单一的植物群落，侵占水库、湖泊，堵塞河道、灌渠。

入侵危害：主要在农田（包括水田和旱田）、空地、鱼塘、沟渠、河道等环境中生长，危害表现在阻塞航道、影响水上交通；排挤其他植物，使群落物种单一化；覆盖水面，影响鱼类生长和捕捞；危害农田作物，使产量受损；花田间沟渠内大量繁殖，影响农田排灌；入侵湿地、草坪，破坏景观；滋生蚊蝇，危害人类健康等。

空心莲子草 *Alternanthera philoxeroides* (Mart.) Griseb. 花

近似种：莲子草 *Alternanthera sessilis* (L.) DC. 与空心莲子草 *A. philoxeroides* (Mart.) Griseb. 的区别在于叶片条状披针形、矩圆形、倒卵形、卵状矩圆形（后者矩圆形、矩圆状倒卵形或倒卵状披针形）；叶柄长 1~4mm（后者长 3~10mm）。头状花序 1~4 个，腋生，无总花梗（后者具总花梗的头状花序，单生在叶腋）；退化雄蕊三角状钻形，比雄蕊短（后者退化雄蕊矩圆状条形，和雄蕊约等长）等。

莲子草 *Alternanthera sessilis* (L.) DC. 花枝

刺花莲子草 *Alternanthera pungens* Kunth

别名：地雷草

英文名：Khakibur

分类地位：苋科 Amaranthaceae

拉丁异名：*Achyranthes repens* L.; *Alternanthera repens* (L.) Link

危害程度：轻度入侵。

性状描述：一年生草本。茎披散，匍匐，有多数分枝，铺在地面 20~30cm，密生伏贴白色硬毛。叶片卵形、倒卵形或椭圆倒卵形，长 1.5~4.5cm，宽 5~15mm，在一对叶中大小不等，先端圆钝，有一短尖，基部渐狭，两面无毛或疏生伏贴毛；叶柄长 3~10mm，无毛或有毛。头状花序无总花梗，1~3 个，腋生，白色，球形或矩圆形，长 5~10mm；苞片披针形，长约 4mm，先端有锐刺；小苞片披针形，长 3~4mm，先端渐尖，无刺；花被片大小不等，2 外花被片披针形，长约 5mm，凸形，在下半部有 3 脉，花期后变硬，近基部左右有丛毛，中脉伸出呈锐刺，中部花被片长椭圆形，长 3~3.5mm，扁平，近先端牙齿状，凸尖，近基部左右有丛毛，2 内花被片小，凸形，环包子房，在背部有丛毛；雄蕊 5 枚，花丝长 0.5~0.75mm；退化雄蕊远比花丝短，全缘、凹缺或不规则牙齿状；花柱极短。胞果宽椭圆形，长 1~1.5mm，褐色，极扁平，先端截形或稍凹。花期 5 月，果期 7 月。

生境：生于路旁阳地。

国内分布：福建、广东、海南、湖南、江西、四川、西藏、云南。

国外分布：原产南美洲；现世界温暖地区归化。

入侵历史及原因：1957 年在四川芦山首次发现，蔓延很快。无意传入，人畜携带。

入侵危害：对猪和羊有毒，会使牛患皮肤病，

刺花莲子草 *Alternanthera pungens* Kunth 居群

刺花莲子草 *Alternanthera pungens* Kunth 花

刺花莲子草 *Alternanthera pungens* Kunth 植株

其花被片顶端变成刺后在耕作或绿化中给人们带来伤害。

　　近似种：莘艾莲子草 *Alternanthera caracasana* Kunth 与刺花莲子草 *A. pungens* Kunth 的区别在于叶片近匙形（后者叶片卵形、倒卵形或椭圆倒卵形）；苞片与花被先端无刺（后者苞片与花被先端具刺）等。

刺花莲子草 *Alternanthera pungens* Kunth 叶

莘艾莲子草 *Alternanthera caracasana* Kunth 植株

白苋 *Amaranthus albus* L.

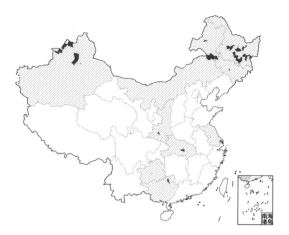

别名：糠苋、细苋、假苋菜、绿苋

英文名：Tumble Pigweed

分类地位：苋科 Amaranthaceae

危害程度：轻度入侵。

性状描述：一年生草本，高 30~50cm；茎上升或直立，从基部分枝，分枝铺散，绿白色，有不明显棱角，无毛或具糙毛。叶片倒卵形或匙形，长 5~20mm，先端圆钝或微凹，具凸头，基部渐狭，边缘微波状，无毛；叶柄长 3~5mm，无毛。花簇腋生，或成短顶生穗状花序，有 1 朵或数朵花；苞片及小苞片钻形，长 2~2.5mm，稍坚硬，先端长锥状锐尖，向外反曲，背面具龙骨；花被片长 1mm，比苞片短，稍呈薄膜状，雄花者矩圆形，先端长渐尖，雌花者矩圆形或钻形，先端短渐尖；雄蕊伸出花外；柱头 3 个。胞果扁平，倒卵形，长 1.2~1.5mm，黑褐色，皱缩，环状横裂。种子近球形，直径约 1mm，黑色至黑棕色，边缘锐。花期 7~8 月，果期 9 月。

生境：生于贫瘠干旱的沙质土壤，常见于旱田、闲地、路边及荒地。

国内分布：黑龙江、吉林、内蒙古、江苏、陕西、新疆、湖北、广西、贵州。

国外分布：原产北美洲；现欧洲、高加索、中亚、俄罗斯远东地区和日本也有归化。

入侵历史及原因：1929 年在天津塘沽采到标本。无意引进，随货物、旅客无意传入。

入侵危害：为旱地杂草。有时危害农作物，发生量小，危害不重。也危害花圃和绿地。

白苋 *Amaranthus albus* L. 植株

白苋 *Amaranthus albus* L. 植株

近似种：广布苋 *Amaranthus graecizans* L. 与白苋 *A. albus* L. 的区别在于茎红色或淡红色（后者茎绿白色）和叶先端一般不具尖头（后者先端圆钝或微凹，具凸头）等。

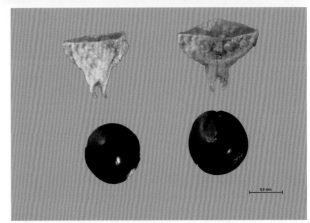

白苋 *Amaranthus albus* L. 种子

广布苋 *Amaranthus graecizans* L. 植株

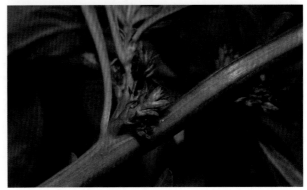

广布苋 *Amaranthus albus* L. 花

北美苋 *Amaranthus blitoides* S. Watson

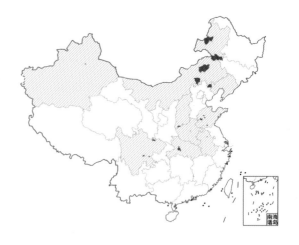

英文名：Prostrate Pigweed

分类地位：苋科 Amaranthaceae

危害程度：轻度入侵。

性状描述：一年生草本，高 15~50cm；茎大部分伏卧，从基部分枝，绿白色，全体无毛或近无毛。叶片密生，倒卵形、匙形至矩圆状倒披针形，长 5~25mm，宽 3~10mm，先端圆钝或急尖，具细凸尖，尖长达 1mm，基部楔形，全缘；叶柄长 5~15mm。花成腋生花簇，比叶柄短，有少数花；苞片及小苞片披针形，长 3mm，先端急尖，具芒尖；花被片 4 片，有时 5 片，卵状披针形至矩圆披针形，长 1~2.5mm，绿色，先端稍渐尖，具芒尖；柱头 3 个，顶端卷曲。胞果椭圆形，长 2mm，环状横裂，上面带淡红色，近平滑，比最长花被片短。种子卵形，直径约 1.5mm，黑色，稍有光泽。花期 8~9 月，果期 9~10 月。

生境：生于田野、路旁及荒地，常在贫瘠干旱的沙质土壤上生长。

国内分布：安徽、河南、湖北、辽宁、内蒙古、山东、山西、四川、新疆。

国外分布：原产北美洲；现欧洲、中亚和日本也有归化。

北美苋 *Amaranthus blitoides* S. Watson 居群

北美苋 *Amaranthus blitoides* S. Watson 茎叶

北美苋 *Amaranthus blitoides* S. Watson 果实

北美苋 *Amaranthus blitoides* S. Watson 植株

薄叶苋 *Amaranthus tenuifolius* Willd. 植株

入侵历史及原因：1857 年在辽宁采到标本。无意引进，随货物、旅客无意引入辽宁和河北。

入侵危害：侵入中耕旱作物田及菜园危害，发生量较小。也危害花圃绿地。

近似种：薄叶苋 *Amaranthus tenuifolius* Willd. 与北美苋 A. *blitoides* S.Watson 的区别在于前者的果实具纵棱。

薄叶苋 *Amaranthus tenuifolius* Willd. 植株

凹头苋 *Amaranthus blitum* L.

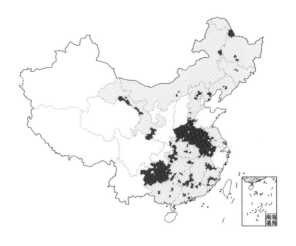

别名：野苋

英文名：Slender Amaranth

分类地位：苋科 Amaranthaceae

拉丁异名：*Amaranthus lividus* L.; *Amaranthus ascendens* Loisel,; *Euxolus ascendens* (Loisel.) H. Hara

危害程度：严重入侵。

性状描述：一年生草本，高 10~30cm，全体无毛；茎伏卧而上升，从基部分枝，淡绿色或紫红色。叶片卵形或菱状卵形，长 1.5~4.5cm，宽 1~3cm，先端凹缺，有 1 芒尖，或微小不显，基部宽楔形，全缘或稍呈波状；叶柄长 1~3.5cm。花成腋生花簇，直至下部叶的腋部，生在茎端和枝端者成直立穗状花序或圆锥花序；苞片及小苞片矩圆形，长不及 1mm；花被片矩圆形或披针形，长 1.2~1.5mm，淡绿色，先端急尖，边缘内曲，背部有 1 隆起中脉；雄蕊比花被片稍短；柱头 3 个或 2 个，果熟时脱落。胞果扁卵形，长 3mm，不裂，微皱缩而近平滑，超出宿存花被片。种子环形，直径约 12mm，黑色至黑褐色，边缘具环状边。花期 7~8 月，果期 8~9 月。

生境：生在田野、村落附近的杂草地上。

国内分布：安徽、北京、福建、甘肃、广东、

凹头苋 *Amaranthus blitum* L. 居群

凹头苋 *Amaranthus blitum* L. 居群

广西、贵州、河北、河南、黑龙江、湖北、湖南、吉林、江苏、江西、辽宁、内蒙古。

国外分布：原产热带美洲；日本、欧洲、非洲北部归化。

入侵历史及原因：《植物名实图考》已有记载。无意引入。

入侵危害：常见杂草，主要危害蔬菜、棉花、大豆、甘薯、玉米、瓜果。湿润地发生数量较大。也危害苗圃、花园、公园绿地和草坪。

凹头苋 *Amaranthus blitum* L. 花序

尾穗苋 *Amaranthus caudatus* L.

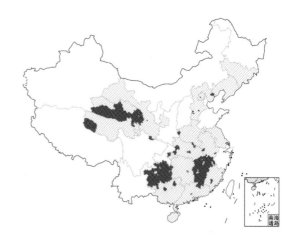

别名：老枪谷

英文名：Love-Lies-Bleeding

分类地位：苋科 Amaranthaceae

危害程度：严重入侵。

性状描述：一年生草本，高达 1.5m；茎直立，粗壮，具钝棱角，单一或稍分枝，绿色，或常带粉红色，幼时有短柔毛，后渐脱落。叶片菱状卵形或菱状披针形，长 4~15cm，宽 2~8cm，先端短渐尖或圆钝，具凸尖，基部宽楔形，稍不对称，全缘或波状缘，绿色或红色，除在叶脉上稍有柔毛外，两面无毛；叶柄长 1~15cm，绿色或粉红色，疏生柔毛。圆锥花序顶生，下垂，有多数分枝，中央分枝特长，由多数穗状花序形成，先端钝，雌花和雄花密集成混生的花簇；苞片及小苞片披针形，长 3mm，红色，透明，先端尾尖，边缘有疏齿，背面有 1 中脉，花被片长 2~2.5mm，红色，透明，先端具凸尖，边缘互压，有 1 中脉，雄花的花被片矩圆形，雌花的花被片矩圆状披针形；雄蕊稍超出，柱头 3 个，长不及 1mm。胞果近球形，直径 3mm，上半部红色，超出花被片。种子近球形，直径 1mm，淡棕黄色，有厚的环。花期 7~8 月，果期 9~10 月。

尾穗苋 *Amaranthus caudatus* L. 植株

尾穗苋 *Amaranthus caudatus* L. 居群

生境：生于路边、农田及山坡旷野。

国内分布：安徽、北京、福建、甘肃、广东、广西、贵州、海南、河北、河南、湖北、湖南、吉林、江苏、江西、辽宁、青海。

国外分布：原产南美安第斯山区；现世界热带地区广泛归化。

入侵历史及原因：1711~1717年编撰的《龙沙纪略》中有记载。有意引进，作为蔬菜从国外引进。

入侵危害：为旱地杂草。主要危害旱作物田、菜田、茶树和果树。

尾穗苋 *Amaranthus caudatus* L. 花序

老鸦谷 *Amaranthus cruentus* L.

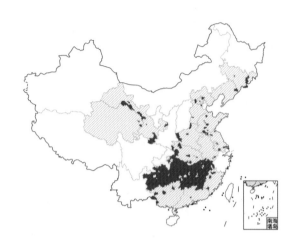

别名：繁穗苋

英文名：Wild Amaranth

分类地位：苋科 Amaranthaceae

拉丁异名：*Amaranthus paniculatus* L.; *Amaranthus hybridus* subsp. *cruentus* (L.)Thell.

危害程度：恶性入侵。

性状描述：一年生草本，高达 1.5m；茎直立，粗壮，具钝棱角，单一或稍分枝，绿色，或常带粉红色，幼时有短柔毛，后渐脱落。叶片菱状卵形或菱状披针形，长 4~15cm，宽 2~8cm，先端短渐尖或圆钝，具凸尖，基部宽楔形，稍不对称，全缘或波状缘，绿色或红色，除在叶脉上稍有柔毛外，两面无毛；叶柄长 1~15cm，绿色或粉红色，疏生柔毛。圆锥花序顶生直立后下垂，重穗顶端尖，雌花和雄花密集成混生的花簇；苞片及小苞片披针形，长 3mm，红色，透明，先端芒刺明显，边缘有疏齿，背面有 1 中脉，花被片长 2~2.5mm，红色，透明，顶端具芒刺，边缘互压，有 1 中脉，雄花的花被片矩圆形，雌花的花被片矩圆状披针形；雄蕊稍超出，柱头 3 个，长不及 1mm。胞果近球形，直径 3mm，上半部红色，与花被片等长。种子近球形，淡棕黄色，有厚的环。花期 7~8 月，果期 9~10 月。

生境：多生于路边、撂荒地、菜园、旱地。

国内分布：安徽、北京、福建、甘肃、广东、广西、贵州、河北、河南、湖北、湖南、吉林、江苏、江西、辽宁、青海、山东。

国外分布：原产中美洲；现全世界广泛归化。

入侵历史及原因：其模式标本采自中国清朝时期的栽培植物，但最早记录可追溯到 6 000 年前的墨西哥。也有报道称 19 世纪末期由印度传入中国。我国各地栽培或野生。可能引进。在西南等地栽培，

老鸦谷 *Amaranthus cruentus* L. 居群

老鸦谷 *Amaranthus cruentus* L. 花序

老鸦谷 *Amaranthus cruentus* L. 植株

后陆续引种到全国各地。

　　入侵危害：常入侵菜园及旱地，排挤当地物种。

老鸦谷 *Amaranthus cruentus* L. 种子

老鸦谷 *Amaranthus cruentus* L. 花序

假刺苋 *Amaranthus dubius* Mart. ex Thell.

英文名：Spleen Amaranth

分类地位：苋科 Amaranthaceae

危害程度：潜在入侵。

性状描述：一年生草本，高 30~100cm；茎直立，多分枝，有纵条纹，绿色或带紫色，无毛或稍有柔毛。叶片菱状卵形或卵状披针形，先端圆钝，具小凸尖，叶柄基部两侧各有 1 刺。圆锥花序腋生及顶生；苞片在腋生花簇及顶生花穗的基部者不变成直刺，在顶生花穗的上部者狭披针形。雌花花被片 5 片，长椭圆形，先端急尖，通常具短尖头，内轮花被长 12mm，外轮花被长 1.4~1.6mm，柱头 3 个，反折，长 1.2mm，子房卵形，长约 1mm；雄花着生于花序的顶端，偶见簇生呈团伞花序，花被片 5 片，相等或近等长，雄蕊 5 枚，花药黄色，长 1mm，花丝白色，长 0.8mm，开花时花药伸出花被外。胞果卵球形或近球形，长 1.5~2mm，稍短于花被，光滑至稍不规则皱缩，果皮规则横裂，横盖长 1mm。种子透镜状或近球形，直径 0.8~1mm，红棕色至黑色，光滑，有光泽。

生境：逸生于荒地、村旁。

国内分布：山东省日照市日照港、广西钦州市

假刺苋 *Amaranthus dubius* Mart. ex Thell. 植株

假刺苋 *Amaranthus dubius* Mart. ex Thell. 植株

钦州港。

国外分布：原产热带美洲。

入侵历史及原因：李振宇等 2012 年在广西钦州市采到标本。其种子数量多，且体积小，可能通过进口粮食或矿砂等渠道无意引入。

入侵危害：该物种茎较粗壮，对其周围生长的其他植物造成了荫蔽。

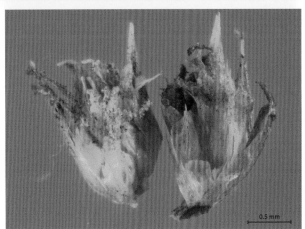

假刺苋 *Amaranthus dubius* Mart. ex Thell. 花

假刺苋 *Amaranthus dubius* Mart. ex Thell. 花序

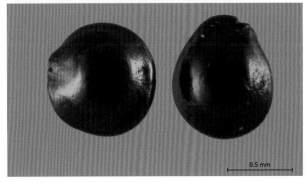

假刺苋 *Amaranthus dubius* Mart. ex Thell. 种子

绿穗苋 *Amaranthus hybridus* L.

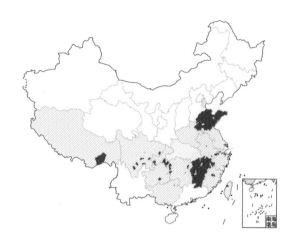

别名：任性菜

英文名：Wild Cabbage

分类地位：苋科 Amaranthaceae

危害程度：中度入侵。

性状描述：一年生草本，高 30~50cm；茎直立，分枝，上部近弯曲，有开展柔毛。叶片卵形或菱状卵形，长 3~4.5cm，宽 1.5~2.5cm，先端急尖或微凹，具凸尖，基部楔形，边缘波状或有不明显锯齿，微粗糙，上面近无毛，下面疏生柔毛；叶柄长 1~2.5cm，有柔毛。圆锥花序顶生，细长，上升稍弯曲，有分枝，由穗状花序而成，中间花穗最长；苞片及小苞片钻状披针形，长 3.5~4mm，中脉坚硬，绿色，向前伸出呈芒尖；花被片矩圆状披针形，长约 2mm，先端锐尖，具凸尖，中脉绿色；雄蕊略和花被片等长或稍长；柱头 3 个。胞果卵形，长 2mm，环状横裂，超出宿存花被片。种子近球形，直径约 1mm，黑色。花期 7~8 月，果期 9~10 月。

生境：生长于路边、荒地及山坡。

国内分布：安徽、福建、广西、贵州、河南、湖南、湖北、江苏、江西、山东、四川、台湾、天津、西藏、浙江、重庆。

国外分布：原产美洲；欧洲有归化。

入侵历史及原因：Moquin–Tandon C.H.B.A. 1848 年记载中国有分布。国内最早的标本保存于中国科学院庐山植物园标本馆，采于 1922 年 4 月 30 日，具体采集地点不详。在随后几年采集的标本中，采集地包括贵州、湖北及浙江等。可能通过引种裹挟或旅游行李等带入。首先在庐山等地逸生，然后扩散开来。

入侵危害：常于果园危害，是一般性的路边杂草。

绿穗苋 *Amaranthus hybridus* L. 植株

绿穗苋 *Amaranthus hybridus* L. 种子

绿穗苋 *Amaranthus hybridus* L. 居群

绿穗苋 *Amaranthus hybridus* L. 花序

绿穗苋 *Amaranthus hybridus* L. 花

千穗谷 *Amaranthus hypochondriacus* L.

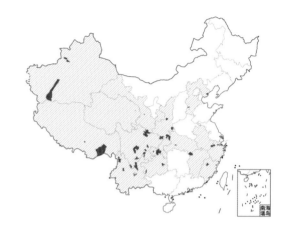

别名：猪苋菜、洋苋菜、仙米

英文名：Prince's-Feather

分类地位：苋科 Amaranthaceae

危害程度：轻度入侵。

性状描述：一年生草本，高 (10~)20~80cm；茎绿色或紫红色，分枝，无毛或上部微有柔毛。叶片菱状卵形或矩圆状披针形，长 3~10cm，宽 1.5~3.5cm，先端急尖或短渐尖，具凸尖，基部楔形，全缘或波状缘，无毛，上面常带紫色；叶柄长 1~7.5cm，无毛。圆锥花序顶生，直立，圆柱形，长达 25cm，直径 1~2.5cm，不分枝或分枝，由多数穗状花序形成，侧生穗较短，可达 6cm，花簇在花序上排列极密；苞片及小苞片卵状钻形，长 4~5mm，为花被片长的 2 倍，绿色或紫红色，背部中脉隆起，呈长凸尖；花被片矩圆形，长 2~2.5mm，先端急尖或渐尖，绿色或紫红色，有 1 深色中脉，呈长凸尖；柱头 2~3 个。胞果近菱状卵形，长 3~4mm，环状横裂，绿色，上部带紫色，超出宿存花被。种子近球形，直径约 1mm，白色，边缘锐。花期 7~8 月，果期 8~9 月。

生境：零星分布于路边、荒地。

国内分布：安徽、福建、甘肃、贵州、河北、湖北、江西、青海、陕西、四川、西藏、新疆、云南、浙江、重庆。

国外分布：原产墨西哥；亚洲、美洲、欧洲、非洲、大洋洲作为粮食或饲料作物栽培并有逸生。

入侵历史及原因：胡刚等于 2005 年首次报道了千穗谷在安徽淮北入侵。作为观赏植物引种栽培。

入侵危害：以种子繁殖，种子产量比较大，有一定的入侵潜力，但零星分布于路边荒地，危害程度相对较轻。

千穗谷 *Amaranthus hypochondriacus* L. 居群

千穗谷 *Amaranthus hypochondriacus* L. 花序

千穗谷 *Amaranthus hypochondriacus* L. 居群

千穗谷 *Amaranthus hypochondriacus* L. 花序

千穗谷 *Amaranthus hypochondriacus* L. 居群

苋 *Amaranthus tricolor* L.

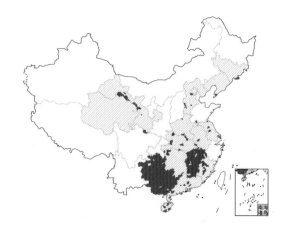

别名：雁来红、老来少、三色苋

英文名：Tampala

分类地位：苋科 Amaranthaceae

危害程度：轻度入侵。

性状描述：一年生草本，高 80~150cm；茎粗壮，绿色或红色，常分枝，幼时有毛或无毛。叶片卵形、菱状卵形或披针形，长 4~10cm，宽 2~7cm，绿色或常呈红色、紫色或黄色，或部分绿色夹杂其他颜色，先端圆钝或尖凹，具凸尖，基部楔形，全缘或波状缘，无毛；叶柄长 2~6cm，绿色或红色。花簇腋生，直到下部叶，或同时具顶生花簇，呈下垂的穗状花序；花簇球形，直径 5~15mm，雄花和雌花混生；苞片及小苞片卵状披针形，长 2.5~3mm，透明，先端有 1 长芒尖，背面具 1 绿色或红色隆起中脉；花被片矩圆形，长 3~4mm，绿色或黄绿色，先端有 1 长芒尖，背面具 1 绿色或紫色隆起中脉；雄蕊比花被片长或短。胞果卵状矩圆形，长 2~2.5mm，环状横裂，包裹在宿存花被片内。种子近圆形或倒卵形，直径约 1mm，黑色或黑棕色，边缘钝。花期 5~8 月，果期 7~9 月。

生境：生于农田、菜园、果园、路边等。

国内分布：安徽、北京、福建、甘肃、广东、广西、贵州、海南、河北、河南、湖北、湖南、吉林、江苏、江西、辽宁、青海。

国外分布：原产印度；现世界许多地方栽培或逸为野生。

入侵历史及原因：《本草经》首次记载。有意引进，引种蔬菜。

入侵危害：通常作为蔬菜栽培，有时逸为野生，侵入作物田后可成为田间杂草，有时发展为草害，在有些菜园苗期拔除作为蔬菜食用。

苋 *Amaranthus tricolor* L. 植株

苋 *Amaranthus tricolor* L.（园艺品种雁来红）植株

苋 *Amaranthus tricolor* L. 居群

苋 *Amaranthus tricolor* L. 种子

苋 *Amaranthus tricolor* L. 居群

合被苋 *Amaranthus polygonoides* L.

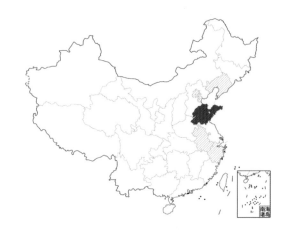

别名：泰山苋

英文名：Topical Amaranth

分类地位：苋科 Amaranthaceae

拉丁异名：*Amaranthus berlandieri* (Moq.) Uline & Bray; *Amaranthus polygonoides* subsp. *berlandieri* (Moq.) Thell.; *Amaranthus taishaensis* F. Z. Li & C. K. Ni

危害程度：中度入侵。

性状描述：一年生草本。茎直立或斜升，高 10~40cm，绿白色，下部有时淡紫红色，通常多分枝，被短柔毛，基部变无毛。叶卵形、倒卵形或椭圆状披针形，长 0.6~3cm，宽 0.3~1.5cm，先端微凹或圆形，具长 0.5~1mm 的芒尖，基部楔形，上面中央常横生一条白色斑带，干后不显，无毛；叶柄长 0.3~2cm。花簇腋生，总梗极短，花单性，雌雄花混生；苞片及小苞片披针形，长不及花被的 1/2，花被 (4)5 裂，膜质，白色，具 3 条纵脉，中肋绿色；雄花花被片长椭圆形，仅基部连合，雄蕊 2(3) 枚；雌花花被裂片匙形，先端急尖，下部约 1/3 合生成筒状，果时筒长约 0.8mm，宿存并呈海绵质，柱头 2~3 裂。胞果不裂，长圆形，略长于花被，上部微皱。种子双凸镜状，红褐色且有光泽，长 0.8~1mm。花果期 6~9 月。

生境：生于田野、路旁、荒地，有时成为旱作地和草坪的杂草。

国内分布：山东、北京、安徽、天津、辽宁、浙江。

国外分布：原产加勒比海岛屿、美国（南部至西南部）、墨西哥（东北部及尤卡坦半岛）；19 世纪初开始在欧洲及埃及等地归化。

入侵历史及原因：1979 年先后在山东泰安（泰山）和济南采到标本，20 世纪 80 年代在安徽北部被采集，2002 年在北京发现。无意引进，常随作

合被苋 *Amaranthus polygonoides* L. 花序

合被苋 *Amaranthus polygonoides* L. 居群

合被苋 *Amaranthus polygonoides* L. 居群

物种子、带土苗木和草皮扩散，蔓延速度快，首先在山东、北京等地定植。

入侵危害：为旱地杂草。危害花卉、绿地、草坪等，一般危害不重。有时也危害农作物田。常成片生长，抑制当地植物生长。

合被苋 *Amaranthus polygonoides* L. 花序

合被苋 *Amaranthus polygonoides* L. 花序

鲍氏苋 *Amaranthus powellii* S.Watson

英文名：Powell's Amaranth

分类地位：苋科 Amaranthaceae

危害程度：潜在入侵。

性状描述：一年生草本植物，高 0.5~1.5(~2) m。茎直立，无毛或花序部分被毛。叶柄长 5~6mm；叶片宽椭圆形至菱形或披针形，长 3~8cm，宽 2~6cm，基部楔形至宽楔形，边缘全缘，先端截平至钝状或微凹。花序苞片坚硬，长 4.5~6(~8)mm，为花被片的 2~3 倍长，先端具刺状小尖头。雄花花被片 3~5 片，雄蕊 3~5 枚。雌花花被片 3~5 片，明显不等长，线状披针形至椭圆形，具不显著中脉 (只在最长花被片上可见)。果实胞果，周裂或不裂，椭圆形至倒卵形，长是宽的 1.5~2 倍，柱头分枝粗壮，从基部向外开展，先端渐狭。种子双凸镜状，倒卵形，黑色至深褐色。花果期 7~10 月。

生境：生于农田、路边、废弃地、河流、湖泊和溪流。

国内分布：辽宁、北京。

国外分布：原产美国、墨西哥。

入侵历史及原因：1998 年在北京丰台首次采到标本。无意引入。

入侵危害：危害农田和果园。

鲍氏苋 *Amaranthus powellii* S.Watson 花序

鲍氏苋 *Amaranthus powellii* S.Watson 花序

鲍氏苋 *Amaranthus powellii* S.Watson 植株

鲍氏苋 *Amaranthus powellii* S.Watson 植株

鲍氏苋 *Amaranthus powellii* S.Watson 花序

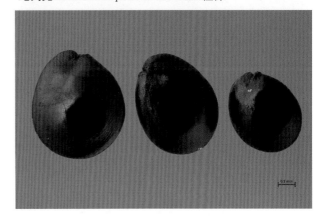

鲍氏苋 *Amaranthus powellii* S.Watson 种子

反枝苋 *Amaranthus retroflexus* L.

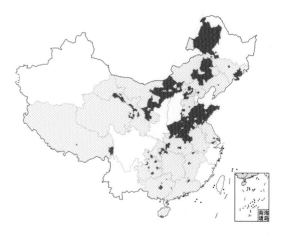

别名：西风谷、野苋菜、人苋菜

英文名：Wild–Beet Amaranth

分类地位：苋科 Amaranthaceae

危害程度：恶性入侵。

性状描述：一年生草本，高 20~80cm，甚至更高；茎直立，粗壮，淡绿色，有时具紫色条纹，稍具钝棱，密生短柔毛。叶菱状卵形或椭圆状卵形，长 5~12cm，宽 2~5cm，先端锐尖或尖凹，有小凸尖，基部楔形，有柔毛。圆锥花序顶生及腋生，直立，直径 2~4cm，由多数穗状花序形成，顶生花穗较侧生者长；苞片及小苞片钻形，长 4~6mm，白色，先端具芒尖，花被片白色，有 1 淡绿色细中脉；先端急尖或尖凹，具小突尖。胞果扁卵形、环状横裂，包裹在宿存花被片内。种子近球形，直径 1mm，棕色或黑色。

生境：生于农田、路边或荒地。

国内分布：安徽、北京、甘肃、广东、广西、贵州、海南、河北、河南、湖北、湖南、吉林、江苏、江西、辽宁、内蒙古、宁夏、青海、山东、重庆、西藏（芒康）。

国外分布：美洲；现广泛传播并归化于世界各地。

入侵历史及原因：19 世纪中叶发现于河北和山东。有意引进，人工引种到华北地区，然后陆续引种或经人类活动自然扩散到全国其他地区。

入侵危害：主要危害棉花、豆类、瓜类、薯类、蔬菜等多种旱作物。该植物可富集硝酸盐，家畜过量食用后会引起中毒。反枝苋可与其他多种美洲苋属植物杂交，如绿穗苋、鲍氏苋、尾穗苋和刺苋等。此外，反枝苋还是桃蚜、黄瓜花叶病毒、小地老虎、美国盲草牧蝽、欧洲玉米螟等的田间寄主。

反枝苋 *Amaranthus retroflexus* L. 植株

反枝苋 *Amaranthus retroflexus* L. 花序

反枝苋 *Amaranthus retroflexus* L. 种子

反枝苋 *Amaranthus retroflexus* L. 花序

反枝苋 *Amaranthus retroflexus* L. 花序

皱果苋 *Amaranthus viridis* L.

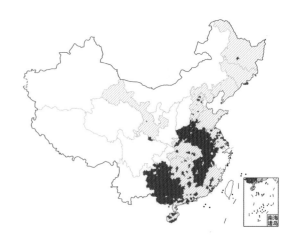

别名：绿苋、野苋

英文名：Tropical Green Amaranth

分类地位：苋科 Amaranthaceae

拉丁异名：*Euxolus viridis* (L.) Moq

危害程度：严重入侵。

性状描述：一年生草本，高 40~80cm，全体无毛；茎直立，有不明显棱角，稍有分枝，绿色或带紫色。叶片卵形、卵状矩圆形或卵状椭圆形，长 3~9cm，宽 2.5~6cm，先端尖凹或凹缺，少数圆钝，有 1 芒尖，基部宽楔形或近截形，全缘或微呈波状缘；叶柄长 3~6cm，绿色或带紫红色。圆锥花序顶生，长 6~12cm，宽 1.5~3cm，有分枝，由穗状花序形成，圆柱形，细长，直立，顶生花穗比侧生者长；总花梗长 2~2.5cm；苞片及小苞片披针形，长不及 1mm，先端具突尖；花被片矩圆形或宽倒披针形，长 1.2~1.5mm，内曲，先端急尖，背部有 1 绿色隆起中脉；雄蕊比花被片短；柱头 3 个或 2 个。胞果扁球形，直径约 2mm，绿色，不裂，极皱缩，超出花被片。种子近球形，直径约 1mm，黑色或黑褐色，具薄且锐的环状边缘。花期 6~8 月，果期 8~10 月。

生境：常生于宅旁、旷野、荒地、河岸、山坡、路旁或农田。

国内分布：安徽、北京、山东、福建、甘肃、广东、广西、贵州、海南、河北、河南、黑龙江、湖北、湖南、吉林、江苏、江西、辽宁。

国外分布：原产热带美洲；广泛两半球的温带、亚热带和热带地区归化。

皱果苋 *Amaranthus viridis* L. 居群

皱果苋 *Amaranthus viridis* L. 花序

皱果苋 *Amaranthus viridis* L. 花序枝

入侵历史及原因： 1864 年在我国台湾发现。无意引进，人工引种时带入。经人和动物传播种子。

入侵危害： 为常见的宅旁杂草，为菜地和秋旱作物地田间杂草，还可沿道路侵入自然生态系统。也危害园林苗木和公园绿地。

皱果苋 *Amaranthus viridis* L. 居群

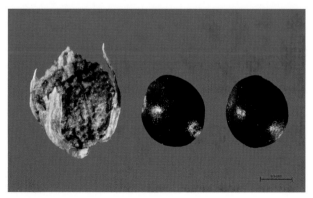

皱果苋 *Amaranthus viridis* L. 种子

皱果苋 *Amaranthus viridis* L. 花序

刺苋 *Amaranthus spinosus* L.

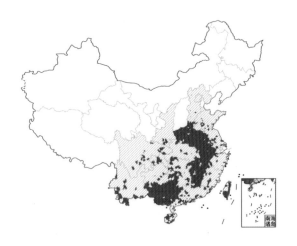

别名：刺苋菜、勒苋菜、野刺苋菜

英文名：Thorny Pigweed

分类地位：苋科 Amaranthaceae

危害程度：恶性入侵。

性状描述：一年生草本，高 30~100cm；茎直立，圆柱形或钝棱形，多分枝，有纵条纹，绿色或带紫色，无毛或稍有柔毛。叶片菱状卵形或卵状披针形，长 3~12cm，宽 1~5.5cm，先端圆钝，具微凸头，基部楔形，全缘，无毛或幼时沿叶脉稍有柔毛；叶柄长 1~8cm，无毛，在其旁有 2 刺，刺长 5~10mm。圆锥花序腋生及顶生，长 3~25cm，下部顶生花穗常全部为雄花；苞片在腋生花簇及顶生花穗的基部者变成尖锐直刺，长 5~15mm，在顶生花穗的上部者狭披针形，长 1.5mm，先端急尖，具凸尖，中脉绿色；小苞片狭披针形，长约 1.5mm；花

被片绿色，先端急尖，具凸尖，边缘透明，中脉绿色或带紫色，在雄花者矩圆形，长 2~2.5mm，在雌花者矩圆状匙形，长 1.5mm；雄蕊花丝略和花被片等长或较短；柱头 3 个，有时 2 个。胞果矩圆形，长 1~1.2mm，在中部以下不规则横裂，包裹在宿存花被片内。种子近球形，直径约 1mm，黑色或带棕黑色。花果期 7~11 月。

生境：生于旷地、园圃、农耕地、宅旁路边和荒地等。

国内分布：河北、北京、山东、河南、安徽、江苏、陕西、浙江、江西、湖南、湖北、四川、重庆、云南、贵州、广西、广东、海南、香港、澳门、福建、台湾。

国外分布：原产热带美洲；现日本、印度、中南半岛、马来西亚、菲律宾等地皆归化。

入侵历史及原因：19 世纪 30 年代在澳门发现，

刺苋 *Amaranthus spinosus* L. 植株

刺苋 *Amaranthus spinosus* L. 花序

刺苋 *Amaranthus spinosus* L. 花序

1857 年在香港采到。无意引进，随农作物、蔬菜种子引进。

入侵危害：常大量滋生危害旱作农田、蔬菜地及果园，严重消耗土壤肥力，成熟植株有刺因而清除比较困难，并伤害人畜。为蔬菜地主要杂草，局部地区危害较严重，亦发生于秋熟旱作物田。

刺苋 *Amaranthus spinosus* L. 花

刺苋 *Amaranthus spinosus* L. 刺

刺苋 *Amaranthus spinosus* L. 花序

菱叶苋 *Amaranthus standleyanus* Parodi ex Covas

英文名：Indehiscent Pigweed

分类地位：苋科 Amaranthaceae

危害程度：潜在入侵。

性状描述：一年生草本，高 0.2~0.6m。茎直立或倾斜上升，常自基部分枝，具棱角或凹槽，淡绿色或黄绿色，具绿色条纹，上部疏生短柔毛。叶柄长 2~6cm；叶片菱状卵形至菱状披针形，扁平，长 2~5cm，宽 1.5~3cm，先端钝或微凹，具小芒尖，基部楔形或狭楔形，略下延，边缘全缘。聚伞花序紧缩，通常在枝顶排列成穗状或圆锥状；苞片宽卵形，长 1.5~1.8mm，膜质，具绿色中脉和小尖头；雄花花被片 5 片，卵状披针形，长于雄蕊；雌花花被片匙形，膜质，具狭长中脉，长约 2mm，下部具爪，爪直立，檐部外展，先端截平或微凹，具一

小芒尖。胞果椭圆状球形，长于或等长于花被片，无纵棱，不开裂，花柱基部膨大。种子卵圆形至近球形，长约 1mm，黑色，具光泽。花果期 7~10 月。

生境：生于码头、火车站、垃圾场、粮仓、家禽饲养场、种植园和花坛附近。

国内分布：北京、江苏。

菱叶苋 *Amaranthus standleyanus* Parodi ex Covas 居群

菱叶苋 *Amaranthus standleyanus* Parodi ex Covas 植株

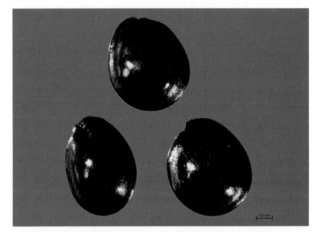

菱叶苋 *Amaranthus standleyanus* Parodi ex Covas 种子

菱叶苋 *Amaranthus standleyanus* Parodi ex Covas 植株

国外分布：原产阿根廷、玻利维亚、巴拉圭等地；现于瑞士、荷兰、匈牙利、瑞典、丹麦、法国、比利时、西班牙、芬兰等国家归化。

入侵历史及原因：2003 年于北京发现。可能随粮食、饲料等货物引入。

入侵危害：为旱地杂草。对农田、果园和园林苗圃有一定的危害。抑制本土植物生长，影响生态环境。

菱叶苋 *Amaranthus standleyanus* Parodi ex Covas 植株

长芒苋 *Amaranthus palmeri* S. Watson

别名：绿苋、野苋

英文名：Palmer's Amaranth

分类地位：苋科 Amaranthaceae

危害程度：潜在入侵。

性状描述：一年生草本，植株高 0.8~2m。茎直立，粗壮，有纵棱，无毛或上部散生短茸毛，有分枝。叶无毛；叶片卵形至菱状卵形，茎上部则常为披针形，长 (3~)5~8cm，宽 (1.5~)2~5cm，先端钝、急尖或微凹，常具小凸尖，基部楔形，边缘全缘。花单性，雌雄异株；穗状花序生茎及分枝顶端，顶端常下垂，长 7~30cm，宽 1~1.2cm，生于叶腋者较为短，呈短圆柱状至头状；苞片钻状披针形，长 4~6cm，先端芒刺状；雄花花被片 5 片，极不等长，长圆形，先端急尖，最外面花被片长约 5mm，其余花被片长 3.5~4mm；雄蕊 5 枚，短于内轮花被片；雌花花被片 5 片，极不等长，最外面一片倒披针形，长 3~4mm，先端急尖，其余花被片匙形，长 2~2.5mm，先端截形至微凹，上部边缘啮蚀状；花柱 2 个或 3 个。果近球形，长 1.5~2mm，包藏于宿存花被片内，果皮膜质，上部微皱，周裂。种子近圆形，长 1~1.2mm，深红褐色，有光泽。花果期 6~11 月。

生境：生于河岸低地、旷野及耕地。

国内分布：北京、山东、辽宁、湖北、江苏。

国外分布：原产美国西部至墨西哥北部；现瑞士、瑞典、日本、澳大利亚、德国、法国、丹麦、挪威、芬兰、英国等国家归化。

入侵历史及原因：1985 年 8 月在北京丰台南苑采到标本。无意引种，随进口粮食带入，并随交通工具、人类活动扩散。

入侵危害：作为一种旱地杂草，植株高大，与

长芒苋 *Amaranthus palmeri* S. Watson 居群

长芒苋 *Amaranthus palmeri* S. Watson 雌株花序

长芒苋 *Amaranthus palmeri* S. Watson 雄株花序

长芒苋 *Amaranthus palmeri* S. Watson 雌株

农作物争夺水、肥、光照和生存空间，危害农田和果园，也可侵入湿地。植株富集亚硝酸盐，牲畜过量采食后会引起中毒。雌株成熟果序上的宿存苞片和花被片具硬刺，可扎伤皮肤。

长芒苋 *Amaranthus palmeri* S. Watson 雌株花序

长芒苋 *Amaranthus palmeri* S. Watson 种子

西部苋 *Amaranthus rudis* J. D. Sauer

英文名：Common Waterhemp

分类地位：苋科 Amaranthaceae

危害程度：潜在入侵。

性状描述：一年生草本。茎直立，常分枝，分枝直立或斜升，高 1~2m，淡绿色，常变绿色。叶柄为叶片的 1/4~1/2；叶片长圆形、卵状披针形至披针形，长 5~15.5cm，基部狭楔形，先端长渐尖，有时钝，具短尖头。花序挺直，圆锥状，长 10~23cm，无叶段较松散，有时花簇间断，下部常具叶；雄花苞片长 1.5~2mm，先端具短尖，雌花苞片长约 2mm，中脉外延成小尖头；雄花花被片 5 片，内侧花被片约 2.5mm，先端钝或微凹，外侧花被片长约 3mm，先端渐尖，具显著伸出的尖头；雄蕊 5 枚；雌花花被片 1~2 片，最短的一个常不完全发育，最长的约 2mm，狭披针形，先端渐尖，具伸出的尖头。胞果卵球形，长约 1.5mm，膜质，无棱，中部周裂，微皱缩，常带红色。种子圆形，双凸镜状，直径 0.7~1mm，深红褐色。

生境：生于沼泽地区、泥滩、小湖泊、池塘或河流的地界。

国内分布：北京。

国外分布：原产美国密西西比河西部流域。

入侵历史及原因：近年，随进口农产品携带传入我国。

入侵危害：侵入耕地造成农作物减产；花粉引起人类过敏反应，取食过量可导致牲畜中毒。

西部苋 *Amaranthus rudis* J. D. Sauer 居群

西部苋 *Amaranthus rudis* J. D. Sauer 花序

西部苋 *Amaranthus rudis* J. D. Sauer 花序

西部苋 *Amaranthus rudis* J. D. Sauer 花序

西部苋 *Amaranthus rudis* J. D. Sauer 植株

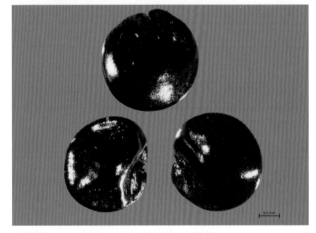

西部苋 *Amaranthus rudis* J. D. Sauer 种子

糙果苋
Amaranthus tuberculatus (Moq.) J. D. Sauer

英文名：Tall Waterhemp

分类地位：苋科 Amaranthaceae

危害程度：潜在入侵。

性状描述：一年生草本。茎直立，稀斜升或平卧，高 0.4~1.5m。叶深绿色；叶柄长为叶片的 1/4~1/2；叶片形态多变，较小叶片通常长圆形或匙形，较大者宽卵形至披针形，长 1.5~4cm，宽 0.5~1.5cm，基部楔形，边缘全缘，先端钝至急尖，具小短尖。圆锥花序顶生，上部弯曲或俯垂，雄花花序长约 5cm，排列稀疏，常不具叶；雌花序长 1~2cm，顶生花序常具叶；雄花苞片长 1~1.5mm，具极细的中脉；雌花苞片具不明显龙骨突，长 1~2mm，先端渐尖；雄花花被片 5 片，花被等长或不等长，长 2~3mm，先端钝至急尖或渐尖或具不明显短尖；雄蕊 5 枚；雌花花被片缺失；柱头分枝近直立。胞果深褐色至红褐色，不具纵棱，倒卵状至近球状，长 1.5~2mm，壁薄，近平滑或不规则皱缩，不开裂、不规则开裂或周裂。种子直径 0.7~1mm，深红褐色至深褐色，具光泽。

生境：生于路边、荒地、草丛等。

国内分布：辽宁、北京、江苏。

国外分布：美国密西西比河流域东部地区。

入侵历史及原因：近年来通过大豆、玉米、菜籽等作物贸易进入我国。

入侵危害：成为田间杂草。

糙果苋 *Amaranthus tuberculatus* (Moq.) J. D. Sauer 花序

糙果苋 *Amaranthus tuberculatus* (Moq.) J. D. Sauer 花序

糙果苋 *Amaranthus tuberculatus* (Moq.) J. D. Sauer 植株

糙果苋 *Amaranthus tuberculatus* (Moq.) J. D. Sauer 花序

糙果苋 *Amaranthus tuberculatus* (Moq.) J. D. Sauer 居群

糙果苋 *Amaranthus tuberculatus* (Moq.) J. D. Sauer 种子

瓦氏苋 *Amaranthus watsonii* Standl.

英文名：Watson's Amaranth

分类地位：苋科 Amaranthaceae

危害程度：潜在入侵。

性状描述：一年生草本。植株被柔毛至腺毛（特别是在苞片上），高 0.1~1m；茎斜升至直立，多斜升分枝。叶片长于或等于叶柄，倒卵形、椭圆形或长椭圆形，长 1~4cm，宽 1~2cm，基部宽楔形至近圆形，边全缘，扁平或微波状，先端钝至微凹，常具短尖。花序顶生或腋生，顶生花序直立，穗状至圆锥状，常粗壮，下部具少量团簇状腋生花序；雄花花被片 5 片，等长或近等长，长 1.5~3mm，先端急尖或近钝状，内侧花被片顶端渐尖或具短尖；雄蕊 3~5 枚；雌花花被片 5 片，具暗色不伸出的中脉，匙形至扇形，长 1.7~2mm，先端钝，具短尖；

花柱分枝平铺；柱头 2 (~3) 个。胞果浅褐色至褐色，倒卵形至近球形，长 1.5~2mm，短于花被片，膜质，光滑或不显著皱缩。种子深红褐色至近黑色，直径 0.8~1.2mm，具光泽。

生境：生长于沙漠和海滩等沙地以及受干扰的地区。

国内分布：江苏。

国外分布：原产美国西南、墨西哥。

入侵历史及原因：近年来通过粮食进口进入我国。

入侵危害：结实量大，种子细小，适生性广，抗草甘膦等除草剂，极具危害性杂草，可造成玉米、棉花、大豆等作物减产，易富集亚硝酸盐，家畜采食后会引起中毒症状，对畜牧业造成威胁。

瓦氏苋 *Amaranthus watsonii* Standl. 花序

瓦氏苋 *Amaranthus watsonii* Standl. 花序局部

瓦氏苋 *Amaranthus watsonii* Standl. 花序

瓦氏苋 *Amaranthus watsonii* Standl. 植株

青葙 *Celosia argentea* L.

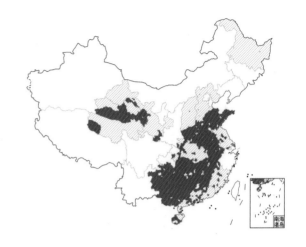

别名：野鸡冠花

英文名：Silver Cockscomb

分类地位：苋科 Amaranthaceae

危害程度：恶性入侵。

性状描述：一年生草本，高 0.3~1m，全体无毛；茎直立，有分枝，绿色或红色，具明显条纹。叶片矩圆披针形、披针形或披针状条形，少数卵状矩圆形，长 5~8cm，宽 1~3cm，绿色常带红色，先端急尖或渐尖，具小芒尖，基部渐狭；叶柄长 2~15mm，或无叶柄。花多数，密生，在茎端或枝端成单一、无分枝的塔状或圆柱状穗状花序，长 3~10cm；苞片及小苞片披针形，长 3~4mm，白色，光亮，先端渐尖，延长成细芒，具 1 中脉，在背部隆起；花被片矩圆状披针形，长 6~10mm，初为白色顶端带红色，或全部粉红色，后成白色，先端渐尖，具 1 中脉，在背面凸起；花丝长 5~6mm，分离部分长 2.5~3mm，花药紫色；子房有短柄，花柱紫色，长 3~5mm。胞果卵形，长 3~3.5mm，包裹在宿存花被片内。种子凸透镜状肾形，直径约 1.5mm。花期 5~8 月，果期 6~10 月。

生境：生于平原、田边、丘陵、山坡。

国内分布：安徽、福建、甘肃、广东、广西、贵州、海南、河北、河南、黑龙江、湖北、湖南、江苏、江西、青海、山东、山西。

国外分布：原产美洲；现朝鲜、日本、中南半岛、菲律宾归化。

入侵历史及原因：1891 年标本采于广东、海南。随贸易运输等活动夹带而来，也有可能是因为药用或观赏而引入。

入侵危害：是旱作物田和果园常见杂草，对小麦、棉花、豆类、甜菜等农作物危害较重。

青葙 *Celosia argentea* L. 植株

青葙 *Celosia argentea* L. 花

青葙 *Celosia argentea* L. 居群

青葙 *Celosia argentea* L. 花序

青葙 *Celosia argentea* L. 花序

青葙 *Celosia argentea* L. 种子

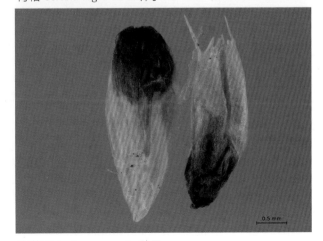

青葙 *Celosia argentea* L. 种子

长序苋 *Digera muricata* (L.) Mart.

别名：瘤果苋

英文名：False Amaranth

分类地位：苋科 Amaranthaceae

危害程度：潜在入侵。

性状描述：一年生草本，高 20~50cm，茎单生或近基部具斜升的分枝；茎和分枝无毛或被极少柔毛，具苍白的纵脊。叶片狭线形至阔卵形或稀近圆形，长 20~60mm，宽 6~30mm，无毛，具叶柄，叶背面主脉具开展的毛，叶先端锐尖或渐尖，渐狭或急狭成叶基；叶柄纤细，下部的叶柄长达 5cm，上部的叶变短。总状花序腋生，花序柄细长，长约 30cm，基部花序较短，约 14cm，无毛或疏被开展的毛；苞片宿存，三角状披针形，渐尖，1~2.7mm，无毛，膜质，具及顶的绿色或褐色中脉。花无毛，白色、粉红色或红色，通常果期变成绿白色，长而细长或短而浓密的腋生总状花序；中央花可育，2 枚膜质舟状的外部花被裂片长 3~4.5mm，卵形或长圆形，7~12 脉，急尖；2~3 枚里面的花被裂片稍短，钝或啮蚀状，1~3 脉，透明，雄蕊近等长或短于花柱；花柱长 1.5~4mm，2 柱头最终内弯；侧花紧靠，1 枚小苞片，小苞片与苞片同形，侧花在花序的上部明显退化。果实近球形，稍压扁，2~2.5mm。

生境：多生于荒地。

长序苋 *Digera muricata* (L.) Mart. 植株

长序苋 *Digera muricata* (L.) Mart. 花序

长序苋 *Digera muricata* (L.) Mart. 花序

0.5 mm

长序苋 *Digera muricata* (L.) Mart. 种子

国内分布：安徽、江苏、山东。

国外分布：原产从热带阿拉伯和也门到阿富汗，巴基斯坦、印度、斯里兰卡、马来西亚和印度尼西亚；现广泛于南亚归化。

入侵历史及原因：近年来随国际贸易引入我国，无意引入。

入侵危害：为旱地常见杂草，排挤当地物种。

长序苋 *Digera muricata* (L.) Mart. 居群

银花苋 *Gomphrena celosioides* Mart.

英文名：Soft Khakiweed

分类地位：苋科 Amaranthaceae

危害程度：轻度入侵。

性状描述：草本，高 20~60cm；茎粗壮，有分枝，枝略呈四棱形，茎有贴生白色长柔毛，节部稍膨大。叶片纸质，长椭圆形或矩圆状倒卵形，长 3.5~13cm，宽 1.5~5cm，先端急尖或圆钝，凸尖，基部渐狭，边缘波状，两面有小斑点、白色长柔毛及缘毛，叶柄长 1~1.5cm，有灰色长柔毛。花多数，密生，呈顶生球形或矩圆形头状花序，单一或 2~3 个，直径 2~2.5cm，银白色；总苞为 2 枚绿色对生叶状苞片而成，卵形或心形，长 1~1.5cm，两面有灰色长柔毛；苞片卵形，长 3~5mm，白色，顶端紫红色；小苞片三角状披针形，长 1~1.2cm，紫红色，内面凹陷，先端渐尖，背棱有细锯齿缘；花被片披针形，长 5~6mm，不展开，先端渐尖，外面密生白色绵毛，花被片花期后变硬；雄蕊花丝连合成管状，顶端 5 浅裂，花药生在裂片的内面，微伸出；花柱条形，比雄蕊管短，柱头 2 个，叉状分枝。胞果近球形，直径 2~2.5mm。种子肾形，棕色，光亮。花果期 2~6 月。

生境：生于荒地、河岸、宅旁或田边。

国内分布：广东、福建、海南、台湾。

国外分布：原产南美洲；现于世界各热带地区归化。

入侵历史及原因：胡秀英于 1968 年 5 月 27 日在香港采到标本。有意引进，人工引种。

入侵危害：为一般性杂草，危害较轻，但近年有逐渐扩张的趋势。

银花苋 *Gomphrena celosioides* Mart. 居群

银花苋 *Gomphrena celosioides* Mart. 居群

银花苋 *Gomphrena celosioides* Mart. 居群

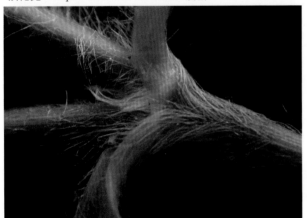

银花苋 *Gomphrena celosioides* Mart. 茎毛

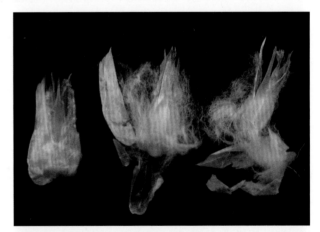

银花苋 *Gomphrena celosioides* Mart. 花

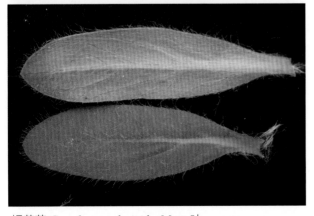

银花苋 *Gomphrena celosioides* Mart. 叶

银花苋 *Gomphrena celosioides* Mart. 花序局部

千日红 *Gomphrena globosa* L.

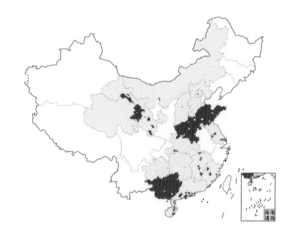

别名：百日红、火球花、日日红、万年红

英文名：Pearly Everlasting

分类地位：苋科 Amaranthaceae

危害程度：轻度入侵。

性状描述：草本，高 20~60cm；茎粗壮，有分枝，枝略呈四棱形，有灰色糙毛，幼时更密，节部稍膨大。叶片纸质，长椭圆形或矩圆状倒卵形，长 3.5~13cm，宽 1.5~5cm，先端急尖或圆钝，凸尖，基部渐狭，边缘波状，两面有小斑点、白色长柔毛及缘毛，叶柄长 1~1.5cm，有灰色长柔毛。花多数，密生，呈顶生球形或矩圆形头状花序，单一或 2~3 个，直径 2~2.5cm，常紫红色，有时淡紫色或白色；总苞为 2 枚绿色对生叶状苞片而成，卵形或心形，长 1~1.5cm，两面有灰色长柔毛；苞片卵形，长 3~5mm，白色，顶端紫红色；小苞片三角状披针形，长 1~1.2cm，紫红色，内面凹陷，先端渐尖，背棱

有细锯齿缘；花被片披针形，长 5~6mm，不展开，先端渐尖，外面密生白色绵毛，花期后不变硬；雄蕊花丝连合成管状，先端 5 浅裂，花药生在裂片的内面，微伸出；花柱条形，比雄蕊管短，柱头 2 裂，叉状分枝。胞果近球形，直径 2~2.5mm。种子肾形，棕色，光亮。花果期 6~9 月。

生境：生于花坛、园圃、路边等地。

国内分布：北京、福建、甘肃、广东、广西、贵州、海南、河北、河南、湖北、湖南、江苏、江西、内蒙古、青海、山东、山西。

国外分布：原产美洲热带。

入侵历史及原因：1661 年引入中国台湾。有意引入，作为观赏花卉。

入侵危害：栽培区周边易于逸生，可侵入耕地。

千日红 *Gomphrena globosa* L. 居群

千日红 *Gomphrena globosa* L. 花序

千日红 *Gomphrena globosa* L. 居群

千日红 *Gomphrena globosa* L. 花序

7. 紫茉莉科 Nyctaginaceae

紫茉莉 *Mirabilis jalapa* L.

别名：胭脂花、粉豆花、夜饭花

英文名：Marvel of Peru

分类地位：紫茉莉科 Nyctaginaceae

危害程度：中度入侵。

性状描述：一年生草本，高可达 1m。根肥粗，倒圆锥形，黑色或黑褐色。茎直立，圆柱形，多分枝，无毛或疏生细柔毛，节稍膨大。叶片卵形或卵状三角形，长 3~15cm，宽 2~9cm，先端渐尖，基部截形或心形，全缘，两面均无毛，脉隆起；叶柄长 1~4cm，上部叶几无柄。花常数朵簇生枝端；花梗长 1~2mm；总苞钟形，长约 1cm，5 裂，裂片三角状卵形，先端渐尖，无毛，具脉纹，果时宿存；花被紫红色、黄色、白色或杂色，高脚碟状，筒部长 2~6cm，檐部直径 2.5~3cm，5 浅裂；花午后开放，有香气，次日午前凋萎；雄蕊 5 枚，花丝细长，常伸出花外，花药球形；花柱单生，线形，伸出花外，柱头头状。瘦果球形，直径 5~8mm，革质，黑色，表面具皱纹；种子胚乳白粉质。花期 6~10 月，果期 8~11 月。

生境：生于各地村边、路旁。

国内分布：我国南北各地常作为观赏花卉栽培，在河北、北京、山东、河南、陕西、甘肃（南部）、四川、重庆、贵州、湖北、湖南、江西、福建、浙江、上海、江苏、安徽、广东、海南等地逸为野生。

国外分布：原产热带美洲；现世界温带至热带地区广泛引种和归化。

入侵历史及原因：明代《草花谱》(1591 年)

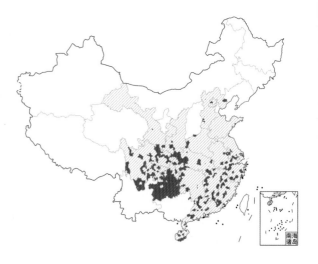

首次记载。有意引进，作为观赏花卉栽培引种到华东地区，再引种到全国各地。

入侵危害：有时侵入农田，但危害不大。在华南等地常逸生田野，影响当地植物生长。根和种子有毒。

紫茉莉 *Mirabilis jalapa* L. 花

紫茉莉 *Mirabilis jalapa* L. 花

紫茉莉 *Mirabilis jalapa* L. 花

紫茉莉 *Mirabilis jalapa* L. 居群

紫茉莉 *Mirabilis jalapa* L. 花枝

紫茉莉 *Mirabilis jalapa* L. 植株

8. 商陆科 Phytolaccaceae

垂序商陆 *Phytolacca americana* L.

别名：洋商陆、美国商陆、美洲商陆、美商陆

英文名：Poke-Berry，Scoke

分类地位：商陆科 Phytolaccaceae

危害程度：中度入侵。

性状描述：多年生草本，高达 2m。全株无毛。根粗壮，肥大，倒圆锥形。茎直立，圆柱形，有纵棱，紫红色。叶柄长 1~4cm；叶片椭圆状卵形或卵状披针形，长 4~18cm，宽 2~10cm，基部楔形，先端急尖，侧脉每边 6~8 条。总状花序顶生或侧生，长 5~20cm，下垂；花序轴具棱；花梗长 5~8mm，基部和中下部具 1~3 膜质、披针形的苞片；花直径 4~6mm；花被片 5 片，白色，有时带红色，宽卵形，

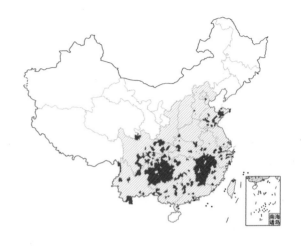

长、宽约 2mm，宿存；雄蕊、心皮和花柱均为 10 枚；心皮合生。果序长 5~20cm，下垂；浆果扁球形，直径 6~9mm，成熟时紫黑色，基部具宿存的花被片。种子肾圆形，直径约 3mm。花期 6~8 月，果期 8~10 月。

生境：常逸生于村边、路旁、荒地，有时进入疏林。

国内分布：河北、北京、天津、陕西、山西、山东、江苏、安徽、浙江、上海、江西、福建、台湾、河南、湖北、湖南、广东、广西、四川、重庆、云南、贵州。

国外分布：原产北美洲；现世界各地引种和归化。

入侵历史及原因：1935 年在杭州采到标本。有意引进，作为药用和观赏植物引进。

入侵危害：环境适应性强，生长迅速，在营养条件较好时，植株高可达 2m，易形成单优群落，主茎有的能达到 3cm 粗，可与其他植物竞争养分。其茎具有多数开展的分枝，叶片宽阔，能覆盖其他植物体，导致其他植物生长不良甚至死亡；并且具有较为肥大的肉质直根，消耗土壤肥力。垂序商陆全株有毒，根及果实毒性最强，对人和牲畜有毒害作用，由于该种根茎酷似人参，常被人误作人参服

垂序商陆 *Phytolacca americana* L. 果序

垂序商陆 *Phytolacca americana* L. 居群

垂序商陆 *Phytolacca americana* L. 花序

用，人取食后会造成腹泻。种子可通过鸟类传播。

近似种：商陆 *Phytolacca acinosa* Roxb. 与垂序商陆 *P. americana* L. 的区别在于叶片薄纸质，椭圆形、长椭圆形或披针状椭圆形，长 10~30cm，宽 4.5~15cm（后者叶片椭圆状卵形或卵状披针形，长 4~18cm，宽 2~10cm）；总状花序直立（后者总状花序下垂）；心皮通常为 8 枚（后者心皮通常为 10 枚）等。

墨西哥商陆 *Phytolacca octandra* L. 与垂序商陆 *P. americana* L. 的区别在于叶片椭圆形或披针状，长 7~22cm（后者叶片椭圆状卵形或卵状披针形，长 4~18cm）；总状花序近直立（后者下垂）；心皮通常为 7~10 枚（后者心皮通常为 10 枚）等。

垂序商陆 *Phytolacca americana* L. 种子

墨西哥商陆 *Phytolacca octandra* L. 植株

商陆 *Phytolacca acinosa* Roxb. 花序

9.马齿苋科 Portulacaceae

毛马齿苋 *Portulaca pilosa* L.

别名：半支莲、龙须牡丹、洋马齿苋、太阳花

英文名：Shaggy Portulaca

分类地位：马齿苋科 Portulacaceae

危害程度：中度入侵。

性状描述：一年生或多年生草本，高 5~20cm。茎密丛生，铺散，多分枝。叶互生，叶片近圆柱状线形或钻状狭披针形，长 1~2 cm，宽 1~4mm，腋内有长疏柔毛，茎上部较密。花直径约 2cm，无梗，围以 6~9 枚轮生叶，密生长柔毛；萼片长圆形，渐尖或急尖；花瓣 5 片，膜质，紫红色，宽倒卵形，先端钝或微凹，基部合生；雄蕊 20~30 枚，花丝洋红色，基部不连合；花柱短，柱头 3~6 裂。蒴果卵球形，蜡黄色，有光泽，盖裂；种子小，深黑褐色，有小瘤体。花果期 5~8 月。

生境：多生于海边沙地及开阔地，性耐旱，喜阳光。

国内分布：福建、广东、广西、海南、江苏、江西、云南、台湾、香港、澳门。

国外分布：原产南美洲；现广泛分布于世界泛热带地区。

入侵历史及原因：日本植物学家川上泷弥（Takiya Kawakami）最早于 1907 年首次在台湾省台东县采到标本，中国大陆最早的标本记录为 1919

毛马齿苋 *Portulaca pilosa* L. 居群

毛马齿苋 *Portulaca pilosa* L. 植株

毛马齿苋 *Portulaca pilosa* L. 花

大花马齿苋 *Portulaca grandiflora* Hook. 植株

大花马齿苋 *Portulaca grandiflora* Hook. 果实及种子

年采自广东。该种可能是由种子随进口农产品夹带而来，传入时间为 1900 年或更早。

入侵危害：毛马齿苋生长迅速，易干扰生境，尤其是在沿海地区，与本土物种竞争资源，威胁其正常生长，继而破坏生态平衡。

近似种：大花马齿苋 *Portulaca grandiflora* Hook. 与毛马齿苋 *P. pilosa* 的区别在于花明显较大，且颜色各异而不只有紫红色（后者花较小，深紫红色）；花丝紫色且基部合生（后者花丝洋红色，基部不连合）；花下毛被稀疏（后者花下部叶密生长柔毛）等。

环翅马齿苋 *P. umbraticola* Kunth 的蒴果基部在结果时有增大形成的环翅，而明显区别于其他种类。

环翅马齿苋 *Portulaca umbraticola* Kunth 花

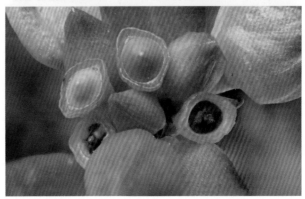

环翅马齿苋 *Portulaca umbraticola* Kunth 果实

土人参 *Talinum paniculatum* (Jacq.) Gaertn.

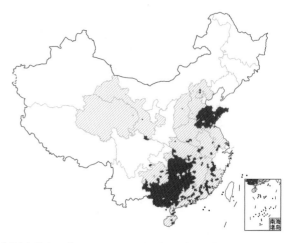

别名：栌兰、假人参、参草、土高丽参

英文名：Tall Purslane

分类地位：马齿苋科 Portulacaceae

拉丁异名：*Portulaca paniculata* Jacq.; *Portulaca patens* L.; *Talinum patens* (L.) Willd.

危害程度：中度入侵。

性状描述：一年生或多年生草本，全株无毛，高 30~100cm。主根粗壮，圆锥形，有少数分枝，皮黑褐色，断面乳白色。茎直立，肉质，基部近木质，多少分枝，圆柱形，有时具槽。叶互生或近对生，具短柄或近无柄，叶片稍肉质，倒卵形或倒卵状长椭圆形，长 5~10cm，宽 2.5~5cm，先端急尖，有时微凹，具短尖头，基部狭楔形，全缘。圆锥花序顶生或腋生，较大型，常二叉状分枝，具长花序梗；花小，直径约 6mm；总苞片绿色或近红色，圆形，先端圆钝，长 3~4mm；苞片 2 片，膜质，披针形，顶端急尖，长约 1mm；花梗长 5~10mm；萼片卵形，紫红色，早落；花瓣粉红色或淡紫红色，长椭圆形、倒卵形或椭圆形，长 6~12mm，顶端圆钝，细微凹；雄蕊 (10~)15~20 枚，比花瓣短；花柱线形，长约 2mm，基部具关节；柱头 3 裂，稍开展；子房卵球形，长约 2mm。蒴果近球形，直径约 4mm，3 瓣裂，坚纸质。种子多数，扁圆形，直径约 1mm，黑褐色或黑色，有光泽。花期 6~8 月，果期 9~11 月。

生境：生于花圃、菜地和路边等。

国内分布：安徽、北京、福建、甘肃、广东、广西、贵州、海南、河北、河南、湖北、湖南、江苏、江西、青海、山东、山西。

国外分布：原产热带美洲；现许多国家引种。

入侵历史及原因：1476 年前后编撰的《滇南本草》有记载(但该记载早于哥伦布 1492 年发现美洲，因此本书介绍的土人参与早期历史记载可能是不同

土人参 *Talinum paniculatum* (Jacq.) Gaertn. 植株

土人参 *Talinum paniculatum* (Jacq.) Gaertn. 花

土人参 *Talinum paniculatum* (Jacq.) Gaertn. 花枝

的植物），也有报道称 16 世纪引入江苏。我国中部和南部均有栽植，有的逸为野生，生于阴湿地，墙角、路边及山麓岩石旁常见生长。有意引进，人工引种。

入侵危害： 为旱地杂草。危害菜地、苗圃和花圃等，发生数量少，一般危害不重。

土人参 *Talinum paniculatum* (Jacq.) Gaertn. 居群

土人参 *Talinum paniculatum* (Jacq.) Gaertn. 花

土人参 *Talinum paniculatum* (Jacq.) Gaertn. 种子

10. 落葵科 Basellaceae

落葵薯 *Anredera cordifolia* (Ten.) Steenis

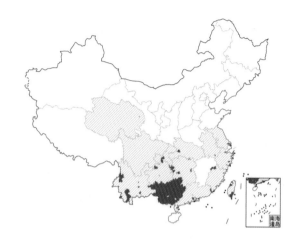

别名：心叶落葵薯、藤三七、藤七、马德拉藤

英文名：Mignonette Vine

分类地位：落葵科 Basellaceae

拉丁异名：*Boussingaultia cordifolia* Ten.; *Boussingaultia gracilis* Miers; *Boussingaultia gracilis* var. *pseudobaselloides* (Hauman) Bailey

危害程度：中度入侵。

性状描述：多年生缠绕藤本，长可达数米。根状茎粗壮。叶具短柄，叶片卵形至近圆形，长 2~6cm，宽 1.5~5.5cm，先端急尖，基部圆形或心形，稍肉质，腋生小块茎（珠芽）。总状花序具多花，花序轴纤细，下垂，长 7~25cm；苞片狭，不超过花梗长度，宿存；花梗长 2~3mm，花托顶端杯状，花常由此脱落；下面 1 对小苞片宿存，宽三角形，急尖，透明，上面 1 对小苞片淡绿色，比花被短，宽椭圆形至近圆形；花直径约 5mm；花被片白色，渐变黑，开花时张开，卵形、长圆形至椭圆形，先端钝圆，长约 3mm，宽约 2mm；雄蕊白色，花丝顶端在芽中反折，开花时伸出花外；花柱白色，分裂成 3 个柱头臂，每臂具 1 棍棒状或宽椭圆形柱头。果实、种子未见。花期 6~10 月。

生境：常生于沟边、河岸、荒地或灌丛中。

国内分布：安徽、福建、广东、广西、贵州、湖北、湖南、江苏、青海、四川、台湾、云南、浙江、重庆、香港。

国外分布：原产南美热带和亚热带地区；世界各地引种栽培，在温暖地区归化。

入侵历史及原因：1926 年在江苏采到标本。各地常作观赏植物或药用植物栽培。有意引进，引种栽培。该种植物腋生小块茎滚落地上后可长成新的植株，断枝也可以繁殖，生长快，且缺乏病虫害的制约。

入侵危害：在华南地区，该种的枝叶可覆盖小

落葵薯 *Anredera cordifolia* (Ten.) Steenis 居群

落葵薯 *Anredera cordifolia* (Ten.) Steenis 花序

落葵薯 *Anredera cordifolia* (Ten.) Steenis 植株

乔木、灌木和草本植物，造成灾害。以块根、珠芽、断枝高效率繁殖，生长迅速，珠芽滚落或人为携带，极易扩散蔓延，由于其枝叶的密集覆盖，从而导致被覆盖的植物死亡，同时也对多种农作物有显著的化感作用。

落葵薯 *Anredera cordifolia* (Ten.) Steenis 花序

落葵薯 *Anredera cordifolia* (Ten.) Steenis 珠芽

落葵 *Basella alba* L.

别名：蘩露、藤菜、木耳菜

英文名：Vine Spinach

分类地位：落葵科 Basellaceae

危害程度：轻度入侵。

性状描述：一年生缠绕草本。茎长可达数米，无毛，肉质，绿色或略带紫红色。叶片卵形或近圆形，长 3~9cm，宽 2~8cm，先端渐尖，基部微心形或圆形，下延成柄，全缘，背面叶脉微凸起；叶柄长 1~3cm，上有凹槽。穗状花序腋生，长 3~15 (~20) cm；苞片极小，早落；小苞片 2 片，萼状，长圆形，宿存；花被片淡红色或淡紫色，卵状长圆形，全缘，先端钝圆，内折，下部白色，连合成筒；雄蕊着生花被筒口，花丝短，基部扁宽，白色，花药淡黄色；柱头椭圆形。果实球形，直径 5~6mm，红色至深红色或黑色，多汁液，外包宿存小苞片及花被。花期 5~9 月，果期 7~10 月。

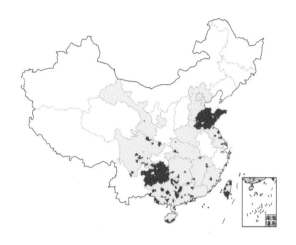

生境：生长于疏松肥沃的沙壤土。

国内分布：北京、福建、甘肃、广东、广西、贵州、海南、河北、河南、湖北、湖南、江苏、江西、山东、四川、台湾、天津。

国外分布：原产亚洲热带地区。

入侵历史及原因：古代引入，《尔雅》称"蘩露"，《本草纲目》称"藤菜"，《植物名实图考》称"木

落葵 *Basella alba* L. 居群

落葵 *Basella alba* L. 叶

落葵 *Basella alba* L. 种子

落葵 *Basella alba* L. 花序

耳菜"。作为蔬菜有意引进。

　　入侵危害：破坏生态景观，排挤本土植物，危害当地的生物多样性。

落葵 *Basella alba* L. 果实

11. 石竹科 Caryophyllaceae

麦仙翁 *Agrostemma githago* L.

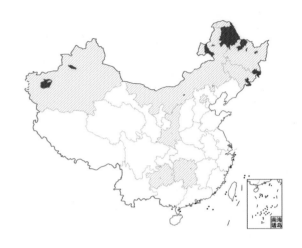

别名：麦毒草

英文名：Purple Cockle

分类地位：石竹科 Caryophyllaceae

危害程度：轻度入侵。

性状描述：一年生或二年生草本。株高30~80cm，全株有白色长硬毛。茎直立，单一或分枝。叶线形或线状披针形，基部合生，两面均有半贴生长白毛，背面中脉凸起。花大，直径约3cm，单生于茎顶及枝端；萼管长圆状圆筒形，长1.5~2cm，外面被长柔毛，有10条凸起的脉，花后萼管加粗，裂片5枚，线形，长达3cm；花瓣5片，暗蔷薇色，比萼裂片短，先端截形，喉部无小鳞片，基部有长爪；雄蕊10枚，比花瓣短；花柱5裂，

丝状。蒴果卵形，比萼管略长，为宿存萼管所包被，1室，内含种子数粒。种子三角状肾形，长、宽各2.5~3.5mm，黑色或近黑色，无光泽，表面有排列成同心圆状的、大小不整齐的棘状突起；种脐位于下端，其两端向内略凹入，形成浅缺刻；胚沿背面环生，围绕胚乳；呈浅黄色；胚乳丰富，洁白色。花期6~8月，果期7~9月。

生境：生于麦田中或路边荒地。

国内分布：北京、贵州、黑龙江、湖南、吉林、内蒙古、陕西、新疆。

国外分布：原产东地中海地区；现欧亚大陆、北非和北美地区广泛归化。

入侵历史及原因：19世纪在我国东北采到标本。随麦种无意传入到东北和西北。

入侵危害：在我国北方地区常危害小麦、玉米、

麦仙翁 *Agrostemma githago* L. 植株

麦仙翁 *Agrostemma githago* L. 花

麦仙翁 *Agrostemma githago* L. 居群

大豆等农作物和草皮；由于该种的全株，特别是种子有毒，当混入粮食中后，会对人、畜和家禽的机体健康造成损害，逸生的麦仙翁可直接对马、猪、小牛和鸟类构成威胁。

麦仙翁 *Agrostemma githago* L. 蒴果

麦仙翁 *Agrostemma githago* L. 种子

无瓣繁缕 *Stellaria pallida* (Dumort.) Piré

英文名：Little Starwort

分类地位：石竹科 Caryophyllaceae

拉丁异名：*Stellaria apetala* Ucria ex Roem.

危害程度：潜在入侵。

性状描述：一至二年生草本。茎高 7~30cm，自基部多分枝，分枝纤细、平卧，上部斜升，中下部具 1 列白色长柔毛。单叶对生，下部叶具长叶柄，叶柄长 10~14mm，具 1 列长柔毛，叶片近卵形，长 8~14mm，宽 5~9mm，两面无毛，先端锐尖，基部楔形，全缘；中、上部叶柄渐短至无。二歧聚伞花序顶生；花梗纤细；萼片 5 枚，卵状披针形，长约 3.5mm，宽约 1.5mm，无毛，先端红褐色，宿存；花瓣无；雄蕊 3~5 枚，花丝长 1.5~2mm，花药近球形，成熟时蓝紫色；雌蕊由 3 枚心皮构成，子房卵球形，1 室，特立中央胎座，胚珠多数；花柱极短，柱头 3 裂。蒴果卵球形，6 瓣裂；种子多数，小，肾形，扁平，淡红褐色，直径约 0.8mm，表面具瘤状突起。花期 2~4 月，果期 3~5 月。

生境：生长于路边、宅旁、荒地和农田。

国内分布：北京、山东、福建、广东、江苏、云南、新疆。

国外分布：原产欧洲。

入侵历史及原因：周太炎于 1949 年 3 月 31 日

无瓣繁缕 *Stellaria pallida* (Dumort.) Piré 植株

无瓣繁缕 *Stellaria pallida* (Dumort.) Piré 花序

无瓣繁缕 *Stellaria pallida* (Dumort.) Piré 花序

在上海采到标本，标本存于中国科学院植物研究所标本馆。无意引进，通过人类交往或作物引种裹挟带入。

入侵危害： 为一般性杂草，对蔬菜地危害较为严重，主要于早春发生量大，造成危害。

无瓣繁缕 *Stellaria pallida* (Dumort.) Piré 居群

12. 睡莲科 Nymphaeaceae

水盾草 *Cabomba caroliniana* A. Gray

别名：竹节水松

英文名：Washington–Grass

分类地位：睡莲科 Nymphaeaceae

危害程度：潜在入侵。

性状描述：茎圆柱形，细长，长可达 1.5m，幼嫩部分有短柔毛。单叶，叶两型，沉水叶对生，圆扇形，掌状分裂，叶片长 2.5~3.8cm，裂片 3~4 次二叉分裂成线形小裂片，叶柄长 1~3cm；浮水叶少数，在花枝顶端互生，叶片狭椭圆形，盾状着生，长 1~1.6cm，宽 1.5~2.5mm，全缘或基部 2 浅裂，叶柄长 1~2.5cm。花单生枝上部叶腋，3 基数，花梗长 1~1.5cm，被短柔毛；萼片浅绿色，无毛，椭圆形，长 7~8mm，宽约 3mm；花冠白色，与萼片近等长或稍大，基部具爪，近基部具 1 对黄色腺体；

雌蕊 6 枚，离生，花丝长约 2mm，花药长 1.5mm，无毛；心皮 3 枚，离生，雌蕊长 3.5mm，被微柔毛，子房 1 室，通常具 3 粒胚珠。果实不开裂，果皮革质，内含 1~3 粒种子。花期 7~10 月。

生境：生于淡水水体，如河流、湖泊、运河和渠道。

国内分布：北京、广西、江苏、浙江、山东。

国外分布：原产南美洲；世界各地水族馆引种，在温暖地区归化。

入侵历史及原因：1993 年在浙江省鄞县（今鄞州区）首次发现，1998 年在江苏吴县市太湖乡采到标本。有意引进。由于其雅致美观的沉水叶，常被作为水族馆观赏植物。在我国通常开花却不结实，主要以带沉水叶的断枝进行繁殖和扩散。

水盾草 *Cabomba caroliniana* A. Gray 花

水盾草 *Cabomba caroliniana* A. Gray 叶

水盾草 *Cabomba caroliniana* A. Gray 居群

入侵危害: 水盾草大量生长可堵塞航道和灌溉渠道,导致水库和池塘水面上升引起渗漏,取代本地水生植物,改变本地鱼类和其他水生动物的种类组成,破坏湖泊和水库的景观,以及引起水体二次污染等。

水盾草 *Cabomba caroliniana* A. Gray 生境

水盾草 *Cabomba caroliniana* A. Gray 居群

水盾草 *Cabomba caroliniana* A. Gray 花

13. 毛茛科 Ranunculaceae

刺果毛茛 *Ranunculus muricatus* L.

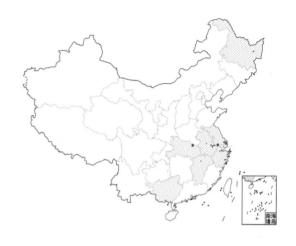

别名：野芹菜、刺果小毛茛

英文名：Spring Buttercup

分类地位：毛茛科 Ranunculaceae

危害程度：轻度入侵。

性状描述：一年生草本。须根扭转伸长。茎高 10~30cm，自基部多分枝，倾斜上升，近无毛。基生叶和茎生叶均有长柄；叶片近圆形，长及宽为 2~5cm，先端钝，基部截形或稍心形，3 中裂至 3 深裂，裂片宽卵状楔形，边缘有缺刻状浅裂或粗齿，通常无毛；叶柄长 2~6cm，无毛或边缘疏生柔毛，基部有膜质宽鞘。上部叶较小，叶柄较短。花多，直径 1~2cm；花梗与叶对生，散生柔毛；萼片长椭圆形，长 5~6mm，带膜质，或有柔毛；花瓣 5 片，狭倒卵形，长 5~10mm，先端圆，基部狭窄成爪，蜜槽上有小鳞片；花药长圆形，长约 2mm；花托

疏生柔毛。聚合果球形，直径达 1.5cm；瘦果扁平，椭圆形，长约 5mm，宽约 3mm，为厚的 5 倍以上，周围有宽约 0.4mm 的棱翼，两面各生有一圈十多枚刺，刺直伸或钩曲，有疣基，喙基部宽厚，先端稍弯，长达 2mm。花果期 4~6 月。

生境：生于较干燥的田野、路旁、山坡及荒地。

国内分布：安徽、黑龙江、湖北、江苏、江西、

刺果毛茛 *Ranunculus muricatus* L. 植株

刺果毛茛 *Ranunculus muricatus* L. 居群

广西、上海、浙江。

国外分布：欧洲和西亚。

入侵历史及原因：1926 年国内首次采到标本，之后陆续在江苏、上海等地有分布记录。

入侵危害：为麦田和路埂一般性杂草，发生量较少，不常见。

近似种：田野毛茛 *Ranunculus arvensis* L. 与刺果毛茛 *R. muricatus* L. 的区别在于全株被柔毛（后者全株近无毛），聚合果球形，瘦果 6~8 枚簇生，两面及边缘均有疣基硬刺，喙长达 2~3mm，基部扁宽，顶端钩刺状（后者聚合果球形，瘦果 10~20 枚簇生，两面各生有一圈十多枚刺，刺直伸或钩曲，有疣基，喙基部宽厚，先端稍弯）。

刺果毛茛 *Ranunculus muricatus* L. 花

田野毛茛 *Ranunculus arvensis* L. 花枝与果枝

14. 罂粟科 Papaveraceae

蓟罂粟 *Argemone mexicana* L.

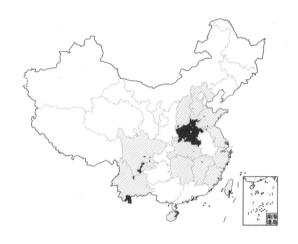

别名：刺罂粟

英文名：Yellow–Flower Mexican–Poppy

分类地位：罂粟科 Papaveraceae

危害程度：中度入侵。

性状描述：一年生草本，通常粗壮，高30~100cm。茎具分枝和多短枝，疏被黄褐色平展的刺。基生叶密聚，叶片宽倒披针形、倒卵形或椭圆形，长 5~20cm，宽 2.5~7.5cm，先端急尖，基部楔形，边缘羽状深裂，裂片具波状齿，齿端具尖刺，两面无毛，沿脉散生尖刺，表面绿色，沿脉两侧灰白色，背面灰绿色；叶柄长 0.5~1cm；茎生叶互生，与基生叶同形，但上部叶较小，无柄，常半抱茎。花单生于短枝顶，有时似少花的聚伞花序；花梗极短；花芽卵形，长约 1.5cm；萼片 2 枚，舟状，长约 1cm，先端具距，距尖成刺，外面无毛或散生刺，花开时即脱落；花瓣 6 片，宽倒卵形，长 1.7~3cm，先端圆，基部宽楔形，黄色或橙黄色；花丝长约 7mm，花药狭长圆形，长 1.5~2mm，开裂后弯成半圆形至圆形；子房椭圆形或长圆形，长 0.7~1cm，被黄褐色伸展的刺，花柱极短，柱头 4~6 裂，深红色。蒴果长圆形或宽椭圆形，长 2.5~5cm，宽 1.5~3cm，疏被黄褐色的刺，4~6 瓣自顶端开裂至全长的 1/4~1/3。种子球形，直径 1.5~2mm，具明显的网纹。花果期 3~10 月。

生境：生于海拔 850~1 200m 的田坎或河滩。

国内分布：福建、海南、河北、河南、湖北、湖南、江苏、江西、山东、山西、四川、台湾、云南、浙江。大部分为栽培。

国外分布：原产热带美洲；在大西洋、印度洋、南太平洋沿岸经常逸生。

蓟罂粟 *Argemone mexicana* L. 居群

蓟罂粟 *Argemone mexicana* L. 花

蓟罂粟 *Argemone mexicana* L. 植株

蓟罂粟 *Argemone mexicana* L. 居群

入侵历史及原因：1911 年自日本引入中国台湾，至 20 世纪 50 年代引入中国大陆。可能作为观赏植物引入，也可能混杂在罂粟科其他植物种子中无意引入。

入侵危害：种子有毒，误食会引起腹泻。常散生或群落集生于开阔向阳的沙砾地，具一定的自然扩散能力。

蓟罂粟 *Argemone mexicana* L. 种子

蓟罂粟 *Argemone mexicana* L. 居群

蓟罂粟 *Argemone mexicana* L. 果

15. 白花菜科 Cleomaceae

皱子白花菜 *Cleome rutidosperma* DC.

别名：平伏茎白花菜

英文名：Fringed Spiderflower

分类地位：白花菜科 Cleomaceae

危害程度：轻度入侵。

性状描述：一年生草本。茎直立、开展或平卧，分枝疏散，高达 90cm，无刺，茎、叶柄及叶背脉上疏被无腺疏长柔毛，有时近无毛。叶具 3 枚小叶，叶柄长 2~20mm；小叶椭圆状披针形，有时近斜方状椭圆形、先端急尖或渐尖、钝形或圆形，基部渐狭或楔形，几无小叶柄，边缘有具纤毛的细齿，中央小叶最大，长 1~2.5cm，宽 5~12mm，侧生小叶较小，两侧不对称。花单生于茎上部叶具短柄叶片较小的叶腋内，常 2~3 朵花连接着生，在 2~3 节上形成开展有叶而间断的花序；花梗纤细，长 1.2~2cm，果时长约 3cm；萼片 4 枚，绿色，分离，狭披针形，先端尾状渐尖，背部被短柔毛，边缘有纤毛；花瓣 4 片，新鲜标本 2 片中央花瓣中部有黄色横带，2 片侧生花瓣颜色一样，先端急尖或钝形，有小凸尖头，基部渐狭延成短爪；花盘不明显，花托长约 1mm，雄蕊 6 枚，花丝长 5~7mm，花药长 1.5~2mm；雌蕊柄长 1.5~2mm，果时长 4~6mm；子房线柱形，长 5~13mm，无毛；花柱短而粗，柱头头状。果线柱形，表面平坦或微呈念珠状，两端变狭，顶端有喙。种子近圆形。花果期 6~9 月。

生境：生于路旁草地、荒地、苗圃、农场，常为田间杂草。

皱子白花菜 *Cleome rutidosperma* DC. 居群

皱子白花菜 *Cleome rutidosperma* DC. 果

皱子白花菜 *Cleome rutidosperma* DC. 花枝

国内分布：安徽、台湾、广东、香港、海南、广西、江西、云南。

国外分布：原产热带非洲；已有成泛热带分布种的趋势。

入侵历史及原因：19 世纪中期 (1859 年) 传入西印度群岛 (多巴哥)；20 世纪 20 年代后在亚洲先后星散见于下列各地：1920 年，菲律宾的巴拉望与印度尼西亚的苏门答腊东海岸；1924 年，新加坡；1946 年，印度尼西亚的爪哇与泰国；1948 年，缅甸与马来西亚；1958 年，我国云南西部，印度尼西亚广布；20 世纪 80 年代传入我国台湾。作为观赏植物引入，首先在云南及华南地区种植，再引种栽培到其他地区。

入侵危害：分布区正在扩展之中，已有成泛热带分布种的趋势。

近似种：醉蝶花 *Tarenaya hassleriana* (Chodat) Iltis 与皱子白花菜 *C. rutidosperma* DC. 的区别在于叶具 3 枚小叶 (后者叶为具 5~7 枚小叶的掌状复叶)；

花单生于茎上部具短柄叶片较小的叶腋内，总状花序（后者总状花序）；花瓣多为淡紫色（后者花瓣粉红色，少见白色）等。

醉蝶花 *Tarenaya hassleriana* (Chodat) Iltis 花枝

臭矢菜 *Cleome viscosa* L.

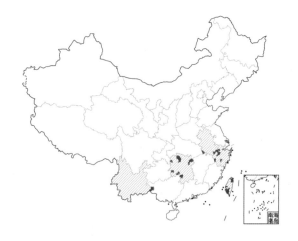

别名：黄花草、向天黄

英文名：Yellow Cleome

分类地位：白花菜科 Cleomaceae

危害程度：轻度入侵。

性状描述：一年生直立草本，高 0.3~1m，茎基部常木质化，干后黄绿色，有纵细槽纹，全株密被黏质腺毛与淡黄色柔毛，无刺，有恶臭气味。叶为具 3~5(~7) 枚小叶的掌状复叶；小叶薄草质，近无柄，倒披针状椭圆形，中央小叶最大，侧生小叶依次减小，全缘但边缘有纤毛，侧脉 3~7 对；叶柄长 (1~)2~4(~6)cm，无托叶。花单生于茎上部逐渐变小与退化的叶腋内，但近顶端则成总状或伞房状花序；花梗纤细，长 1~2cm；萼片分离，狭椭圆形或倒披针状椭圆形，背面及边缘有黏质腺毛；花瓣淡黄色或橘黄色，无毛，有数条明显的纵行脉，倒卵形或匙形，长 7~12mm，宽 3~5mm，基部楔形至多少有爪，先端圆形；雄蕊 10~22(~30) 枚，花丝比花瓣短；子房无柄，圆柱形，柱头头状。果直立，圆柱形，劲直或稍镰弯，密被腺毛，基部宽阔无柄，先端渐狭成喙。种子黑褐色，直径 1~1.5mm，表面有约 30 条横向平行的皱纹。无明显的花果期，通常 3 月出苗，7 月果熟。

生境：多见于干燥气候条件下的荒地、路旁及田野间。

国内分布：安徽、湖南、台湾、云南、浙江。

国外分布：原产旧热带地区；现在是全球热带与亚热带都产的药用植物及杂草。

入侵历史及原因：古代引入，《本草纲目》已有记载。

入侵危害：为一般性杂草，危害田间作物。

臭矢菜 *Cleome viscosa* L. 植株

臭矢菜 *Cleome viscosa* L. 花枝

臭矢菜 *Cleome viscosa* L. 花

臭矢菜 *Cleome viscosa* L. 花枝

臭矢菜 *Cleome viscosa* L. 花果枝

16. 十字花科 Brassicaceae

臭荠 *Coronopus didymus* (L.) Sm.

别名：臭滨芥

英文名：Wart Cress

分类地位：十字花科 Brassicaceae

拉丁异名：*Lepidium didymum* L.; *Senebiera didyma* (L.) Pers.; *Senebiera pinnatifida* DC.

危害程度：中度入侵。

性状描述：一年生或二年生匍匐草本，高 5~30cm，全体有臭味；主茎短且不显明，基部多分枝，无毛或有长单毛。叶为一回或二回羽状全裂，裂片 3~5 对，线形或窄长圆形，长 4~8mm，宽 0.5~1mm，先端急尖，基部楔形，全缘，两面无毛；叶柄长 5~8mm。花极小，直径约 1mm，萼片具白色膜质边缘；花瓣白色，长圆形，比萼片稍长，或无花瓣；雄蕊通常 2 枚。短角果肾形，长约 1.5mm，宽 2~2.5mm，2 裂，果瓣半球形，表面有粗糙皱纹，成熟时分离成 2 瓣。种子肾形，长约 1mm，红棕色。花期 3 月，果期 4~5 月。

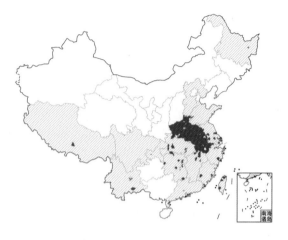

生境：常生于旱作物地、果园、荒地及路旁，是麦、玉米、大豆多种作物田的杂草，同时也生长于人工草地。

国内分布：安徽、福建、广东、河北、河南、黑龙江、湖北、湖南、江苏、江西、山东、上海、台湾、西藏、香港、云南、浙江、四川、重庆。

国外分布：原产南美洲；现已于欧洲、北美洲、亚洲广泛归化。

入侵历史及原因：20 世纪 30 年代出现在江苏

臭荠 *Coronopus didymus* (L.) Sm. 居群

臭荠 *Coronopus didymus* (L.) Sm. 叶

臭荠 *Coronopus didymus* (L.) Sm. 幼株

臭荠 *Coronopus didymus* (L.) Sm. 叶

臭荠 *Coronopus didymus* (L.) Sm. 果

臭荠 *Coronopus didymus* (L.) Sm. 果

臭荠 *Coronopus didymus* (L.) Sm. 果

南部。无意引进。

入侵危害：本种种子成熟后，由于鸟类、鼠类及风力等因素的影响而扩展到其他区域。臭荠是麦、玉米、大豆等多种作物田的杂草之一，同时也生长于人工草地中，通过生活力的竞争，消耗养分，影响作物与草坪的生长。

密花独行菜 *Lepidium densiflorum* Schrad.

别名：琴叶独行菜

英文名：Pepperweed; Greenflower

分类地位：十字花科 Brassicaceae

危害程度：轻度入侵。

性状描述：一年生草本，高 10~30cm；茎单一，直立，上部分枝，具疏生柱状短柔毛。基生叶长圆形或椭圆形，长 1.5~3.5cm，宽 5~10mm，先端急尖，基部渐狭，羽状分裂，边缘有不规则深锯齿；叶柄长 5~15mm；茎下部及中部叶长圆披针形或线形，边缘有不规则缺刻状尖锯齿，有短叶柄；茎上部叶线形，边缘疏生锯齿或近全缘，近无柄；所有叶上面无毛，下面有短柔毛。总状花序有多数密生花，果期伸长；萼片卵形，长约 0.5mm；无花瓣或花瓣退化成丝状，远短于萼片；雄蕊 2 枚。短角果圆状倒卵形，长 2~2.5mm，先端圆钝，微缺，有翅，无毛。种子卵形，长约 1.5mm，黄褐色，有不明显窄翅。花期 5~6 月，果期 6~7 月。

生境：生于海滨、沙地、农田边及路边。

国内分布：黑龙江、辽宁。

国外分布：原产北美洲；现朝鲜、欧洲、日本也有记录。

入侵历史及原因：佐藤润平 (J. Sato) 于 1931 年 6 月 5 日在辽宁大连旅顺口大连工业大学附近采到，标本存于中国科学院植物研究所植物标本馆。无意引进，国际旅行带入，可能经由农作物引种或货物、旅行等裹挟无意引进东北地区。

入侵危害：一般性路埂和草坪杂草。

密花独行菜 *Lepidium densiflorum* Schrad. 植株

密花独行菜 *Lepidium densiflorum* Schrad. 花

北美独行菜 *Lepidium virginicum* L.

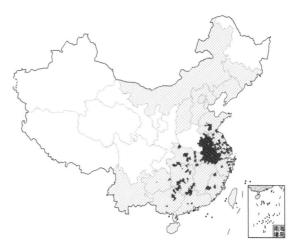

别名：琴叶独行菜

英文名：Wild Peppergrass

分类地位：十字花科 Brassicaceae

危害程度：轻度入侵。

性状描述：一年生或二年生草本，高 20~50cm；茎单一，直立，上部分枝，具柱状腺毛。基生叶倒披针形，长 1~5cm，羽状分裂或大头羽裂，裂片大小不等，卵形或长圆形，边缘有锯齿，两面有短伏毛；叶柄长 1~1.5cm；茎生叶有短柄，倒披针形或线形，长 1.5~5cm，宽 2~10mm，先端急尖，基部渐狭，边缘有尖锯齿或全缘。总状花序顶生；萼片椭圆形，长约 1mm；花瓣白色，倒卵形，和萼片等长或稍长；雄蕊 2 枚或 4 枚。短角果近圆形，长 2~3mm，宽 1~2mm，扁平，有窄翅，先端微缺，花柱极短；果梗长 2~3mm。种子卵形，长约 1mm，光滑，红棕色，边缘有窄翅；子叶缘倚胚根。花期 4~5 月，果期 6~7 月。

生境：通常生于路旁、荒地或农田中。

国内分布：华北、华东、华南地区及吉林、辽宁、湖南、湖北。

国外分布：原产美洲；现于欧洲和亚洲广泛归化。

入侵历史及原因：1933 年在湖北武昌采到标本。无意引进，引种或国际旅行带入，先在城市周边定植，逐渐扩散蔓延开来。

入侵危害：北美独行菜是常见的、较耐旱的杂草，在小麦、玉米、大豆、花生、荞麦等农田中都有发生，特别在旱地上发生较为严重。它通过养分竞争、空间竞争和化感作用，影响作物的正常生长，造成减产。另外，北美独行菜也是棉蚜、麦蚜及甘蓝霜霉病和白菜病毒病等的中间寄主，有利于这些病虫害的越冬。

北美独行菜 *Lepidium virginicum* L. 花枝

北美独行菜 *Lepidium virginicum* L. 花序

豆瓣菜 *Nasturtium officinale* W. T. Aiton

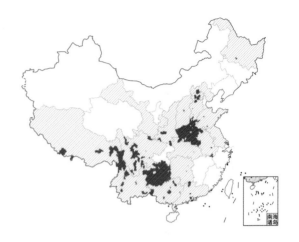

别名：西洋菜、水田芥、水生菜

英文名：Watercress

分类地位：十字花科 Brassicaceae

拉丁异名：*Sisymbrium nasturtium-aquaticum* L.

危害程度：中度入侵。

性状描述：多年生水生草本，高 20~40cm，全体光滑无毛。茎匍匐或浮水生，多分枝，节上生不定根。单数羽状复叶，小叶片 3~7(~9) 片，宽卵形、长圆形或近圆形，顶端 1 片较大，长 2~3cm，宽 1.5~2.5cm，钝头或微凹，近全缘或呈浅波状，基部截平，小叶柄细而扁，侧生小叶与顶生的相似，基部不等称，叶柄基部呈耳状，略抱茎。总状花序顶生，花多数；萼片长卵形，长 2~3mm，宽约 1mm，边缘膜质，基部略呈囊状；花瓣白色，倒卵形或宽匙形，具脉纹，长 3~4mm，宽 1~1.5mm，先端圆，基部渐狭成细爪。长角果圆柱形而扁，长 15~20mm，宽 1.5~2mm；果柄纤细，开展或微弯；花柱短。种子每室 2 行，卵形，直径约 1mm，红褐色，表面具网纹。花期 4~5 月，果期 6~7 月。

生境：喜生水中、水沟边、山涧河边、沼泽地或水田中。

国内分布：黑龙江、河北、山西、山东、河南、

豆瓣菜 *Nasturtium officinale* W. T. Aiton 居群

豆瓣菜 *Nasturtium officinale* W. T. Aiton 花

豆瓣菜 *Nasturtium officinale* W. T. Aiton 花

豆瓣菜 *Nasturtium officinale* W. T. Aiton 植株

安徽、江苏、广东、广西、湖北、湖南、陕西、四川、贵州、云南、西藏、北京、甘肃。

国外分布：原产欧洲；现亚洲、北美洲也有分布。

入侵历史及原因：1780 年前后传入日本，后经日本传入中国。有意引入。

入侵危害：为水生杂草。在部分地区成为稻田杂草。对莲、菱等水生植物也有一定的危害。常成片生长，形成优势种群，抑制当地植物生长。

豆瓣菜 *Nasturtium officinale* W. T. Aiton 居群

17. 木犀草科 Resedaceae

黄木犀草 *Reseda lutea* L.

别名：细叶木犀草

英文名：Yellow Mignonette

分类地位：木犀草科 Resedaceae

危害程度：潜在入侵。

性状描述：一年生或多年生草本，高30~75cm，无毛；数茎丛生，分枝，枝常具棱。叶纸质，无柄或具短柄，3~5深裂或羽状分裂，裂片带形或线形，边缘常呈波状。花黄色或黄绿色，排列成顶生的总状花序；花梗长 3~5mm，比萼片长；萼片通常 6 枚，线形，不相等；花瓣通常 6 片，有圆形的瓣爪，上边的 2 片最大，3 裂，侧边的 2 片2~3 裂，下边的 2 片不分裂；雄蕊 12~20 枚，子房1 室，有 3 个合生的心皮，顶端开裂。蒴果直立，长约 1cm，圆筒形，有时卵形或近球形，具钝 3 棱，顶部具 3 裂片。种子肾形，黑色，平滑，有光泽，长约 2mm。花果期 6~8 月。

生境：常沿铁路旁山坡生长或生于岛屿。

国内分布：辽宁。

国外分布：欧洲地中海。

入侵历史及原因：赵士洞等于 1974 年 6 月 22日在辽宁大连金州区房身车站铁路边采到标本。有意引进，人工引种。

入侵危害：为一般性杂草，排挤当地物种，危害生态景观。

近似种：阿拉伯木犀草 *Reseda arabica* Boiss.与黄木犀草 *R. lutea* L. 的区别在于一年生草

黄木犀草 *Reseda lutea* L. 居群

黄木犀草 *Reseda lutea* L. 花序

黄木犀草 *Reseda lutea* L. 花序

阿拉伯木犀草 *Reseda arabica* Boiss. 叶

阿拉伯木犀草 *Reseda arabica* Boiss. 花枝

本，高 8~15 cm（后者一年生或多年生草本，高 30~75cm）；基部叶倒披针形或匙形，上部叶三出的，具 2~3 个线形或披针形的裂片（后者 3~5 深裂或羽状分裂，裂片带形或线形，边缘常呈波状）；花瓣白色（后者花瓣黄色或黄绿色）等。

18. 景天科 Crassulaceae

落地生根
Bryophyllum pinnatum (Lam.) Oken

别名：灯笼花、土三七、叶生根

英文名：Air-Plant; Life-Plant; Floppers

分类地位：景天科 Crassulaceae

拉丁异名：*Kalanchoe pinnata* (Lam.) Pers.; *Crassula pinnata* L. f.

危害程度：轻度入侵。

性状描述：多年生草本，高 40~150cm；茎有分枝。羽状复叶，长 10~30cm，小叶长圆形至椭圆形，长 6~8cm，宽 3~5cm，先端钝，边缘有圆齿，圆齿底部容易生芽，芽长大后落地即成一新植物；小叶柄长 2~4cm。圆锥花序顶生，长 10~40cm；花下垂，花萼圆柱形，长 2~4cm；花冠高脚碟形，长达 5cm，基部稍膨大，向上呈管状，裂片 4，卵状披针形，淡红色或紫红色；雄蕊 8 枚，着生花冠基

部，花丝长；鳞片近长方形；心皮 4 个。蓇葖包在花萼及花冠内。种子小，有条纹。花期 1~3 月。

生境：生于山坡、沟边、路旁的草地上，各地温室和庭院常栽培。

国内分布：福建、广东、广西、海南、四川、台湾、香港、云南，全国大多省份有栽培。

国外分布：原产热带美洲。

入侵历史及原因：《香港植物志》（1861 年）记载。我国各地栽培，有逸为野生的。有意引进，栽培引种在华南地区，后逸生并被陆续引种到其他地区。

入侵危害：入侵后可能对生物多样性有一定影响。

落地生根 *Bryophyllum pinnatum* (Lam.) Oken 植株

洋吊钟 *Bryophyllum delagoense* (Eckl. & Zeyh.) Schinz 花

大叶落地生根 *Bryophyllum daifremontianum* (Hamet et Perrier) A. Berger 叶

大叶落地生根 *Bryophyllum daifremontianum* (Hamet et Perrier) A. Berger 花

大叶落地生根 *Bryophyllum daifremontianum* (Hamet et Perrier) A. Berger 叶

　　近似种：落地生根 *B. pinnatum* (Lam.) Oken 的叶为羽状复叶，大叶落地生根 *B. daifremontianum* (Hamet et Perrier) A. Berger 为长三角形单叶，而洋吊钟（棒叶落地生根）*B. delagoense* (Eckl. & Zeyh.) Schinz 叶为棒状。

19. 豆科 Fabaceae

银荆 *Acacia dealbata* Link

别名：鱼骨松、鱼骨槐

英文名：Sydney Black Wattle

分类地位：豆科 Fabaceae

拉丁异名：*Racosperma dealbatum* (Link) Pedley；*Acacia decurrens* Willd. var. *dealbata* (Link) F. Mueller ex Maiden

危害程度：轻度入侵。

性状描述：无刺灌木或小乔木，高达 15m；嫩枝及叶轴被灰色短茸毛，被白霜。二回羽状复叶，银灰色至淡绿色，有时在叶尚未展开时，稍呈金黄色；腺体位于叶轴上着生羽片的地方；羽片 10~20(~25) 对；小叶 26~46 对，密集，间距不超过小叶本身的宽度，线形，长 2.6~3.5mm，宽 0.4~0.5mm，下面或两面被灰白色短柔毛。头状花序直径 6~7mm，总花梗长约 3mm，复排成腋生的总状花序或顶生的圆锥花序；花淡黄色或橙黄色。荚果长圆形，长 3~8cm，宽 7~12mm，扁压，无毛，通常被白霜，红棕色或黑色。花期 4 月，果期 7~8 月。

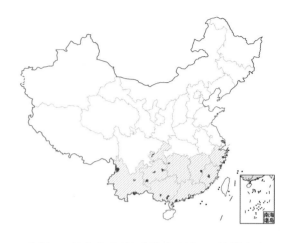

生境：喜凉爽和温暖的半湿润亚热带气候，适应于长江流域偏南地区。

国内分布：福建、广东、广西、贵州、湖南、江西、云南、浙江、重庆。

国外分布：原产澳大利亚东南部。

入侵历史及原因：20 世纪 50 年代初引入云南昆明栽植，1964 年引种到浙江，20 世纪 70 年代试植成功后陆续向其他省份推广。有意引进，引种栽培。

入侵危害：入侵河道，破坏当地植被。

银荆 *Acacia dealbata* Link 居群

银荆 *Acacia dealbata* Link 花序

银荆 *Acacia dealbata* Link 花序

银荆 *Acacia dealbata* Link 植株

近似种：黑荆 *Acacia mearnsii* De Wilde 与银荆 *A. dealbata* Link. 的区别在于羽片间有腺点 1~2 枚，且排列不整齐（后者叶总轴上羽片间只有 1 枚腺点，排列整）；小枝具棱脊（后者小枝无棱脊）；常年陆续开花，花稀，淡黄色（后者花期 12 月至翌年 3 月，密集，黄色）；荚果较长，密被茸毛（后者果短，无毛）。

黑荆 *Acacia mearnsii* De Wilde 叶

黑荆 *Acacia mearnsii* De Wilde 荚果

金合欢 *Acacia farnesiana* (L.) Willd.

别名：鸭皂树、刺球花、牛角花

英文名：Wattle

分类地位：豆科 Fabaceae

危害程度：中度入侵。

性状描述：灌木或小乔木，高 2~4m；树皮粗糙，褐色，多分枝，小枝常呈"之"字形弯曲，有小皮孔。托叶针刺状，刺长 1~2cm，生于小枝上的较短；二回羽状复叶长 2~7cm，叶轴槽状，被灰白色柔毛，有腺体；羽片 4~8 对，长 1.5~3.5cm；小叶通常 10~20 对，线状长圆形，长 2~6mm，宽 1~1.5mm，无毛。头状花序 1 个或 2~3 个簇生于叶腋，直径 1~1.5cm；总花梗被毛，长 1~3cm，苞片位于总花梗的顶端或近顶部；花黄色，有香味；花萼长 1.5mm，5 齿裂；花瓣连合呈管状，长约 2.5mm，

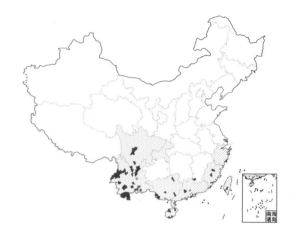

5 齿裂；雄蕊长约为花冠的 2 倍；子房圆柱状，被微柔毛。荚果膨胀，近圆柱状，长 3~7cm，宽 8~15mm，褐色，无毛，劲直或弯曲。种子多粒，褐色，卵形，长约 6mm。花期 3~6 月，果期 7~11 月。

金合欢 *Acacia farnesiana* (L.) Willd. 居群

金合欢 *Acacia farnesiana* (L.) Willd. 花序

金合欢 *Acacia farnesiana* (L.) Willd. 花枝

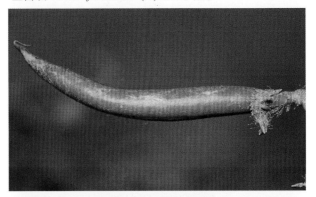

金合欢 *Acacia farnesiana* (L.) Willd. 荚果

生境：通常作为观赏植物栽培，逸生于路旁、荒地。

国内分布：浙江南部、台湾、福建、广东、海南、广西、云南、四川西南部和重庆等地栽培和归化。

国外分布：原产热带美洲；现广布于热带地区。

入侵历史及原因：1645 年由荷兰人引入我国台湾。有意引进，引种栽培到华南，逸生成为野生。

入侵危害：含有丹宁酸，剧毒，牲畜食后可导致死亡，具有极大的危害性。

金合欢 *Acacia farnesiana* (L.) Willd. 荚果

金合欢 *Acacia farnesiana* (L.) Willd. 花序

刺轴含羞草 *Mimosa pigra* L.

别名：猫爪含羞草

英文名：Giant Mimosa

分类地位：豆科 Fabaceae

拉丁异名：*Mimosa sepiaria* Benth.

危害程度：中度入侵。

性状描述：多年生、有刺草本或灌木，稀为藤本。二回羽状复叶，常很敏感，触之即闭合而下垂，叶轴上通常无腺体；小叶细小，多数；托叶小，钻状。花小，两性或杂性（雄花、两性花同株），通常 4~5 数，组成稠密的球形头状花序或圆柱形的穗状花序，花序单生或簇生；花萼钟状，具短裂齿；花瓣下部合生；雄蕊与花瓣同数或为花瓣数的 2 倍，分离，伸出花冠之外，花药顶端无腺体；子房无柄或有柄，胚珠 2 枚至多数。荚果长椭圆形或线形，扁平，直或略弯曲，有荚节 3~6 个，荚节脱落后具长刺毛的荚缘宿存在果柄上。种子卵形或圆形，扁平。种子萌发后 6~8 个月就可以开花，种子 25d 后成熟。

生境：喜干湿明显的热带气候，在黑色的黏土、沙土等土壤都能生长良好，但是在河床、河边发生最为普遍。

国内分布：在海南、广西、台湾有逸生。

刺轴含羞草 *Mimosa pigra* L. 居群

刺轴含羞草　*Mimosa pigra* L. 荚果

刺轴含羞草　*Mimosa pigra* L. 荚果

刺轴含羞草　*Mimosa pigra* L. 荚果

刺轴含羞草　*Mimosa pigra* L. 花序

刺轴含羞草　*Mimosa pigra* L. 荚果

国外分布：原产热带美洲的墨西哥到阿根廷一带。

入侵历史及原因：1999 年在中国台湾采集到标本，2012 年在海南发现。有报道称，2000 年前后本种已在中南半岛的越南定植，目前在老挝、泰国均有入侵之势，故国内部分种群也可能是从中南半岛的自然传播而入。有意引种，栽培逸生。

入侵危害：刺轴含羞草是世界危害最严重的 100 种入侵生物之一。刺轴含羞草常发生在洪江区和季节性湿地周围，形成致密单一的灌丛，阻塞水流，能影响农田灌溉，明显改变自然景观和生物多样性。全株长满钩刺，给生产管理上带来不便，一旦扩散，很难铲除。

光荚含羞草
Mimosa bimucronata (DC.) Kuntze

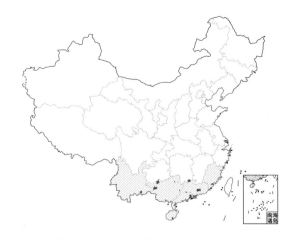

别名：光叶含羞草、簕仔树

英文名：Thorny Mimosa; Giant Sensitive Plant

分类地位：豆科 Fabaceae

拉丁异名：*Mimosa sepiaria* Benth.

危害程度：恶性入侵。

性状描述：落叶灌木，高 3~6m；小枝无刺，密被黄色茸毛。二回羽状复叶，羽片 6~7 对，长 2~6cm，叶轴无刺，被短柔毛，小叶 12~16 对，线形，长 5~7mm，宽 1~1.5mm，革质，先端具小尖头，除边缘疏具缘毛外，余无毛，中脉略偏上缘。头状花序球形；花白色；花萼杯状，极小；花瓣长圆形，长约 2mm，仅基部连合；雄蕊 8 枚，花丝长 4~5mm。荚果带状，劲直，长 3.5~4.5cm，宽约 6mm，无刺毛，褐色，通常有 5~7 个荚节，成熟时荚节脱落而残留荚缘。

生境：常生于村边、溪流边、果园及荒地中。

国内分布：福建、广东、广西、海南、香港、云南。

国外分布：原产热带美洲。

入侵历史及原因：20 世纪 50 年代由广东中山县旅美华侨引入我国。有意引进。

光荚含羞草 *Mimosa bimucronata* (DC.) Kuntze 花枝

光荚含羞草 *Mimosa bimucronata* (DC.) Kuntze 居群

光荚含羞草 *Mimosa bimucronata* (DC.) Kuntze 花

光荚含羞草 *Mimosa bimucronata* (DC.) Kuntze 荚果

入侵危害：适应性强，具有较强的抗逆性，生长迅速，栽后当年就能长到 2m 左右；具有较强的竞争能力，能在短时间内形成单优群落，排挤本地物种，可造成严重的生态或经济损害。该种入侵性很强，在我国已侵入自然保护区内，威胁当地生物多样性。

光荚含羞草 *Mimosa bimucronata* (DC.) Kuntze 茎

巴西含羞草 *Mimosa diplotricha* C. Wright

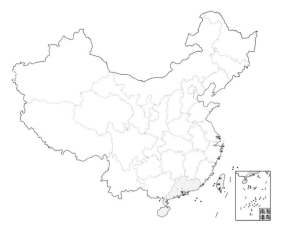

别名：美洲含羞草

英文名：Nila Grass

分类地位：豆科 Fabaceae

拉丁异名：*Mimosa invisa* Mart. ex Colla

危害程度：轻度入侵。

性状描述：亚灌木或多年生草本。茎攀缘或平卧，长达 5m，四棱柱状，多毛，沿棱上有或无毛。叶 10~15cm；叶柄和叶轴有 4 列钩刺；羽片 (3~)7~10 对，长 2~4.5cm；小叶 (11~)20~30 对，线状长圆形，长 3~5mm，宽 1~2mm，被白色长柔毛。头状花序花时连花丝直径约 1cm，1 或 2 个生于叶腋；总花梗长 5~10mm；花雌雄同体；花萼极小，约 0.4mm。花冠钟状，长约 2.5mm，4 浅裂，外面稍被毛；雄蕊 8 枚，花丝淡紫红色；子房约 1mm。荚果长圆形，长 1.5~3.5cm，宽 0.4~0.5cm，刺毛有或无。种子黄褐色。

生境：生于旷野、荒地。

国内分布：广东、海南、台湾。

国外分布：原产南美洲；现非洲(中部)、亚洲、澳大利亚、加勒比海地区、印度洋地区的毛里求斯、太平洋地区的北马里亚纳群岛和所罗门群岛中南美洲等地均归化。

巴西含羞草 *Mimosa diplotricha* C. Wright 居群

巴西含羞草 *Mimosa diplotricha* C. Wright 植株

入侵历史及原因：最早为陈少卿于 1950 年 10 月 29 日在广东省广州市石牌中山大学稻作试验场采集到，标本现保存于中国科学院华南植物园标本馆，早于该时间在台湾和广东引种栽培。有意引入，作为观赏植物、绿肥在台湾和广东引种栽培，后再引入海南等地。

入侵危害：该种生态适应性强，生长迅速，一旦蔓延，可能造成重大生态或经济损害。

巴西含羞草 *Mimosa diplotricha* C. Wright 花

巴西含羞草 *Mimosa diplotricha* C. Wright 花

含羞草 *Mimosa pudica* L.

别名：知羞草、呼喝草、怕丑草

英文名：Touch-Me-Not

分类地位：豆科 Fabaceae

危害程度：中度入侵。

性状描述：披散亚灌木状草本，高可达 1m；茎圆柱状，具分枝，有散生、下弯的钩刺及倒生刺毛。托叶披针形，长 5~10mm，有刚毛。羽片和小叶触之即闭合而下垂；羽片通常 2 对，指状排列于总叶柄之顶端，长 3~8cm；小叶 10~20 对，线状长圆形，长 8~13mm，宽 1.5~2.5mm，先端急尖，边缘具刚毛。头状花序圆球形，直径约 1cm，具长总花梗，单生或 2~3 个生于叶腋；花小，淡红色，多数；苞片线形；花萼极小；花冠钟状，裂片 4 枚，外面被短柔毛；雄蕊 4 枚，伸出花冠之外；子房有短柄，无毛；胚珠 3~4 枚，花柱丝状，柱头小。荚果长圆形，长 1~2cm，宽约 5mm，扁平，稍弯曲，荚缘波状，具刺毛，成熟时荚节脱落，荚缘宿存。种子卵形，长 3.5mm。花期 3~10 月，果期 5~11 月。

生境：常生长在旷野荒地、果园、苗圃，为南方秋熟旱作物地和果园的常见杂草。

国内分布：台湾、海南、香港、云南、广西、广东、澳门、福建南部。

国外分布：热带美洲；现已成为泛热带杂草。

入侵历史及原因：于明末作为观赏植物引入华南地区，1777 年出版的《南越笔记》中即有该种的记载。有意引进，作为观赏植物引入。

含羞草 *Mimosa pudica* L. 植株

含羞草 *Mimosa pudica* L. 居群

入侵危害： 为南方秋熟旱作物地和果园杂草。全株有毒，广东西部和广西南部曾有牛误食中毒死亡的报道。

近似种： 双羽含羞草 *Mimosa pudica* var. *unijuga* (Duchass. & Walp.) Griseb 与 含 羞 草 *M. pudica* L. 的区别在于羽片通常 1 对。

含羞草 *Mimosa pudica* L. 荚果

双羽含羞草 *Mimosa pudica* var. *unijuga* (Duchass. & Walp.) Griseb 花枝

含羞草 *Mimosa pudica* L. 花

含羞草决明 *Chamaecrista mimosoides* (L.) Greene

别名：山扁豆、决明子

英文名：Chamaecrista, Five-leaf Cassia

分类地位：豆科 Fabaceae

危害程度：轻度入侵。

性状描述：草本，高 30~60cm，多分枝；枝条纤细，被微柔毛。叶长 4~8cm，在叶柄的上端、最下一对小叶的下方有圆盘状腺体 1 个；小叶 20~50 对，线状镰形，长 3~4mm，宽约 1mm，先端短急尖，两侧不对称，中脉靠近叶的上缘，干时呈红褐色；托叶线状锥形，长 4~7mm，有明显肋条，宿存。花序腋生，1 朵或数朵聚生不等，总花梗顶端有 2 枚小苞片，长约 3mm；萼长 6~8mm，先端急尖，外被疏柔毛；花瓣黄色，不等大，具短柄，略长于萼片；雄蕊 10 枚，5 长 5 短相间而生。荚果镰形，扁平，长 2.5~5cm，宽约 4mm，果柄长 1.5~2cm。种子 10~16 粒。花果期通常 8~10 月。

生境：生于坡地或空旷地的灌木丛或草丛中。

国内分布：江西、福建、广东、广西、海南、湖北、湖南、浙江、台湾、贵州、云南。

国外分布：原产热带美洲；现全世界热带和亚热带地区归化。

入侵历史及原因：最早可以追溯到中国明代《救荒本草》。首先可能引种栽培到华南等地。有意引进，人工引种。

入侵危害：对局部地区的果园、幼林、苗圃有一定的危害。

含羞草决明 *Chamaecrista mimosoides* (L.) Greene 居群

含羞草决明 *Chamaecrista mimosoides* (L.) Greene 居群

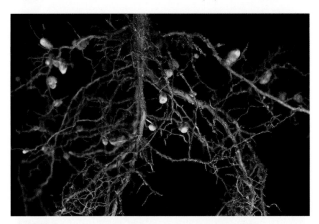

含羞草决明 *Chamaecrista mimosoides* (L.) Greene 根

含羞草决明 *Chamaecrista mimosoides* (L.) Greene 叶

含羞草决明 *Chamaecrista mimosoides* (L.) Greene 花

毛荚决明
Senna hirsuta (L.) H. S. Irwin & Barneby

别名：毛决明

英文名：Airy Senna

分类地位：豆科 Fabaceae

危害程度：轻度入侵。

性状描述：灌木，高 0.6~2.5m；嫩枝长满黄褐色长毛。叶有小叶 4~6 对，长 10~20cm；叶柄与叶轴均被黄褐色长毛，叶柄基部的上面有黑褐色腺体 1 个；小叶卵状长圆形或长圆状披针形，长 3~8cm，宽 1.5~3.5cm，先端渐尖，基部近圆形，边全缘，两面均被长毛。花序生于枝条顶端的叶腋；总花梗和花梗均被长柔毛；萼片 5 枚，密被长柔毛，长约 5mm；花瓣无毛，长 15~18mm。荚果细长，扁平，长 10~15cm，宽约 6mm，表面密被长粗毛。果期 12 月至翌年 1 月。

生境：生于林缘、路旁及村边。

国内分布：广东、广西、云南德宏自治州和西双版纳有逸为野生的。

国外分布：原产美洲热带地区。老挝、越南和印度尼西亚归化。

入侵历史及原因：最早为陈焕镛于 1927 年在广东省采集到标本。人工引种至广东和云南，后逸生。

入侵危害：侵占旷地，且对家畜有毒。

毛荚决明 *Senna hirsuta* (L.) H. S. Irwin & Barneby 植株

毛荚决明 *Senna hirsuta* (L.) H. S. Irwin & Barneby 居群

毛荚决明 *Senna hirsuta* (L.) H. S. Irwin & Barneby 居群

毛荚决明 *Senna hirsuta* (L.) H. S. Irwin & Barneby 花果枝

毛荚决明 *Senna hirsuta* (L.) H. S. Irwin & Barneby 花果枝

毛荚决明 *Senna hirsuta* (L.) H. S. Irwin & Barneby 植株

钝叶决明 *Senna obtusifolia* (L.) H. S. Irwin & Baneby

别名：草决明

英文名：American Sicklepod; Sicklepod

分类地位：豆科 Fabaceae

危害程度：轻度入侵。

性状描述：草本或灌木，高 0.5~2m，无毛。叶具托叶，托叶长 5~10mm，线形；叶柄 2~3cm，叶轴长 1~4cm，在第一对小叶间的叶轴上具腺体，约 2mm 长；小叶柄约 2.5mm，小叶 3 对，长 1.5~6cm，宽 1.2~3cm，倒卵形，上表面无毛，下表面多毛，先端圆形，先端稍急尖，基部渐狭、楔形至急尖，稍斜。总状花序短，花序梗长 2mm，具 1~2 朵花。苞片线形，除边缘外无毛，长 4~8mm，花梗长 1.2~3.5cm，果期长至 4.5cm，具毛。萼片，膜质、卵形、圆形至卵圆形，长 6~7mm，光滑或边缘具毛。花瓣大小不等，多少卵形，或钝圆形，长 12~15mm，上花瓣截形或先端微凹，在底部狭窄，爪不明显。雄蕊 10 枚，下面 3 枚较长，侧面 4 枚较小，上面 3 枚退化雄蕊。子房几乎无毛，有棱纹，花柱无毛，柱头平截。荚果近圆柱形无毛或近无毛，不开裂，长 10~25cm，宽 4~8mm，具隔膜，具 20~50 粒种子。种子菱形，深褐色，长 4~5mm，蛋白丰富。花期 8~9 月。

钝叶决明 *Senna obtusifolia* (L.) H. S. Irwin & Baneby 叶

钝叶决明 Senna obtusifolia (L.) H. S. Irwin & Baneby 花果枝

生境： 生长在低海拔山坡、草地或林下。

国内分布： 北京、河北、湖北、浙江、山东、江苏。

国外分布： 原产热带美洲；模式标本采自古巴。

入侵历史及原因： 1983 年引种。

入侵危害： 具有较强的竞争能力，排挤本地物种，危害生态系统。

钝叶决明 Senna obtusifolia (L.) H. S. Irwin & Baneby 花

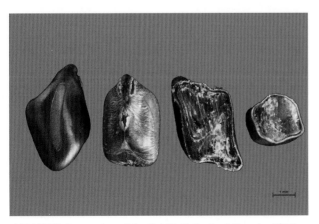

钝叶决明 Senna obtusifolia (L.) H. S. Irwin & Baneby 种子

钝叶决明 Senna obtusifolia (L.) H. S. Irwin & Baneby 种子

翅荚决明 *Senna alata* (L.) Roxb.

别名：有翅决明、具翅决明、翅荚槐

英文名：Roman Candle Tree

分类地位：豆科 Fabaceae

危害程度：潜在入侵。

性状描述：直立灌木，高 1.5~3m；枝粗壮，绿色。叶长 30~60cm；在靠腹面的叶柄和叶轴上有 2 条纵棱条，有狭翅，托叶三角形；小叶 6~12 对，薄革质，倒卵状长圆形或长圆形，长 8~15cm，宽 3.5~7.5cm，先端圆钝而有小短尖头，基部斜截形，下面叶脉明显凸起；小叶柄极短或近无柄。花序顶生和腋生，具长梗，单生或分枝，长 10~50cm；花直径约 2.5cm，芽时为长椭圆形、膜质的苞片所覆盖；花瓣黄色，有明显的紫色脉纹；位于上部的 3 枚雄蕊退化，7 枚雄蕊发育，下面 2 枚的花药大，侧面

的较小。荚果长带状，长 10~20cm，宽 1.2~1.5cm，每果瓣的中央顶部有直贯至基部的翅，翅纸质，具圆钝的齿。种子 50~60 粒，扁平，三角形。花果期 11 月至翌年 1~2 月。

生境：生于疏林或较干旱的山坡上。

国内分布：广东、海南、台湾、云南。

国外分布：原产热带美洲；现广布于全世界热带地区。

入侵历史及原因：1909 年由印度引入我国台湾。黄志于 1934 年 1 月 8 日在海南陵水黎族自治县七指山采集到该种，标本现保存于中国科学院华南植物园标本馆。作为绿化植物有意引进。

入侵危害：环境杂草，可入侵森林和农业生态系统，影响森林和作物生产。

翅荚决明 *Senna alata* (L.) Roxb. 植株

翅荚决明 *Senna alata* (L.) Roxb. 果实

翅荚决明 *Senna alata* (L.) Roxb. 果实

翅荚决明 *Senna alata* (L.) Roxb. 花果枝

翅荚决明 *Senna alata* (L.) Roxb. 花序

望江南 *Senna occidentalis* (L.) Link

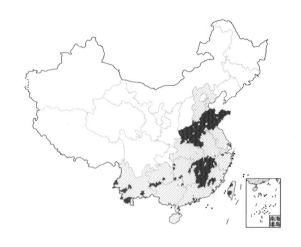

别名：黎茶、野扁豆、狗屎豆、羊角豆

英文名：Coffee Weed

分类地位：豆科 Fabaceae

拉丁异名：*Cassia occidentalis* L.

危害程度：严重入侵。

性状描述：直立、少分枝的亚灌木或灌木，无毛，高 0.8~1.5m；枝带草质，有棱；根黑色。叶长约 20cm；叶柄近基部有大而带褐色、圆锥形的腺体 1 个；小叶 4~5 对，膜质，卵形至卵状披针形，长 4~9cm，宽 2~3.5cm，先端渐尖，有小缘毛；小叶柄长 1~1.5mm，揉之有腐败气味；托叶膜质，卵状披针形，早落。花数朵组成伞房状总状花序，腋生和顶生，长约 5cm；苞片线状披针形或长卵形，长渐尖，早脱；花长约 2cm；萼片不等大，外生的近圆形，长 6mm，内生的卵形，长 8~9mm；花瓣黄色，外生的卵形，长约 15mm，宽 9~10mm，其余可长达 20mm，宽 15mm，先端圆形，均有短狭的瓣柄；雄蕊 7 枚发育，3 枚不育，无花药。荚果带状镰形，褐色，压扁，长 10~13cm，宽 8~9mm，稍弯曲，边较淡色，加厚，有尖头；果柄长 1~1.5cm；种子 30~40 粒，种子间有薄隔膜。花期 4~8 月，果期 6~10 月。

生境：常生于河边滩地、旷野或丘陵的灌木林或疏林中，也是村边荒地习见植物。

国内分布：安徽、福建、广东、广西、贵州、海南、河北、河南、湖北、湖南、江苏、江西、山东、台湾、天津、云南、浙江。

国外分布：原产热带美洲；现印度及热带地区归化。

入侵历史及原因：20 世纪中期，但也有文献称最早收载于《新本草纲目》(1930 年译本)，故有待进一步考证。有意引进，人工引种。

入侵危害：为南方旱地杂草。对果园、苗圃、林地有危害。植株高大，竞争力强，影响当地植株生长。该植株对家畜有毒，误食能致死。

望江南 *Senna occidentalis* (L.) Link 叶

望江南 *Senna occidentalis* (L.) Link 花

望江南 *Senna occidentalis* (L.) Link 叶

望江南 *Senna occidentalis* (L.) Link 居群

望江南 *Senna occidentalis* (L.) Link 种子

望江南 *Senna occidentalis* (L.) Link 果实

敏感合萌 *Aeschynomene americana* L.

别名：美国田皂角、美国合萌、美洲合萌

英文名：Shyleaf

分类地位：豆科 Fabaceae

危害程度：潜在入侵。

性状描述：草本或灌木，高 (0.4~)1.5~2m。茎直立，多分枝，光滑无毛，有黏性。托叶披针形，长 10~12mm，宽 1~3mm，膜质，基部耳形，先端急尖；有 30~40 枚小叶，叶片狭长椭圆形，长 8~10mm，宽 2~4mm，薄纸质，主脉 2~4 对，基部偏斜，先端钝，有短尖头。花序腋生，总状，疏生分枝，花 2~4 朵；苞片心形，膜质。小苞片线状卵形，具条纹。花萼 2 深裂，花冠黄色，约 7mm。荚果椭圆形，长 2.5~3cm，宽 2.5~3mm，草质至革质，稍弯曲，背缝线波浪状有凹陷；荚节 4~7 个，饱满，稍有短刺。种子棕色，肾形。花果期 10~11 月。

生境：生于平野干燥开阔处。

国内分布：广东、海南、台湾、福建。

国外分布：原产热带美洲。

入侵历史及原因：台湾引种栽培，1962 年发现归化。1987 年广西畜牧研究所从美国佛罗里达州引进。有意引入，作为牧草引入。

入侵危害：可能有入侵性。

敏感合萌 *Aeschynomene americana* L. 叶

敏感合萌 *Aeschynomene americana* L. 果枝

敏感合萌 *Aeschynomene americana* L. 果实

敏感合萌 *Aeschynomene americana* L. 花

紫穗槐 *Amorpha fruticosa* L.

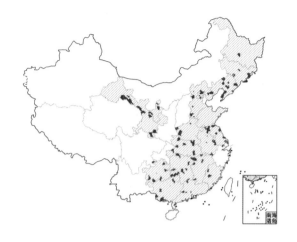

别名：紫槐、棉槐、棉条、椒条

英文名：Indigobush

分类地位：豆科 Fabaceae

危害程度：轻度入侵。

性状描述：落叶灌木，丛生，高 1~4m。小枝灰褐色，被疏毛，后变无毛，嫩枝密被短柔毛。叶互生，奇数羽状复叶，长 10~15cm，有小叶 11~25 枚，基部有线形托叶；叶柄长 1~2cm；小叶卵形或椭圆形，长 1~4cm，宽 0.6~2.0cm，先端圆形，锐尖或微凹，有一短而弯曲的尖刺，基部宽楔形或圆形，上面无毛或被疏毛，下面有白色短柔毛，具黑色腺点。穗状花序常 1 至数个顶生和枝端腋生，长 7~15cm，密被短柔毛；花有短梗；苞片长 3~4mm；花萼长 2~3mm，被疏毛或几无毛，萼齿三角形，较萼筒短；旗瓣心形，紫色，无翼瓣和龙骨瓣；雄蕊 10 枚，下部合生成鞘，上部分裂，包于旗瓣之中，伸出花冠外。荚果下垂，长 6~10mm，宽 2~3mm，微弯曲，顶端具小尖，棕褐色，表面有凸起的疣状腺点。花果期 5~10 月。

生境：生于田边、路旁、林地。

国内分布：安徽、北京、福建、甘肃、广东、广西、贵州、河北、河南、山东、黑龙江、湖北、

紫穗槐 *Amorpha fruticosa* L. 居群

紫穗槐 *Amorpha fruticosa* L. 居群

湖南、吉林、江苏、江西、辽宁、宁夏。

国外分布：原产北美洲。

入侵历史及原因：20 世纪初引种上海，作为庭园观赏树。有意引入，作为绿化树种。

入侵危害：为多年生灌木，排挤本地物种，危害生态系统。

紫穗槐 *Amorpha fruticosa* L. 荚果

紫穗槐 *Amorpha fruticosa* L. 花

紫穗槐 *Amorpha fruticosa* L. 花序

蝶豆 *Clitoria ternatea* **L.**

别名：蝴蝶花豆、蓝花豆、蓝蝴蝶

英文名：Darwin-Pea

分类地位：豆科 Fabaceae

危害程度：轻度入侵。

性状描述：攀缘状草质藤本，茎、小枝细弱，被脱落性贴伏短柔毛。叶长 2.5~5cm；托叶小，线形，长 2~5mm；叶柄长 1.5~3cm；总叶轴上面具细沟纹；小叶 5~7 枚，但通常为 5 枚，薄纸质或近膜质，宽椭圆形或有时近卵形，长 2.5~5cm，宽 1.5~3.5cm，先端钝，微凹，常具细微的小凸尖，基部钝，两面疏被贴伏的短柔毛或有时无毛，干后带绿色或绿褐色；小托叶小，刚毛状；小叶柄长 1~2mm，和叶轴均被短柔毛。花大，单朵腋生；苞片 2 枚，披针形；小苞片大，膜质，近圆形，绿色，直径 5~8mm，有明显的网脉；花萼膜质，长

1.5~2cm，有纵脉，5 裂，裂片披针形，长不及萼管的 1/2；先端具凸尖；花冠蓝色、粉红色或白色，长可达 5.5cm，旗瓣宽倒卵形，直径约 3cm，中央有一白色或橙黄色浅晕，基部渐狭，具短瓣柄，翼瓣与龙骨瓣远较旗瓣为小，均具柄，翼瓣倒卵状长圆形，龙骨瓣椭圆形；雄蕊二体；子房被短柔毛。荚果长 5~11cm，宽约 1cm，扁平，具长喙，有种子 6~10 粒。种子长圆形，长约 6mm，宽约 4mm，黑色，具明显种阜。花果期 7~11 月。

生境：生于路边、荒地、草坡。

国内分布：福建、广东、广西、贵州、海南、江苏、台湾、云南、浙江。

国外分布：原产亚洲热带赤道地区；现世界各热带地区常栽培。

入侵历史及原因：1920 年引进我国台湾作为绿肥植物。有意引进。

入侵危害：排挤本地物种，危害生态系统。

蝶豆 *Clitoria ternatea* L. 居群

蝶豆 *Clitoria ternatea* L. 花果枝

蝶豆 *Clitoria ternatea* L. 花果枝

蝶豆 *Clitoria ternatea* L. 花

蝶豆 *Clitoria ternatea* L. 植株

南美山蚂蝗 *Desmodium tortuosum* (Sw.) DC.

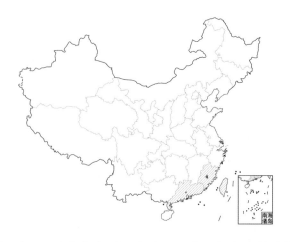

别名：扁草子

英文名：Spanish Clover

分类地位：豆科 Fabaceae

危害程度：潜在入侵。

性状描述：多年生直立草本，高达 1m。茎自基部开始分枝，圆柱形，具条纹，被灰黄色小钩状毛或有时混有长柔毛；根茎木质。叶为羽状三出复叶，有小叶 3 枚，稀具 1 枚小叶；托叶宿存，披针形，长 5~8mm，基部宽 1.5~2mm，具条纹，无毛，边缘具长柔毛；叶柄长 1~8cm，生于茎上部者短，下部者长，被灰黄色小钩状毛或有时混有长柔毛；叶轴长 0.5~2cm；小叶纸质，椭圆形或卵形，顶生小叶有时为菱状卵形，长 3~8(~14)cm，宽 1.5~3(~6) cm，先端钝，基部楔形，侧生小叶多为卵形，较小，长 2.5~4(~9.5)cm，宽 1~2.5(~5)cm，稍偏斜，两面疏被毛，侧脉每边 4~6 条，近叶缘处弯曲；小托叶刺毛状，长 4~8mm，宽 0.5~1mm，边缘具长毛；小叶柄长 1.5~3mm，被灰黄色小钩状毛或混有

长柔毛。总状花序顶生或腋生，或基部有少数分枝而成圆锥花序状；总花梗密被小钩状毛和腺毛；苞片狭卵形，长 3~6.5mm，宽 0.5~1.5mm，先端长渐尖，具条纹，外面被毛，边缘具长柔毛；花 2 朵生于每节上；花梗丝状，长 0.5~1.3cm，结果时长达 1.5cm，被小钩状毛和腺毛；花萼长 3~4mm，5 深裂，密被毛，裂片披针形，较萼筒长，上部 2 裂片长 2~3mm，下部裂片长 3~4mm；花冠红色、白色或黄色，旗瓣倒卵形，长 2.5~3.5mm，宽 2mm，先端微凹入，基部渐狭，翼瓣长圆形，长 2.5~3.5mm，

南美山蚂蝗 *Desmodium tortuosum* (Sw.) DC. 居群

南美山蚂蝗 *Desmodium tortuosum* (Sw.) DC. 植株

南美山蚂蝗 *Desmodium tortuosum* (Sw.) DC. 叶

南美山蚂蝗 *Desmodium tortuosum* (Sw.) DC. 花

南美山蚂蝗 *Desmodium tortuosum* (Sw.) DC. 花

南美山蚂蝗 *Desmodium tortuosum* (Sw.) DC. 荚果

先端钝，基部具耳和短瓣柄，龙骨瓣斜长圆形，长 3~4mm，宽 1mm，具瓣柄；雄蕊二体；子房线形，被毛。荚果窄长圆形，长 1.5~2cm，腹背两缝线于节间缢缩而呈念珠状，有荚节（3~）5~7 个，荚节近圆形，长 3mm，宽 2.5~4mm，边缘有时微卷曲，被灰黄色钩状小柔毛。花果期 7~9 月。

生境：逸生于荒地、平原。

国内分布：福建、广东、台湾、香港。

国外分布：原产热带美洲；印度尼西亚爪哇、巴布亚新几内亚东部和南部也有引种。

入侵历史及原因：台湾 1930 年作为饲料植物引入栽培。1963 年在香港采到标本。人为引种，作为绿化和饲料栽培，后逸生。

入侵危害：森林、草地、路边、果园、橡胶园、茶园杂草。有机绿肥，可以作为牛、马饲料，可以进行生物固氮。

银合欢
Leucaena leucocephala (Lam.) de Wit

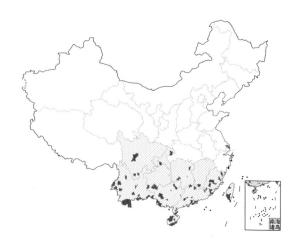

别名：白合欢

英文名：Wild Tamarind

分类地位：豆科 Fabaceae

危害程度：轻度入侵。

性状描述：灌木或小乔木，高 2~6m；幼枝被短柔毛，老枝无毛，具褐色皮孔，无刺。托叶三角形，小；羽片 4~8 对，长 5~9(~16)cm，叶轴被柔毛，在最下一对羽片着生处有黑色腺体 1 个；小叶 5~15 对，线状长圆形，长 7~13mm，宽 1.5~3mm，先端急尖，基部楔形，边缘被短柔毛，中脉偏向小叶上缘，两侧不等宽。头状花序通常 1~2 个腋生，直径 2~3cm；苞片紧贴，被毛，早落；总花梗长 2~4cm；花白色；花萼长约 3mm，顶端具 5 细齿，外面被柔毛；花瓣狭倒披针形，长约 5mm，背被疏柔毛；雄蕊 10 枚，通常被疏柔毛，长约 7mm；子房具短柄，上部被柔毛，柱头凹下呈杯状。荚果带状，长 10~18cm，宽 1.4~2cm，先端凸尖，基部有柄，纵裂，被微柔毛。种子 6~25 粒，卵形，长约 7.5mm，褐色，扁平，光亮。花期 4~7 月，果期 8~10 月。

生境：常生于低海拔的荒地或疏林中。

国内分布：福建、广东、广西、贵州、海南、湖南、江西、四川、台湾、香港、云南、重庆。

国外分布：原产热带美洲；现热带地区归化。

入侵历史及原因：1645 年由荷兰人引入我国台湾。有意引进。

入侵危害：在我国华南广泛引种栽培。银合欢不但生长快，而且通过化感作用影响其他树种的生长。枝叶有弱毒性，牛、羊啃食过量可导致皮毛脱落。

银合欢 *Leucaena leucocephala* (Lam.) de Wit 植株

银合欢 *Leucaena leucocephala* (Lam.) de Wit 花枝

银合欢 *Leucaena leucocephala* (Lam.) de Wit 居群

银合欢 *Leucaena leucocephala* (Lam.) de Wit 花

银合欢 *Leucaena leucocephala* (Lam.) de Wit 荚果

紫花大翼豆 *Macroptilium atropurpureum* (DC.) Urb.

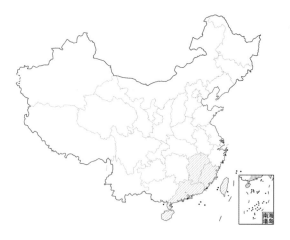

别名：紫菜豆

英文名：Surple Bean

分类地位：豆科 Fabaceae

危害程度：潜在入侵。

性状描述：多年生蔓生草本。根茎深入土层；茎被短柔毛或茸毛，逐节生根。羽状复叶具 3 枚小叶；托叶卵形，长 4~5mm，被长柔毛，脉显露；小叶卵形至菱形，长 1.5~7cm，宽 1.3~5cm，有时具裂片，侧生小叶偏斜，外侧具裂片，先端钝或急尖，基部圆形，上面被短柔毛，下面被银色茸毛；叶柄长 0.5~5cm。花序轴长 1~8cm，总花梗长 10~25cm；花萼钟状，长约 5mm，被白色长柔毛，具 5 枚齿；花冠深紫色，旗瓣长 1.5~2cm，具长瓣柄。荚果线形，长 5~9cm，宽不逾 3mm，先端具喙尖，具种子 12~15 粒。种子长圆状椭圆形，长 4mm，具棕色及黑色大理石花纹，具凹痕。

生境：常生于荒野、滩涂。

国内分布：江西、台湾、福建、广东、海南。

国外分布：原产热带美洲；现世界热带、亚热带许多地区均有栽培或已在当地归化。

入侵历史及原因：1969 年在广东采到标本，存于中国科学院植物研究所标本馆。引种栽培到广东后，逸为野生。

入侵危害：常逸生为杂草，影响原生境植被和生物多样性。

紫花大翼豆 *Macroptilium atropurpureum* (DC.) Urb. 植株

紫花大翼豆 *Macroptilium atropurpureum* (DC.) Urb. 居群

紫花大翼豆 *Macroptilium atropurpureum* (DC.) Urb. 花

紫花大翼豆 *Macroptilium atropurpureum* (DC.) Urb. 花

紫花大翼豆 *Macroptilium atropurpureum* (DC.) Urb. 荚果

大翼豆 *Macroptilium lathyroides* (L.) Urb.

别名：宽翼豆、长序翼豆

英文名：Wild Pea Bean

分类地位：豆科 Fabaceae

危害程度：轻度入侵。

性状描述：一年生或二年生直立草本，高 0.6~1.5m，有时蔓生或缠绕，茎密被短柔毛。羽状复叶具 3 小叶；托叶披针形，长 5~10mm，脉纹显露；小叶狭椭圆形至卵状披针形，长 3~8cm，宽 1~3.5cm，先端急尖，基部楔形，上面无毛，下面密被短柔毛或薄被长柔毛，无裂片或微具裂片；叶柄长 1.5cm。花序长 3.5~15cm，总花梗长 15~40cm；花成对稀疏地生于花序轴的上部；花萼管状钟形；萼齿短三角形；花冠紫红色，旗瓣近圆形，长 1.5cm，有时染绿，翼瓣长约 2cm，具白色瓣柄，龙骨瓣先端旋卷。荚果线形，长 5.5~10cm，宽 2~3mm，密被短柔毛，内含种子 18~30 粒。种子斜长圆形，棕色或具棕色及黑色斑，长约 3mm，

具凹痕。花期 7 月，果期 9~11 月。

生境：常生于旷地、路旁、荒地等。

国内分布：福建、广东、海南、台湾。

国外分布：原产热带美洲；现广泛栽培于热带、亚热带地区。

入侵历史及原因：广东和台湾分别于 1965 年和 1966 年作为饲料植物引种，后归化。

入侵危害：入侵荒地，排挤当地物种。

大翼豆 *Macroptilium lathyroides* (L.) Urb. 植株

大翼豆 *Macroptilium lathyroides* (L.) Urb. 花

大翼豆 *Macroptilium lathyroides* (L.) Urb. 植株

大翼豆 *Macroptilium lathyroides* (L.) Urb. 荚果

南苜蓿 *Medicago polymorpha* L.

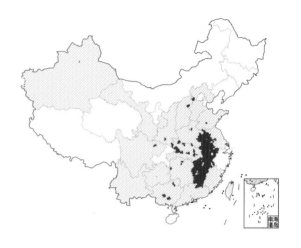

别名：黄花草子、金花菜

英文名：Trefoil-Clover

分类地位：豆科 Fabaceae

拉丁异名：*Medicago hispida* Gaertn.

危害程度：中度入侵。

性状描述：一年生或二年生草本，高20~90cm。茎平卧、上升或直立，近四棱形，基部分枝，无毛或微被毛。羽状三出复叶；托叶大，卵状长圆形，长 4~7mm，先端渐尖，基部耳状，边缘具不整齐条裂，呈丝状细条或深齿状缺刻，脉纹明显；叶柄柔软，细长，长 1~5cm，上面具浅沟；小叶倒卵形或三角状倒卵形，几等大，长 7~20mm，宽 5~15mm，纸质，先端钝，近截平或凹缺，具细尖，基部阔楔形，边缘在 1/3 以上具浅锯齿，上面无毛，下面被疏柔毛，无斑纹。花序头状伞形，具花 (1~)2~10 朵；总花梗腋生，纤细无毛，

长 3~15mm，通常比叶短，花序轴先端不呈芒状尖；苞片甚小，尾尖；花长 3~4mm；花梗不到 1mm；萼钟形，长约 2mm，萼齿披针形，与萼筒近等长，无毛或稀被毛；花冠黄色，旗瓣倒卵形，先端凹缺，基部阔楔形，比翼瓣和龙骨瓣长，翼瓣长圆形，基部具耳和稍阔的瓣柄，齿突甚发达，龙骨瓣比翼瓣稍短，基部具小耳，呈钩状；子房长圆形，镰状上

南苜蓿 *Medicago polymorpha* L. 居群

南苜蓿 *Medicago polymorpha* L. 叶

南苜蓿 *Medicago polymorpha* L. 荚果

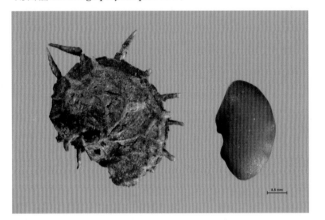

南苜蓿 *Medicago polymorpha* L. 种子

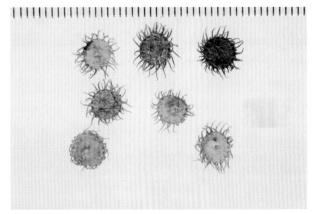

南苜蓿 *Medicago polymorpha* L. 荚果

弯，微被毛。荚果盘形，暗绿褐色，顺时针方向紧旋 1.5~2.5(~6) 圈，直径 (不包括刺长)4~6(~10)mm，螺面平坦无毛，有多条辐射状脉纹，近边缘处环结，每圈具棘刺或瘤突 15 枚；种子每圈 1~2 粒。种子长肾形，长约 2.5mm，宽 1.25mm，棕褐色，平滑。花期 3~5 月，果期 5~6 月。

生境：常见于农田、路边、草场。

国内分布：安徽、福建、广东、广西、河北、河南、湖北、湖南、江苏、江西、山东、山西、陕西、四川、台湾、新疆、甘肃、贵州、云南。

国外分布：原产北非、西亚、南欧；欧洲、亚洲及北美洲归化。

入侵历史及原因：荷兰人于明末引入我国台湾。多个省区作为饲料植物栽培，后归化。

入侵危害：影响农田作物以及草场质量，排挤当地物种，危害生态系统。

紫苜蓿 *Medicago sativa* L.

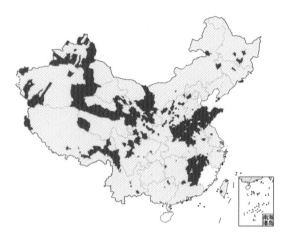

别名：紫花苜蓿、苜蓿

英文名：Violet-Flower Lucerne

分类地位：豆科 Fabaceae

危害程度：恶性入侵。

性状描述：多年生草本，高 30~100cm。根粗壮，深入土层，根茎发达。茎直立、丛生以至平卧，四棱形，无毛或微被柔毛，枝叶茂盛。羽状三出复叶；托叶大，卵状披针形，先端锐尖，基部全缘或具 1~2 齿裂，脉纹清晰；叶柄比小叶短；小叶长卵形、倒长卵形至线状卵形，等大，或顶生小叶稍大，长 (5)10~25(~40)mm，宽 3~10mm，纸质，先端钝圆，具由中脉伸出的长齿尖，基部狭窄，楔形，边缘 1/3 以上具锯齿，上面无毛，深绿色，下面被贴伏柔毛，侧脉 8~10 对，与中脉成锐角，在近叶边处略有分叉；顶生小叶柄比侧生小叶柄略长。花序总状或头状，长 1~2.5cm，具花 5~30 朵；总花梗挺直，比叶长；苞片线状锥形，比花梗长或等长；花长 6~12mm；花梗短，长约 2mm；萼钟形，长 3~5mm，萼齿线状锥形，比萼筒长，被贴伏柔毛；花冠各色：淡黄色、深蓝色至暗紫色，花瓣均具长瓣柄，旗瓣长圆形，先端微凹，明显较翼瓣和龙骨瓣长，翼瓣较龙骨瓣稍长；子房线形，具柔毛，花柱短阔，上端细尖，柱头点状，胚珠多数。荚果螺旋状紧卷 2~4(~6) 圈，中央无孔或

紫苜蓿 *Medicago sativa* L. 居群

紫苜蓿 *Medicago sativa* L. 居群

紫苜蓿 *Medicago sativa* L. 花

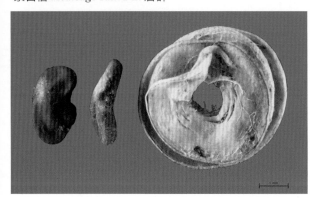

紫苜蓿 *Medicago sativa* L. 种子

紫苜蓿 *Medicago sativa* L. 荚果

近无孔，直径 5~9mm，被柔毛或渐脱落，脉纹细，不清晰，熟时棕色；有种子 10~20 粒。种子卵形，长 1~2.5mm，平滑，黄色或棕色。花期 5~7 月，果期 6~8 月。

生境：生于田边、路旁、草地、河岸、沟谷。

国内分布：黑龙江、吉林、辽宁、内蒙古、北京、河北、山西、陕西、河南、山东、甘肃、宁夏、青海、新疆、安徽、江苏、上海、浙江、江西、湖北、湖南、重庆、四川、广东、广西、贵州、台湾、云南、西藏。

国外分布：原产亚洲西部；现世界许多国家引种。

入侵历史及原因：大约公元前 100 年汉代张骞出使西域时首先引种到陕西。有意引进，全国各地引种栽培作为饲草。

入侵危害：原为栽培植物，后逸生为杂草。抑制当地其他植物生长。危害农作物、果园等。

紫苜蓿 *Medicago sativa* L. 居群

紫苜蓿 *Medicago sativa* L. 荚果

白花草木犀 *Melilotus albus* Medik.

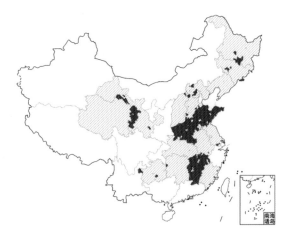

别名：白香草木犀

英文名：White Sweet Clover

分类地位：豆科 Fabaceae

危害程度：恶性入侵。

性状描述：一年生或二年生草本，高70~200cm。茎直立，圆柱形，中空，多分枝，几无毛。羽状三出复叶；托叶尖刺状锥形，长 6~10mm，全缘；叶柄比小叶短，纤细；小叶长圆形或倒披针状长圆形，长 15~30cm，宽 (4~)6~12mm，先端钝圆，基部楔形，边缘疏生浅锯齿，上面无毛，下面被细柔毛，侧脉 12~15 对，平行直达叶缘齿尖，两面均不隆起，顶生小叶稍大，具较长小叶柄，侧小叶小叶柄短。总状花序长 9~20cm，腋生，具花 40~100 朵，排列疏松；苞片线形，长 1.5~2mm；花长 4~5mm；花梗短，长 1~1.5mm；萼钟形，长约 2.5mm，微被柔毛，萼齿三角状披针形，短于萼筒；花冠白色，旗瓣椭圆形，稍长于翼瓣，龙骨瓣与翼瓣等长或稍短；子房卵状披针形，上部渐窄至花柱，无毛，胚珠 3~4 粒。荚果椭圆形至长圆形，长 3~3.5mm，先端锐尖，具尖喙，表面脉纹细，网状，棕褐色，老熟后变黑褐色；有种子 1~2 粒。种子卵形，棕色，表面具细瘤点。花期 5~7 月，果期 7~9 月。

生境：常生于山坡、草丛、路边、农田、荒地及湿润的沙地。

白花草木犀 *Melilotus albus* Medik. 居群

白花草木犀 *Melilotus albus* Medik. 叶

国内分布：安徽、北京、福建、甘肃、贵州、河北、河南、黑龙江、湖北、湖南、吉林、江苏、江西、辽宁、青海、山东、山西。

国外分布：原产西亚至南欧；现世界各地广为栽培。

入侵历史及原因：鸦片战争后，在山东烟台采到标本。

入侵危害：常见于田边、路旁、山坡草丛中，作为饲料植物栽培，常逸生为野生杂草。为一般性杂草，危险不大。

白花草木犀 *Melilotus albus* Medik. 居群

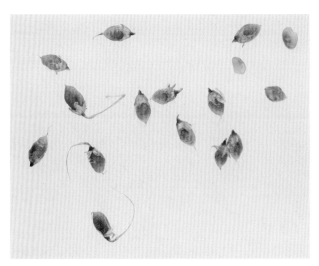

白花草木犀 *Melilotus albus* Medik. 种子

白花草木犀 *Melilotus albus* Medik. 植株

印度草木犀 *Melilotus indicus* (L.) All.

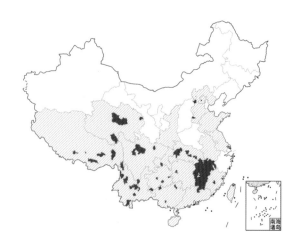

别名： 小花草木犀、酸三叶草

英文名： Sour-Clover

分类地位： 豆科 Fabaceae

危害程度： 中度入侵。

性状描述： 一年生草本，高 20~50cm。根系细而松散。茎直立，"之"字形曲折，自基部分枝，圆柱形，初被细柔毛，后脱落。羽状三出复叶；托叶披针形，边缘膜质，长 4~6mm，先端长，锥尖，基部扩大成耳状，有 2~3 枚细齿；叶柄细，与小叶近等长，小叶倒卵状楔形至狭长圆形，近等大，长 10~25(~30)mm，宽 8~10mm，先端钝或截平，有时微凹，基部楔形，边缘在 2/3 处以上具细锯齿，上面无毛，下面被贴伏柔毛，侧脉 7~9 对，平行直达齿尖，两面均平坦。总状花序细，长 1.5~4cm，总

梗较长，被柔毛，具花 15~25 朵；苞片刺毛状，甚细；花小，长 2.2~2.8mm；花梗短，长约 1mm；萼杯状，长约 1.5mm，脉纹 5 条，明显隆起，萼齿三角形，稍长于萼筒；花冠黄色，旗瓣阔卵形，先端微凹，与翼瓣、龙骨瓣近等长，或龙骨瓣稍伸出；子房卵状长圆形，无毛，花柱比子房短，胚珠 2 粒。荚果球形，长约 2mm，稍伸出萼外，表面具网状脉纹，橄榄绿色，熟后红褐色；种子 1 粒。种子阔卵形，直径 1.5mm，暗褐色。花期 3~5 月，果期 5~6 月。

生境： 生于旷地、路旁及盐碱性土壤。

国内分布： 北京、河北、山东、陕西、江苏、安徽、江西、湖北、湖南、福建、广东、广西、贵州、重庆、四川、云南、青海、西藏、台湾、海南。

国外分布： 原产印度、南亚、中亚至南欧。

印度草木犀 *Melilotus indicus* (L.) All. 居群

印度草木犀 *Melilotus indicus* (L.) All. 荚果

印度草木犀 *Melilotus indicus* (L.) All. 居群

入侵历史及原因：1918 年在山东青岛采到标本，同年作为饲料引入我国台湾。钟心煊于 1923 年 4 月 15 日在福建采集到，标本现保存于中国科学院华南植物园标本馆，但是，引入时间应该要远早于该记录。有意引进，人工引种。

入侵危害：逸生为农田、果园杂草。全草含香豆精、纤维二糖，大剂量可导致恶心、呕吐、眩晕、心脏抑制、四肢发冷，马、羊等牲畜过多采食此草，可产生麻醉效果。

印度草木犀 *Melilotus indicus* (L.) All. 花

印度草木犀 *Melilotus indicus* (L.) All. 荚果

刺槐 *Robinia pseudoacacia* L.

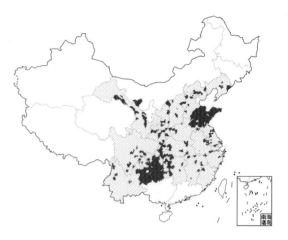

别名：洋槐

英文名：Yellow Locust

分类地位：豆科 Fabaceae

危害程度：中度入侵。

性状描述：乔木，高 10~20m。树皮灰黑褐色，纵裂；枝具托叶性针刺，小枝灰褐色，无毛或幼时具微柔毛。奇数羽状复叶，互生，具 9~19 枚小叶；叶柄长 1~3cm，小叶柄长约 2mm，被短柔毛，小叶片卵形或卵状长圆形，长 2.5~5cm，宽 1.5~3cm，基部广楔形或近圆形，先端圆或微凹，具小刺尖，全缘，表面绿色，被微柔毛，背面灰绿色被短毛。总状花序腋生，比叶短，花序轴黄褐色，被疏短毛；花梗长 8~13mm；被短柔毛，萼钟状，具不整齐的 5 齿裂，表面被短毛；花冠白色，芳香，旗瓣近圆形，长 18mm，基部具爪，先端微凹，翼瓣倒卵状长圆形，基部具细长爪，先端圆，长 18mm，龙骨瓣向内弯，基部具长爪；雄蕊 10 枚，呈 9 与 1 二体；

子房线状长圆形，被短白毛，花柱几乎弯成直角。荚果扁平，线状长圆形，长 3~11cm，褐色，光滑。含 3~10 粒种子，二瓣裂。花果期 5~9 月。

生境：生于路边、庭院。

国内分布：辽宁、北京、河北、山西、河南、山东、陕西、甘肃、安徽、江苏、上海、浙江、江西、福建、湖北、湖南、重庆、四川、贵州、云南。

国外分布：原产北美洲。

刺槐 *Robinia pseudoacacia* L. 植株

刺槐 *Robinia pseudoacacia* L. 植株

刺槐 *Robinia pseudoacacia* L. 花序

刺槐 *Robinia pseudoacacia* L. 花序

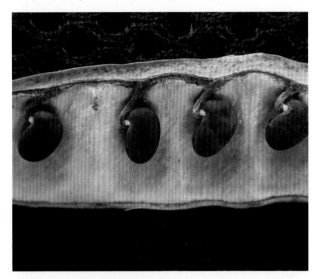

刺槐 *Robinia pseudoacacia* L. 种子

入侵历史及原因：1903 年山东青岛栽培。有意引进，人工引种。

入侵危害：在山体阳坡入侵性强，排挤当地物种，甚至影响自然保护区的生物多样性。

近似种：毛洋槐 *Robinia hispida* L. 与刺槐 *R. pseudoacacia* L. 的区别在于幼枝密被紫红色硬腺毛及白色曲柔毛，二年生枝密被褐色刚毛（后者枝具托叶性针刺，小枝灰褐色，无毛或幼时具微柔毛）；叶轴被刚毛及白色短曲柔毛（后者叶轴无毛或稀疏被短柔毛）；花萼紫红色，花冠红色至玫瑰红色（后者花萼灰褐色，花冠白色）等。

毛洋槐 *Robinia hispida* L. 花序

刺田菁 *Sesbania bispinosa* (Jacq.) W. Wight

别名：多刺田菁

英文名：Doublespine Sesbania

分类地位：豆科 Fabaceae

危害程度：潜在入侵。

性状描述：灌木状草本，高 1~3m。枝圆柱形，稍具绿白色线条，通常疏生扁小皮刺。偶数羽状复叶长 13~30cm；叶轴上面有沟槽，先端尖，下方疏生皮刺；托叶线披针形，长约 7mm，宽约 1mm，先端渐尖，无毛，早落；小叶 20~40 对，线状长圆形，长 10~16mm，宽 2~3mm，先端钝圆，有细尖头，基部圆，上面绿色，下面灰绿色，两面密生紫褐色腺点，无毛；小托叶细小，针芒状。总状花序长 5~10cm，具 2~6 朵花；总花梗常具皮刺；苞片线状披针形，长约 3mm，下面疏被毛；花长 9~12mm；花梗纤细，长 6~8mm；小苞片 2 枚，卵状披针形，无毛，与苞片均早落；花萼钟状，长约 4mm，无毛，萼齿 5 枚，短三角形，花冠黄色，旗

瓣外面有红褐色斑点，近卵形，长大于宽，长约 10mm，先端微凹，基部变狭成柄，胼胝体三角形，翼瓣长椭圆形，具长柄，一侧具耳，龙骨瓣长倒卵形，基部具耳，呈齿牙状；雄蕊二体，对旗瓣的 1 枚分离，长 9~12mm，花药倒卵形，背部褐色；雄蕊线形，花柱细长向上弯曲，柱头顶生，头状。荚果深褐色，圆柱形，直或稍镰状弯曲，长 15~22cm，直径约 3mm，喙长 10~12mm，种子间微缢缩，横隔间距

刺田菁 *Sesbania bispinosa* (Jacq.) W. Wight 枝叶

刺田菁 *Sesbania bispinosa* (Jacq.) W. Wight 植株

约 5mm，有多数种子。种子近圆柱状，长约 3mm，直径约 2mm，种脐圆形，在中部。花果期 8~12 月。

生境： 生于山坡路边湿润处。

国内分布： 江苏、福建、广东、广西、海南、云南及四川西南部、香港。

国外分布： 原产南亚及东南亚。

入侵历史及原因： 1912 年香港首次记录。

入侵危害： 常入侵路边，具刺影响清除，影响生态景观。

近似种： 田菁 *Sesbania cannabina* (Retz.) Poir. 与刺田菁 *S. bispinosa* (Jacq.) W. Wight 的区别在于茎绿色，平滑，有时带褐色红色，微被白粉，有不明显淡绿色线纹（后者枝圆柱形，稍具绿白色线条，通常疏生扁小皮刺）；叶轴上面具沟槽，幼时疏被绢毛，后几无毛（后者叶轴上面有沟槽，先端尖，下方疏生皮刺）等。

刺田菁 *Sesbania bispinosa* (Jacq.) W. Wight 茎

印度田菁 *Sesbania sesban* (L.) Merr.

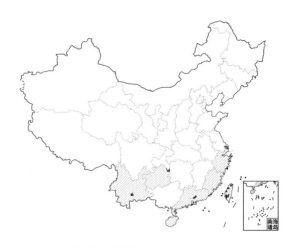

别名：埃及田菁

英文名：Sesbania

分类地位：豆科 Fabaceae

危害程度：轻度入侵。

性状描述：灌木状草本，高 2~4m。小枝幼时被短柔毛，后变无毛，节间通常长 0.5~2.5cm，节上显著隆起。偶数羽状复叶；叶柄、叶轴均被开展短柔毛，叶柄基部尤多，叶轴长 4~10cm；托叶三角状披针形，长 3~4mm，被短柔毛，早落，但基部则常残留枝上；小叶 10~20 对，长圆形至线形，长 1.3~2.5cm，宽 3~4 (~6)mm，先端圆至微凹，具短尖头，基部圆，偏斜，上面无毛或近无毛，下面幼时疏被短柔毛，后几无毛，两面中脉两侧具紫黑色腺点；小叶柄被短柔毛；小托叶针状。总状花序具 4~10 朵花；总花梗细，长 8~10cm，被短柔毛，

后几无毛；苞片线状披针形，下面疏被短柔毛，小苞片较小，均早落；花梗纤细，长约 8mm，幼时被短柔毛；花萼钟状，萼齿短三角形，内缘被短柔毛至近无毛；花冠黄色，旗瓣横椭圆形，宽大于长，长 11~13mm，先端凹缺，基部近心形，瓣柄长 4~5mm，胼胝体呈 "S" 形弯曲，中部加宽，长约 2mm，先端渐尖，分离，基部下延渐狭；翼瓣长圆形，长 10~12mm，先端圆，基部具不明显的耳，瓣柄弯曲，长约 4mm；龙骨瓣近半圆形，长 6~8mm，宽 5~7mm，基部较先端狭，上侧具 1 三角形短耳，瓣柄与瓣片近等长；雄蕊二体，雄蕊管长 8~10mm，花药椭圆形，长约 1mm；子房无毛，花柱长约 5mm，上弯，无毛，柱头球形。荚果幼时扭曲，熟时近圆柱形，长 15~23(~30)cm，宽 3~4mm，直或稍弯曲，基部常有宿存花萼或具残片，先端具喙尖，长 4~5mm，横隔间距约 5mm，

印度田菁 *Sesbania sesban* (L.) Merr. 植株

印度田菁 *Sesbania sesban* (L.) Merr. 荚果

印度田菁 *Sesbania sesban* (L.) Merr. 植株

有 20~40 粒种子。种子近圆柱形，长 3~4mm，宽约 2mm，稍扁，种脐圆，凹陷。

生境： 通常生于田边、沟边、路边、荒坡。

国内分布： 福建、广东、贵州、上海、海南、台湾、云南、浙江。

国外分布： 原产印度至非洲北部；东半球热带归化。

入侵历史及原因： 20 世纪初引入我国台湾。有意引入。

入侵危害： 危害作物生长，且易形成单一群落，影响景观区域生物多样性。

印度田菁 *Sesbania sesban* (L.) Merr. 植株

杂种车轴草 *Trifolium hybridum* L.

英文名：Alsike Clover

分类地位：豆科 Fabaceae

危害程度：中度入侵。

性状描述：茎直立或上升，高 30~60cm；具纵棱。掌状三出复叶，3 小叶，托叶卵形至卵状披针形，下部托叶有时边缘具不整齐齿裂，合生部分短，离生部分长渐尖，先端尾尖；叶柄在茎下部甚长，上部较短；小叶阔椭圆形，有时卵状椭圆形或倒卵形，长 1.5~3cm，宽 1~2cm，先端钝，有时微凹，基部阔楔形，边缘具不整齐细锯齿，侧脉约 20 对，隆起并连续分叉；小叶柄长约 1mm。头状的伞形花序，直径 1~2cm；总花梗 4~7cm，比叶长，具花 12~20(~30) 朵，甚密集；无总苞，苞片甚小，锥刺状，花长 7~9mm；花梗比萼短，花后下垂；萼钟状或筒状钟形，萼齿线状披针形，萼喉开张，无毛；花冠淡红色至白色，旗瓣椭圆形，比翼瓣和龙骨瓣长；子房线形，花柱几与子房等长，上部弯曲。荚果露出萼外，椭圆形，无毛，内含 2~4 粒种子。种子甚小，橄榄绿色至褐色。

生境：逸生于林缘、路边潮湿地、河旁草地等处。

国内分布：黑龙江、吉林、辽宁、内蒙古、河北。

国外分布：原产欧洲。

杂种车轴草 *Trifolium hybridum* L. 居群

杂种车轴草 *Trifolium hybridum* L. 植株

杂种车轴草 *Trifolium hybridum* L. 居群

杂种车轴草 *Trifolium hybridum* L. 花

入侵历史及原因：刘慎谔于 1930 年 7 月 18 日在上海吴淞口采到标本，标本存于中国科学院植物研究所标本馆，作为优良牧草引进栽培。

入侵危害：具有较高的适应能力和入侵性，影响植物群落多样性。

杂种车轴草 *Trifolium hybridum* L. 居群

绛车轴草 *Trifolium incarnatum* L.

别名：绛三叶

英文名：Crimson Clover

分类地位：豆科 Fabaceae

危害程度：轻度入侵。

性状描述：一年生草本，株高 30~100cm。主根深入土层达 50cm。茎直立或上升，粗壮，被长柔毛，具纵棱，掌状三出复叶；托叶椭圆形，膜质，大部分与叶柄合生，每侧具脉纹 3~5 条，先端离生部分卵状三角形或圆形，被毛；茎下部的叶柄甚长，上部的较短，被长柔毛；小叶阔卵形至近圆形，长 1.5~3.5cm，先端钝，有时微凹，基部阔楔形，渐窄至小叶柄，边缘具波状钝齿，两面疏生长柔毛，侧脉 5~10 对，与中脉成 40°~50°角展开，中部分叉，纤细，不明显。花序圆筒状顶生，花期继续伸长，长 3~5cm，宽 1~1.5cm；总花梗比叶长，长 2.5~7cm，粗壮；无总苞；具花 50~120 朵，甚密集；花长 10~15mm；几无花梗；萼筒较短，萼喉具一

多毛的加厚环，果期缢缩闭合；花冠深红色、朱红色至橙色，旗瓣狭椭圆形，锐尖头，明显比翼瓣和龙骨瓣长；子房阔卵形，花柱细长，胚珠 1 粒。荚果卵形；有 1 粒褐色种子。

生境：生于农田、路边、草场。

国内分布：黑龙江、吉林、北京、辽宁、陕西、河南、山东、河北、安徽、贵州、江苏、浙江、江西、湖北、湖南、福建、广东、广西、四川、青海。

国外分布：原产欧洲。

入侵历史及原因：20 世纪 50 年代引种到东北和华北地区。有意引进，人工引种到华北地区，再引种到其他地区。

入侵危害：危害农田作物以及草场质量。

绛车轴草 *Trifolium incarnatum* L. 植株

绛车轴草 *Trifolium incarnatum* L. 花

红车轴草 *Trifolium pratense* L.

别名：红三叶、三叶草
英文名：Red Clover
分类地位：豆科 Fabaceae
危害程度：中度入侵。
性状描述：短期多年生草本，生长期 2~5(~9) 年。主根深入土层达 1m。茎粗壮，具纵棱，直立或平卧上升，疏生柔毛或秃净。掌状三出复叶；托叶近卵形，膜质，每侧具脉纹 8~9 条，基部抱茎，先端离生部分渐尖，具锥刺状尖头；叶柄较长，茎上部的叶柄短，被伸展毛或秃净；小叶卵状椭圆形至倒卵形，长 1.5~3.5(~5)cm，宽 1~2cm，先端钝，有时微凹，基部阔楔形，两面疏生褐色长柔毛，叶面上常有"V"字形白斑，侧脉约 15 对，成 20°角展开在叶边处分叉隆起，伸出形成不明显的钝齿；小叶柄短，长约 1.5mm。花序球状或卵状，顶生；无总花梗或具总花梗甚短，包于顶生叶的托叶内，托叶扩展成佛焰苞状，具花 30~70 朵，密集；花长 12~14(~18)mm；几无花梗；萼钟形，被长柔毛，具脉纹 10 条，萼齿丝状，锥尖，比萼筒长，最下

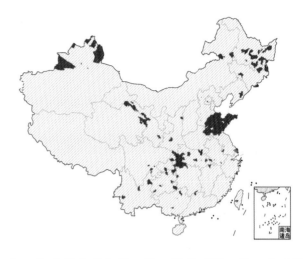

方 1 齿比其余萼齿长 1 倍，萼喉开张，具一多毛的加厚环；花冠紫红色至淡红色，旗瓣匙形，先端圆形，微凹缺，基部狭楔形，明显比翼瓣和龙骨瓣长，龙骨瓣稍比翼瓣短；子房椭圆形，花柱丝状细长，胚珠 1~2 粒。荚果卵形，通常有 1 粒扁圆形种子。花果期 5~9 月。

生境：生于田边、路边、农田、牧场、旱作物田、果园、桑园。

国内分布：我国南北各省区广为逸生归化。

国外分布：原产欧洲及西亚；现亚洲、北美洲、澳大利亚归化。

入侵历史及原因：19 世纪引入中国西北和华北地区。作为牧草有意引种到华北和西北地区，再引种到其他地区。

入侵危害：各地引种栽培，后逸生为杂草，侵入旱作农田、瓜果园和桑园，危害不大。

红车轴草 *Trifolium pratense* L. 居群

红车轴草 *Trifolium pratense* L. 花

白车轴草 *Trifolium repens* L.

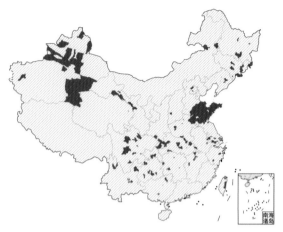

别名：白三叶、白花三叶草、白三草、车轴草、荷兰翘摇

英文名：White Dutch Clover

分类地位：豆科 Fabaceae

危害程度：轻度入侵。

性状描述：短命多年生草本，生长期达 5 年，高 10~30cm。主根短，侧根和须根发达。茎匍匐蔓生，上部稍上升，节上生根，全株无毛。掌状三出复叶；托叶卵状披针形，膜质，基部抱茎呈鞘状，离生部分锐尖；叶柄较长，长 10~30cm；小叶倒卵形至近圆形，长 8~20(~30)mm，宽 8~16(~25)mm，先端凹头至钝圆，基部楔形渐窄至小叶柄，中脉在下面隆起，侧脉约 13 对，与中脉成 50°角展开，两面均隆起，近叶边分叉并伸达锯齿齿尖；小叶柄长 1.5mm，微被柔毛。花序球形，顶生，直径 15~40mm；总花梗甚长，比叶柄长近 1 倍，具花 20~50(~80) 朵，密集；无总苞；苞片披针形，膜质，锥尖；花长 7~12mm；花梗比花萼稍长或等长，开花后立即下垂；萼钟形，具脉纹 10 条，萼齿 5 枚，披针形，稍不等长，短于萼筒，萼喉开张，无毛；花冠白色、乳黄色或淡红色，具香气。旗瓣椭圆形，比翼瓣和龙骨瓣长近 1 倍，龙骨瓣比翼瓣稍短；

白车轴草 *Trifolium repens* L. 居群

白车轴草 *Trifolium repens* L. 居群

子房线状长圆形，花柱比子房略长，胚珠 3~4 粒。
荚果长圆形；种子通常 3 粒。种子阔卵形。花果期
5~10 月。

生境：生于路边、农田、牧场、草坪、旱作物
田、果园、桑园。

国内分布：我国南北各省区广为逸生归化。

国外分布：原产欧洲、中亚；亚洲、北美洲及
大洋洲归化。

入侵历史及原因：19 世纪引种到我国华北和西
北地区。有意引进，人工引种栽培在华北、西北地
区，再引种到其他地区。

入侵危害：现在一些地区逸生为杂草，侵入旱
作物田，危害不重，仅对局部地区的蔬菜、幼林有
危害。

白车轴草 *Trifolium repens* L. 花

白车轴草 *Trifolium repens* L. 花

荆豆 *Ulex europaeus* L.

别名：金雀花、棘豆

英文名：Whin

分类地位：豆科 Fabaceae

危害程度：潜在入侵。

性状描述：多刺灌木，高 50~150cm。茎圆柱形，具纵长直棱，密被疏散长柔毛，多分枝，小枝先端均变为尖刺；簇生的叶柄也变为较小的尖刺，长 5~15mm，密集，均具细棱。花 1~3 朵腋生，在茎上部形成复总状花序；苞片小，卵圆形，长约 2mm；花长 13~15mm，稍比萼长；花梗长 3~9mm；小苞片阔卵形，长约 2mm，与苞片、花梗均密被褐色茸毛；萼膜质，黄褐色，长 12~14mm，密被褐色细茸毛，二唇形，深裂几达基部；花冠鲜黄色，旗瓣倒卵形，先端微凹，翼瓣椭圆形，均无毛，龙骨瓣长圆形，下侧边缘具茸毛；雄蕊单体，花药二型。荚果狭卵形，长 11~20mm，密被褐色茸毛，包藏于宿存花萼中；有种子 2~4 粒。种子卵圆形，长 3mm，宽 2mm，黑褐色，具光泽，种阜淡黄色，围绕珠柄。

生境：常生于山坡灌丛、草地。

国内分布：重庆城口县曾有大片逸生居群。近年来，由于当地植被恢复逐渐消失。

国外分布：原产欧洲；世界各地广为引种和归化。

入侵历史及原因：法国传教士于清同治年间 (1862 年) 引种于城口教堂附近，作为围篱栽培后逸生。有意引进。

入侵危害：侵入山坡灌丛、草地，对当地生态系统景观产生不良影响。该种已被列为"世界上最有害的 100 种外来入侵物种"之一。

荆豆 *Ulex europaeus* L. 植株

20. 酢浆草科 Oxalidaceae

紫心酢浆草 *Oxalis articulata* Savigny

英文名：Pink-sorrel; Windowbox Wood-sorrel

分类地位：酢浆草科 Oxalidaceae

危害程度：中度入侵。

性状描述：多年生草本植物。高 10~25cm，簇生。根直立，具圆球形块根。无地上茎或短缩不明，基部围以膜质鳞片。叶多数，基出；叶柄细弱，长 7~23cm，被短柔毛，基部具关节；小叶 3 枚，宽倒卵形或倒卵圆形，长 1.5~2.4cm，宽 2~3.5cm，先端宽圆形，凹入，基部宽楔形，表面无毛，背面被柔毛，脉上较密，边缘有短毛。伞形花序基生或近基生，多数，明显高于叶，每花梗具花 4~10 朵，总花梗被短柔毛；苞片披针形，小，被柔毛；花梗不等长，长为苞片的 3~4 倍；萼片披针形，长 4~5mm，宽 2~3mm，无毛；花瓣紫红色，宽倒卵形，

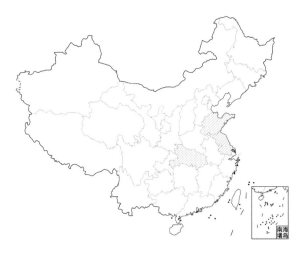

长为萼片的 2.5~3 倍，先端钝圆；雄蕊 10 枚，2 轮，内轮略长于外轮，花丝有毛，基部合生，花药黄色；花柱 3 裂，柱头绿色，子房被白色柔毛。花期 4~9 月，果期 6~10 月。

生境：生于荒地、草坡。

国内分布：山东、江苏、湖北。

国外分布：原产美洲热带地区；美国、欧洲、韩国等国家也有归化。

入侵历史及原因：改革开放之后，作为观赏植物引入。

入侵危害：我国南方各地逐渐逸生，危害园林绿化建设。

紫心酢浆草 *Oxalis articulata* Savigny 居群

紫心酢浆草 *Oxalis articulata* Savigny 花

红花酢浆草 *Oxalis corymbosa* DC.

别名：大酸味草、紫花酢浆草、多花酢浆草
英文名：Violet Woodsorrel
分类地位：酢浆草科 Oxalidaceae
危害程度：中度入侵。

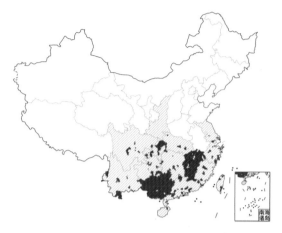

性状描述：多年生直立草本。无地上茎，地下部分有球状鳞茎，外层鳞片膜质，褐色，背具 3 条肋状纵脉，被长缘毛，内层鳞片呈三角形，无毛。叶基生；叶柄长 5~30cm 或更长，被毛；小叶 3 枚，扁圆状倒心形，长 1~4cm，宽 1.5~6cm，先端凹入，两侧角圆形，基部宽楔形，表面绿色，被毛或近无毛；背面浅绿色，通常两面或有时仅边缘有干后呈棕黑色的小腺体，背面尤甚并被疏毛；托叶长圆形，顶部狭尖，与叶柄基部合生。总花梗基生，二歧聚伞花序，通常排列成伞形花序式，总花梗长 10~40cm 或更长，被毛；花梗、苞片、萼片均被毛；花梗长 5~25mm，每花梗有披针形干膜质苞片 2 枚；萼片 5 枚，披针形，长 4~7mm，先端有暗红色长圆形的小腺体 2 枚，顶部腹面被疏柔毛；花瓣 5 片，倒心形，长 1.5~2cm，为萼长的 2~4 倍，淡紫色至紫红色，基部颜色较深；雄蕊 10 枚，长的 5 枚超出花柱，另 5 枚长至子房中部，花丝被长柔毛；子房 5 室，花柱 5 裂，被锈色长柔毛，柱头浅 2 裂。花果

红花酢浆草 *Oxalis corymbosa* DC. 居群

红花酢浆草 *Oxalis corymbosa* DC. 花

期 3~12 月。

生境：常生长于低海拔的山地、田野、庭院和路边，适生于潮湿、疏松的土壤。

国内分布：陕西、江苏、浙江、江西、湖南、湖北、重庆、四川、福建、台湾、广东、海南、香港、澳门、广西、云南、贵州。

国外分布：原产热带美洲；现世界温暖地区广泛归化。

入侵历史及原因：19 世纪中叶在香港被报道。有意引进，作为观赏植物引入。

入侵危害：该种在我国作为观赏植物引入广为栽培，逸生后成为园圃和田间杂草。茎易随带土苗木传播。

红花酢浆草 *Oxalis corymbosa* DC. 居群

红花酢浆草 *Oxalis corymbosa* DC. 球状鳞茎

宽叶酢浆草 *Oxalis latifolia* Kunth

英文名：Shamrock

分类地位：酢浆草科 Oxalidaceae

危害程度：恶性入侵。

性状描述：多年生草本，无地上茎，具球状鳞茎，主鳞茎（母球）直径 1~2cm，外包被由叶柄基部扩大成鞘状木质鳞片，枯萎后宿存，呈褐色并撕裂成纤维状包被白色肉质的真鳞片；膜状鳞片产生叶柄、叶和可发育为花梗、花序的鳞芽，真鳞片产生可发育为匍匐枝的鳞芽；成熟鳞球茎外鳞片中间可见 3~5 条清晰凸起的脉；子球生于 10cm 长的匍匐枝端，白色，总数目多达 30 个以上，子球直径 5~6mm。叶光滑无毛，叶柄可长达 30cm，叶具 3 小叶，小叶分离，宽鱼尾状，顶端宽 3~6cm，小叶在夜间沿中脉折叠闭合。Cornwall 型变种其小叶顶端边缘圆形不呈典型宽鱼尾状。花序梗 1~4 条，高可达 30cm，光滑或被稀疏软毛；伞状花序，具

5~13 朵花，每朵直径 1~2cm；花梗 1~1.8cm，于花期直立，花后下弯；萼片 5 枚，长约 3.5mm，披针形，先端有 2 个橙色腺体；花瓣 5 片，瓣片粉红色至紫色，花瓣基部绿色。Cornwall 型花瓣颜色粉红色近白色。雄蕊 10 枚，花柱 5 个。种子椭球形至球形，橘红色至深黄色，长约 1mm，纵棱 10~12 条，棱间具 7~8 条横纹。

生境：常见于果园、苗圃、农田。

宽叶酢浆草 *Oxalis latifolia* Kunth 居群

宽叶酢浆草 *Oxalis latifolia* Kunth 花

宽叶酢浆草 *Oxalis latifolia* Kunth 球状鳞茎

宽叶酢浆草 *Oxalis latifolia* Kunth 植株

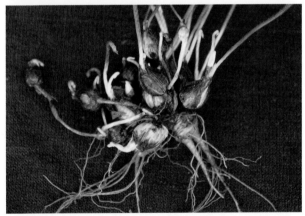

宽叶酢浆草 *Oxalis latifolia* Kunth 球状鳞茎

国内分布：云南、台湾、广东。

国外分布：原产中、南美洲。

入侵历史及原因：近年云南昆明市新发现的检疫性入侵杂草。无意传入。

入侵危害：危害热带、亚热带地区种植的几乎所有重要作物。由于该种杂草独特的生物学特性，使得其一旦定植便极难防治，且防治费用巨大。

野老鹳草 *Geranium carolinianum* L.

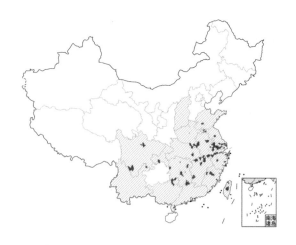

别名：鬼针子

英文名：Carolina; Grane's–Bill

分类地位：牻牛儿苗科 Geraniaceae

危害程度：中度入侵。

性状描述：一年生草本，高 20~60cm，根纤细，单一或分枝；茎直立或仰卧，单一或多数，具棱角，密被倒向短柔毛。基生叶早枯，茎生叶互生或最上部对生；托叶披针形或三角状披针形，长 5~7mm，宽 1.5~2.5mm，外被短柔毛；茎下部叶具长柄，柄长为叶片的 2~3 倍，被倒向短柔毛，上部叶柄渐短；叶片圆肾形，长 2~3cm，宽 4~6cm，基部心形，掌状 5~7 裂近基部，裂片楔状倒卵形或菱形，下部楔形、全缘，上部羽状深裂，小裂片条状矩圆形，先端急尖，表面被短伏毛，背面主要沿脉被短伏毛。花序腋生和顶生，长于叶，被倒生短柔毛和开展的长腺毛，每总花梗具 2 朵花，顶生总花梗常数个集生，花序呈伞形状；花梗与总花梗相似，等于或稍短于花；苞片钻状，长 3~4mm，被短柔毛；萼片长卵形或近椭圆形，长 5~7mm，宽 3~4mm，先端急尖，具长约 1mm 尖头，外被短柔毛或沿脉被开展的糙柔毛和腺毛；花瓣淡紫红色，倒卵形，稍长于萼片，先端圆形，基部宽楔形，雄蕊稍短于萼片，中部以下被长糙柔毛；雌蕊稍长于雄蕊，密被糙柔毛。蒴果长约 2cm，被短糙毛，果瓣由喙上部先裂

野老鹳草 *Geranium carolinianum* L. 居群

野老鹳草 *Geranium carolinianum* L. 植株

野老鹳草 *Geranium carolinianum* L. 蒴果

野老鹳草 *Geranium carolinianum* L. 花

野老鹳草 *Geranium carolinianum* L. 花枝

向下卷曲。花期4~7月，果期5~9月。

生境：常生长于平原和低山荒坡，也见于田园、路边和沟边。

国内分布：山东、山西、河南、江苏、浙江、江西、安徽、福建、台湾、湖北、湖南、重庆、四川、广东、广西、云南。

国外分布：原产美洲；在东半球广泛归化。

入侵历史及原因：左景烈于1926年5月采自南京，标本存于中国科学院植物研究所标本馆。可能随作物种子携带引入。

入侵危害：是一种常见多倍体杂草，为麦类、油菜等夏收作物田间杂草，果园杂草，亦侵入山坡草地。

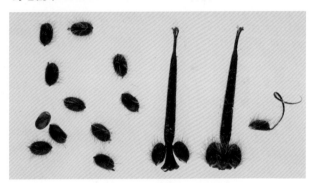

野老鹳草 *Geranium carolinianum* L. 蒴果

野老鹳草 *Geranium carolinianum* L. 蒴果、种子

179

22. 大戟科 Euphorbiaceae

头序巴豆 *Croton capitatus* Michx.

英文名：Hotwort, Woollycroton, Goatweed, Hogweed, Doveweed

分类地位：大戟科 Euphorbiaceae

危害程度：中度入侵。

性状描述：一年生草本，高 30~80cm，雌雄同株。茎远侧分枝，被星状毛，毛近白色至淡黄色，近无毛。叶互生；托叶线形，长 2~5mm，叶柄长 0.5~6cm，顶端没有腺体；叶片卵形到椭圆状披针形，长 3~7cm，宽 1~4cm，基部心形、圆形至楔形，边缘全缘，先端钝至骤尖，远轴面浅绿色，近轴面深绿色，两面被有星状毛。花序两性，顶生或腋生，总状或头状，长 1.5~3cm，上部为雄花，雄花花梗长 1~1.5mm，下部为雌花，雌花花梗短于 1mm。雄花长 2.5~3.5mm；萼片 5 枚，卵形，长 0.8~1mm，远轴面被星状毛；花瓣 5 片，狭长圆状披针形，长

0.8~1mm，远轴面被星状毛；雄蕊 7~12 枚。雌花长 8~10mm；萼片 6~9 枚，长圆形，长 7~10mm，平展或张开，并宿存至蒴果裂开以后，边缘全缘，顶端内弯，远轴面具星状毛；花瓣缺失；子房球形，3 室；花柱 3，长 2~3mm，每个花柱二至三回 2 裂；第一回分裂约占花柱总长的 1/3，第二回分裂约占 2/3，第三回若出现时则位于近顶端，总共有 12~18

头序巴豆 *Croton capitatus* Michx. 花序

（~24）条末端裂片。蒴果近球形，长 7~9mm，宽 5~6mm，中柱长 3.5~4.5mm，宿存。种子近球状，直径 4~5mm，有光泽，具浅褐色和黑色相间的斑纹。2n=20。花期 6~10 月。

生境：常生于海拔 0~300m 的牧场、荒地、农田、草原、洪泛平原、长叶松林，喜沙质至黏土土壤。常与同属草巴豆组 sect. *Heptallon* 的近缘种草巴豆 *C. heptalon* 和密毛巴豆 *C. lindheimeri* 混生。

国内分布：江苏常州、山东济宁、安徽滁州。

国外分布：原产北美洲，现分布于墨西哥、美国、加拿大南部。2003 年在澳大利亚归化。2014 年发现入侵苏丹。

入侵历史及原因：2016 年在江苏采到标本，本种曾在山东济宁、安徽滁州等地也被采集过或记录过。推测为无意引入，入侵方式尚不清楚。

入侵危害：入侵荒地，排挤当地物种。

近似种：密毛巴豆 *Croton lindheimeri* (Engelm. & A. Gray) Alph. Wood 与头序巴豆外形极其相近，前者常以幼嫩部位被更多的黄褐色短柔毛、叶片先端锐尖、雌花具稍长的雌蕊、且萼片先端在花后不反折而区别于头序巴豆。头序巴豆常有一些钝尖和短尖的叶子（与全部或大部分都是锐尖的密毛巴豆相比），雌花的萼片长于子房，于花期向外张开，萼片两侧内折，在横断面上呈 V 形，同时，头序巴豆的叶柄从茎中部到顶点基本等长。

2018 年张思宇等报道在安徽滁州发现新纪录种密毛巴豆，对该文中的图片进行核对以及对模式标本进行查证后，发现该种具有头序巴豆的性状特征，因此该入侵记录应为头序巴豆（*Croton capitatus* Michx.）。

头序巴豆 *Croton capitatus* Michx. 花序

密毛巴豆 *Croton lindheimeri* (Engelm. & A. Gray) Alph. Wood 花序

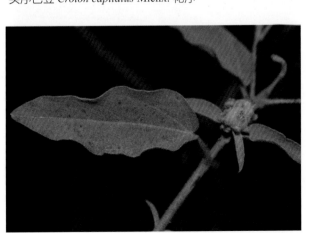

头序巴豆 *Croton capitatus* Michx. 花序

密毛巴豆 *Croton lindheimeri* (Engelm. & A. Gray) Alph. Wood 花序

硬毛巴豆 *Croton hirtus* L'Hér.

英文名：Hairy Croton

分类地位：大戟科 Euphorbiaceae

危害程度：轻度入侵。

性状描述：一年生直立草本，高 40~80cm；全株被苍白色的星状硬刺毛。茎圆柱形，被白色至淡黄色硬毛，小枝具条纹，密被白色至淡黄色硬毛。叶互生，常聚生于枝顶或假轮生；托叶线形，长 4~5mm，脱落；叶柄长 0.2~2cm，被星状毛；叶片纸质，卵形至三角状卵形，长 2.5~5cm，宽 1.5~4cm，基部圆形或阔楔形，边缘具不规则粗锯齿，先端锐尖，上面密被白色柔毛，下面密被星状毛，基出脉 3(或 5) 条，侧脉 3~5 对，基部两侧有 2 枚柄状的腺体 (柄长约 1mm)。总状花序顶生，长 2~3cm，雌花生于花序基部，雄花着生于花序上部；花序轴密被星状腺毛；花梗被长达 5mm 的星状毛；苞片线形，长 2~4mm，边缘有 2~5 枚具有柄的头状腺体。雄花：花梗长 1~1.5mm，被硬毛；萼片 5 枚，倒卵形，长约 2mm；花被片 5 枚，倒披针形，长约 2mm，边缘有锯齿；雄蕊 9~11 枚，花丝长约 1mm，近无毛；花药长圆状，淡褐色。雌花：花梗长 0.5~1.5cm；萼片 5 枚，不等大线状长圆形，长约 3mm，边缘具齿；花瓣绿色，线形，长约 0.5mm，有时极不明显；子房卵球形，直径约 1mm；花柱 3 裂，2 深裂，长约 2mm，顶端反折。蒴果近球形，直径约 5mm，被毛；种子椭圆形，长约 3mm，黑色，光滑，有黄褐色或黑褐色的斑纹，具有种阜。花果期：1~5 月。

硬毛巴豆 *Croton hirtus* L'Hér. 居群

硬毛巴豆 *Croton hirtus* L'Hér. 花

硬毛巴豆 *Croton hirtus* L'Hér. 果

生境：常生路边杂草丛中。

国内分布：海南。

国外分布：原产中、南美洲。

入侵历史及原因：2011 年 3 月在海南三亚和保亭首次发现，其传入途径不明，有可能是混在引种农作物种子中或货物运输过程中夹带进入我国。

入侵危害：从野外观察来看，本种适应环境的能力颇强，能生于贫瘠干旱的土壤，目前在国内的入侵程度不大，但本种已在中南半岛形成了大面积入侵，因此我国广西、云南边境有必要密切关注。

近似种：本氏巴豆 *Croton bonplandianus* Baill. 与硬毛巴豆 *C. hirtus* L'Hér. 的区别在于新生嫩枝和叶柄被放射状鳞片（后者植株被苍白色的星状硬刺毛）；叶片披针形，叶缘圆锯齿状至锯齿状，叶脉表面下凹不明显（后者叶片卵形至三角状卵形，叶边缘具不规则粗锯齿，叶脉表面下凹）；总状花序可长达 15 cm（后者总状花序短 2~3 cm）等。

本氏巴豆 *Croton bonplandianus* Baill. 植株

密毛巴豆
Croton lindheimeri (Engelm. & A. Gray) Alph. Wood

英文名：Woolly Croton Goatweed, Woolly Croton

分类地位：大戟科 Euphorbiaceae

危害程度：轻度入侵。

性状描述：一年生草本，茎直立，株高 50~200cm，雌雄同株。茎圆柱形，幼时具白色至淡黄色星状毛，后脱落。叶片纸质、互生；托叶丝状，长 0~5mm；叶柄长 1.5~7cm，先端腺体无；叶片卵形至披针形，长 3~7cm、宽 1~3cm，基部心形至圆形，全缘，先端锐尖。叶下表面苍绿色，无棕色斑点，密被不具棕色中心的星状毛；叶上表面深绿色，星状毛较下表面稀疏。总状花序两性，长 1.5~3cm，雄花 8~15 朵，雌花 2~7 朵。雄花花梗长 0.5~3.0mm，雌花花梗长 0~1mm。雄花：萼片（4~）5 片，长 1.5~2mm，被星状毛；花瓣 5 枚，线形至长圆形，长 1~1.5mm，被星状毛；雄蕊 9~13 枚。雌花：等长的萼片 7~8 枚，长 5~7mm，边缘全缘，先端直或稍弯曲，密被淡黄色茸毛；花瓣无；子房 3 室；花柱 3 裂，长 3~4mm。蒴果近球形，直径 6~9mm，被毛；蒴果中柱以三裂的钩状附器为尖端。种子椭圆形，长约 5mm，发亮。花果期 5~12 月。

生境：常生于水边荒地。

国内分布：安徽，中国分布新记录。

密毛巴豆 *Croton lindheimeri* (Engelm. & A. Gray) Alph. Wood 花枝

密毛巴豆 *Croton lindheimeri* (Engelm. & A. Gray) Alph. Wood 花序

密毛巴豆 *Croton lindheimeri* (Engelm. & A. Gray) Alph. Wood 花序

密毛巴豆 *Croton lindheimeri* (Engelm. & A. Gray) Alph. Wood 花序

国外分布：原产美国东南部，北至密苏里州，南至得克萨斯州，东至佛罗里达州。

入侵历史及原因：2017 年 11 月在安徽省滁州市凤阳县府城镇首次发现，传入途径不明，可能是由鸟类传播或随植物种子贸易带来。

入侵危害：密毛巴豆在水塘周边的荒地上呈片状密集分布，种群数量已达上千株，在局部地区表现出明显优势。其蒴果具有弹射传播种子的功能，传播速度迅速，周边农田已有零星分布。其入侵的风险及对已归化地区的生态可能造成何种程度的损伤，还有待进一步观察。

密毛巴豆 *Croton lindheimeri* (Engelm. & A. Gray) Alph. Wood 花序

猩猩草 *Euphorbia cyathophora* Murray

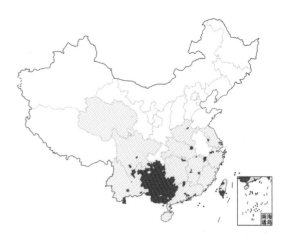

别名：草一品红

英文名：Wild Poinsettia

分类地位：大戟科 Euphorbiaceae

危害程度：中度入侵。

性状描述：一年生或多年生草本。根圆柱状，长 30~50cm，直径 2~7mm，基部有时木质化。茎直立，上部多分枝，高可达 1m，直径 3~8mm，光滑无毛。叶互生，卵形、椭圆形或卵状椭圆形，先端尖或圆，基部渐狭，长 3~10cm，宽 1~5cm，边缘波状分裂或具波状齿或全缘，无毛；叶柄长 1~3cm；总苞叶与茎生叶同形，较小，长 2~5cm，宽 1~2cm，淡红色或仅基部红色。花序单生，数枚聚伞状排列于分枝顶端，总苞钟状，绿色，高 5~6mm，直径 3~5mm，边缘 5 裂，裂片三角形，常呈齿状分裂；腺体常 1 个，偶 2 个，扁杯状，近二唇形，黄色；雄花多朵，常伸出总苞之外；雌花 1 朵，子房柄明显伸出总苞处；子房三棱状球形，光滑无毛；花柱 3 裂，分离；柱头 2 浅裂。蒴果，三棱状球形，长 4.5~5mm，直径 3.5~4mm，无毛；成熟时分裂为 3 个分果瓣。种子卵状椭圆形，长 2.5~3mm，直径 2~2.5mm，褐色至黑色，具不规则的小凸起；无种阜。花果期 5~11 月。

生境：常生于苗圃或花圃附近。

国内分布：福建、广东、广西、贵州、海南、

猩猩草 *Euphorbia cyathophora* Murray 居群

猩猩草 *Euphorbia cyathophora* Murray 花

猩猩草 *Euphorbia cyathophora* Murray 花序

猩猩草 *Euphorbia cyathophora* Murray 花序

河南、湖北、湖南、江苏、江西、青海、上海、四川、台湾、香港、云南、浙江。

国外分布：原产美洲；归化于旧大陆。

入侵历史及原因：20 世纪 90 年代初作为观赏植物引进，现广泛栽培于我国大部分省区市，常见于公园、植物园及温室中，用于观赏。有意引入，作为观赏植物。

入侵危害：在广东、云南部分地区已成为杂草，有进一步蔓延的趋势。

猩猩草 *Euphorbia cyathophora* Murray 蒴果

齿裂大戟 *Euphorbia dentata* **Michx.**

别名：紫斑大戟

英文名：Toothed Spurge

分类地位：大戟科 Euphorbiaceae

危害程度：轻度入侵。

性状描述：一年生草本。根纤细，长 7~10cm，直径 2~3mm，下部多分枝。茎单一，上部多分枝，高 20~50cm，直径 2~5mm，被柔毛或无毛。叶对生，线形至卵形，多变化，长 2~7cm，宽 5~20mm，先端尖或钝，基部渐狭；边缘全缘、浅裂至波状齿裂，多变化；叶两面被毛或无毛；叶柄长 3~20mm，被柔毛或无毛；总苞叶 2~3 枚，与茎生叶相同；伞幅 2~3 个，长 2~4cm；苞叶数枚，与退化叶混生。花序数枚，聚伞状生于分枝顶部，基部具长 1~4mm 短柄；总苞钟状，高约 3mm，直径约 2mm，边缘 5 裂，裂片三角形，边缘撕裂状；腺体 1 个，二唇形，生于总苞侧面，淡黄褐色；雄花数朵，伸出总苞之外；雌花 1 朵，子房柄与总苞边缘近等长；子房球状，光滑无毛；花柱 3 裂，分离；柱头 2 裂。蒴果扁球状，长约 4mm，直径约 5mm，具 3 个纵

沟；成熟时分裂为 3 个分果爿。种子卵球状，长约 2mm，直径 1.5~2mm，黑色或褐黑色，表面粗糙，具不规则瘤状突起，腹面具一黑色沟纹；种阜盾状，黄色，无柄。花果期 7~10 月。

生境：常生于苗圃或花圃附近，以及杂草丛、路旁及沟边。

国内分布：北京、河北、江苏、浙江、云南。

国外分布：原产北美洲。

入侵历史及原因：最早于 1976 年在北京市东北旺药用植物种植场采到标本。近年在中国科学院

齿裂大戟 *Euphorbia dentata* Michx. 居群

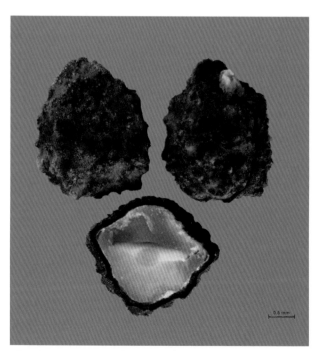

齿裂大戟 *Euphorbia dentata* Michx. 种子

齿裂大戟 *Euphorbia dentata* Michx. 植株

戴维大戟 *Euphorbia davidii* Subils 植株

齿裂大戟 *Euphorbia dentata* Michx. 居群

植物研究所植物园成为繁殖甚快的杂草。有意引进，被引种种植后逸为野生。

入侵危害：对园林绿地、花圃等有一定的危害。容易形成优势群落，破坏当地生态系统。

近似种：戴维大戟 *Euphorbia davidii* Subils 与齿裂大戟 *E. dentata* Michx. 的区别在于茎粗糙，被稀疏刚毛和密集硬毛（后者茎被柔毛或无毛）；叶片通常呈窄或宽椭圆形，偶尔线状椭圆形，远轴面被僵硬且明显的锥形硬毛，其基细胞明显较大，近轴面被稀疏硬毛（后者叶线形至卵形，多变化，两面被毛或无毛）；总苞片 5~7 裂，线形，裂片乳头状；腺体 1 个，黄绿色（后者总苞边缘 5 裂，裂片三角形，边缘撕裂状；腺体 1 个，淡黄褐色）等。

戴维大戟 *Euphorbia davidii* Subils 果序

戴维大戟 *Euphorbia davidii* Subils 植株

白苞猩猩草 *Euphorbia heterophylla* L.

别名：柳叶大戟、台湾大戟

英文名：Wild Spurge

分类地位：大戟科 Euphorbiaceae

危害程度：中度入侵。

性状描述：多年生草本。茎直立，高达 1m，被柔毛。叶互生，卵形至披针形，长 3~12cm，宽 1~6cm，先端尖或渐尖，基部钝至圆，边缘具锯齿或全缘，两面被柔毛；叶柄长 4~12mm；苞叶与茎生叶同形，较小，长 2~5cm，宽 5~15mm，绿色或基部白色。花序单生，基部具柄，无毛；总苞钟状，高 2~3mm，直径 1.5~5mm，边缘 5 裂，裂片卵形至锯齿状，边缘具毛；腺体常 1 个，偶 2 个，杯状，直径 0.5~1mm；雄花多朵；苞片线形至倒披针形；雌花 1 朵，子房柄不伸出总苞外；子房被疏柔毛；花柱 3 个，中部以下合生，柱头 2 裂。蒴果卵球状，长 5~5.5mm，直径 3.5~4mm，被柔毛。种子菱状卵形，长 2.5~3mm，直径约 2.2mm，被瘤状突起，灰色至褐色；无种阜。花果期 2~11 月。

生境：常生于河边、路旁或村庄附近。

国内分布：安徽、广东、广西、贵州、海南、湖北、山西、四川、台湾、云南、浙江、湖南。

国外分布：原产北美洲；栽培并归化于旧大陆。

入侵历史及原因：近年来从巴西引入。无意引入，随进口大豆从巴西传入。

入侵危害：在广东、云南等部分地区已成为杂草，并形成单优势种群落，有进一步蔓延的趋势。

白苞猩猩草 *Euphorbia heterophylla* L. 居群

白苞猩猩草 *Euphorbia heterophylla* L. 花序

白苞猩猩草 *Euphorbia heterophylla* L. 植株

白苞猩猩草 *Euphorbia heterophylla* L. 叶

白苞猩猩草 *Euphorbia heterophylla* L. 种子

白苞猩猩草 *Euphorbia heterophylla* L. 植株

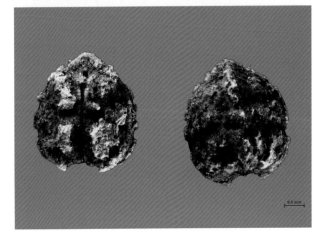

白苞猩猩草 *Euphorbia heterophylla* L. 种子

飞扬草 *Euphorbia hirta* L.

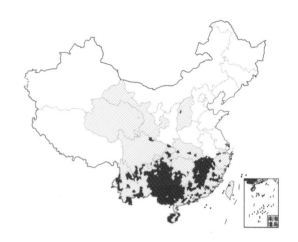

别名：乳籽草、飞相草

英文名：Spurge

分类地位：大戟科 Euphorbiaceae

危害程度：严重入侵。

性状描述：一年生草本。根纤细，长 5~11cm，直径 3~5mm，常不分枝，偶 3~5 分枝。茎单一，自中部向上分枝或不分枝，高 30~60(~70)cm，直径约 3mm，被褐色或黄褐色的多细胞粗硬毛。叶对生，披针状长圆形、长椭圆状卵形或卵状披针形，长 1~5cm，宽 5~13mm，先端极尖或钝，基部略偏斜；边缘于中部以上有细锯齿，中部以下较少或全缘；叶面绿色，叶背灰绿色，有时具紫色斑，两面均具柔毛，叶背面脉上的毛较密；叶柄极短，长 1~2mm。花序多数，于叶腋处密集成头状，基部无梗或仅具极短的柄，变化较大，且具柔毛；总苞钟状，高与直径各约 1mm，被柔毛，边缘 5 裂，裂片三角状卵形；腺体 4 个，近于杯状，边缘具白色附属物；雄花数朵，微达总苞边缘；雌花 1 朵，具短梗，伸出总苞之外；子房三棱状，被少许柔毛；花柱 3 个，分离；柱头 2 浅裂。蒴果三棱状，长与直径均 1~1.5mm，被短柔毛，成熟时分裂为 3 个分果爿。种子近圆状四棱，每个棱面有数个纵槽，无种阜。花果期 6~12 月。

生境：常生长于农田、荒地、路旁等沙质土壤中。

国内分布：浙江、福建、台湾、广东、香港、澳门、海南、广西、江西、湖南、湖北、甘肃、青海、山西、四川、重庆、贵州、云南。

国外分布：原产热带非洲；现热带亚热带地区广泛归化。

飞扬草 *Euphorbia hirta* L. 植株

飞扬草 *Euphorbia hirta* L. 花序

飞扬草 *Euphorbia hirta* L. 花序

飞扬草 *Euphorbia hirta* L. 茎

入侵历史及原因：最早于 1820 年在澳门采到标本。无意引进，引种带入。

入侵危害：有时也侵入旱作物田、蔬菜田、果园，一般危害不大。园林花圃和温室中也常见到。全株有毒。

飞扬草 *Euphorbia hirta* L. 种子

飞扬草 *Euphorbia hirta* L. 花枝

紫斑大戟 *Euphorbia hyssopifolia* L.

英文名：Hyssop–Leaf Sandmat

分类地位：大戟科 Euphorbiaceae

危害程度：潜在入侵。

性状描述：一年生草本。根纤细，长约 6cm，直径 0.8~1mm。茎斜展或近直立，极少匍匐，无毛，长约 15cm，直径约 1mm。叶对生，椭圆形，长 1~2cm，宽 3~5mm，先端钝，基部偏斜，不对称，近圆形，边缘具稀疏钝锯齿；叶面具数个紫色斑点；叶柄短，长约 1.5mm；托叶平截状，极短，先端唇齿状。花序单一或聚伞状生于叶腋，单生时具柄；总苞狭钟状，高 8mm，直径 4~5mm，边缘 5 裂，裂片三角形；腺体 4 个，黄绿色，边缘具有比腺体宽的白色或粉色附属物；雄花 5~15 朵；雌花 1 朵。具较长的子房柄；子房光滑，无毛；花柱 3 个，分离；柱头 2 浅裂。蒴果三角状卵形，长与直径均约 2.5mm，光滑无毛；果柄长达 2mm。种子卵状四棱形，长约 1.1mm，直径约 0.8mm，每面具 3~4 横沟，无种阜。花果期 4~10 月。

生境：生于山地、草原、草甸和林缘。

国内分布：台湾、广东、海南、江西。

国外分布：原产热带美洲；并归化于旧大陆。

入侵历史及原因：1991 年记载在台湾归化。

入侵危害：种子多、繁殖能力强、生长能力强，可能会对农田、草坪造成一定的危害。

紫斑大戟 *Euphorbia hyssopifolia* L. 果枝

斑地锦 *Euphorbia maculata* L.

别名：美洲地锦

英文名：Spotted Spurge

分类地位：大戟科 Euphorbiaceae

拉丁异名：*Euphorbia supina* Raf.

危害程度：中度入侵。

性状描述：一年生草本。根纤细，长 4~7cm，直径约 2mm。茎匍匐，长 10~17cm，直径约 1mm，被白色疏柔毛。叶对生，长椭圆形至肾状长圆形，长 6~12mm，宽 2~4mm，先端钝，基部偏斜，不对称，略呈渐圆形，边缘中部以下全缘，中部以上常具细小疏锯齿；叶正面绿色，中部常具有 1 个长圆形的紫色斑点，叶背淡绿色或灰绿色，新鲜时可见紫色斑，干时不清楚，两面无毛；叶柄极短，长约 1mm；托叶钻状，不分裂，边缘具睫毛。花序单生于叶腋，基部具短柄，柄长 1~2mm；总苞狭杯状，高 0.7~1mm，直径约 0.5mm，外部具白色疏柔毛，

边缘 5 裂，裂片三角状圆形；腺体 4 个，黄绿色，横椭圆形，边缘具白色附属物；雄花 4~5 朵，微伸出总苞外；雌花 1 朵，子房柄伸出总苞外，且被柔毛；子房被疏柔毛；花柱短，近基部合生；柱头 2 裂。蒴果三角状卵形，长约 2mm，直径约 2mm，被稀疏柔毛，成熟时易分裂为 3 个分果爿。种子卵状四棱形，长约 1mm，直径约 0.7mm，灰色或灰棕色，每个棱面具 5 个横沟，无种阜。花果期 4~9 月。

斑地锦 *Euphorbia maculata* L. 居群

斑地锦 *Euphorbia maculata* L. 植株

斑地锦 *Euphorbia maculata* L. 植株

斑地锦 *Euphorbia maculata* L. 种子

斑地锦 *Euphorbia maculata* L. 植株

生境：通常生长在平原或低海拔山地的路旁湿地。

国内分布：河北、北京、河南、山东、辽宁、福建、天津、江苏、上海、浙江、江西、安徽、湖北、湖南、台湾。

国外分布：原产北美洲；现欧亚大陆广泛归化。

入侵历史及原因：20 世纪 40 年代出现在上海、江苏一带，1963 年在武汉采到标本。无意引进，引种或人类活动带入。

入侵危害：在北美大陆被列为农田最常见和最不易刈除的杂草之一。在我国为花生等旱作物田间杂草，还常见于苗圃和草坪中，若不及时拔除，容易蔓延。全株有毒。

近似种：地锦 *Euphorbia humifusa* Willd. ex Schlecht. 与斑地锦 *E. maculata* L. 的区别在于叶面绿色（后者叶面中部常具有 1 个长圆形的紫色斑点）；总苞边缘 4 裂，裂片三角形（后者边缘 5 裂，裂片三角状圆形）；蒴果三棱状卵球形无毛（后者蒴果三角状卵形，被稀疏柔毛）等。

地锦 *Euphorbia humifusa* Willd. ex Schlecht. 居群

大地锦 *Euphorbia nutans* Lag.

别名：美洲地锦草

英文名：Nodding Spurge

分类地位：大戟科 Euphorbiaceae

危害程度：潜在入侵。

性状描述：一年生直立草本，植株高 8~18cm。茎直立，分枝斜升，常在茎的一侧着生皱曲毛，幼茎明显。叶对生，叶片长圆状披针形或镰状披针形，长 8~25mm，基部不对称，边缘有锯齿；叶柄长 1~1.5mm。杯状聚伞花序单生于叉间及聚伞状排列于枝顶；总苞倒圆锥形，腺体 4 个，圆形至椭圆形，附属物白色至带红色；总苞内有雄花 5~11 朵；子房无毛。蒴果卵球形，无毛，熟时 3 瓣裂。种子椭圆形，具 4 条纵棱，棱间具横波纹。

生境：多生于干燥多砾石的土壤中，在潮湿的环境中也能生长。

国内分布：安徽、福建、甘肃、广东、广西、贵州、海南、湖北、湖南、江西、辽宁、青海、山东、陕西、四川、台湾、香港、北京、河北、江苏。

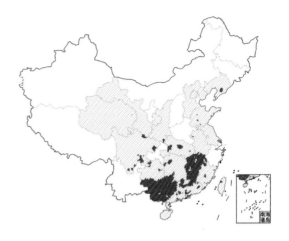

国外分布：原产美洲；现日本、俄罗斯归化。

入侵历史及原因：20 世纪在辽宁、安徽、江苏等地发现。无意引进，引种带入。

入侵危害：在国外主要危害草场、草坪、果园等，在我国仅见于田埂、路边及河滩，危害不大，但需加强监测。

近似种：国内许多文献将本种误定为通奶草 *Euphorbia hypericifolia*。通奶草的花序具多数密集的花。

大地锦 *Euphorbia nutans* Lag. 种子

大地锦 *Euphorbia nutans* Lag. 植株

通奶草 *Eupholrbia hypericifolia* 叶

南欧大戟 *Euphorbia peplus* L.

别名：膜叶大戟、癣草、荸艾类大戟

英文名：Radium Plant

分类地位：大戟科 Euphorbiaceae

危害程度：轻度入侵。

性状描述：一年生草本。根纤细，长 6~8cm，直径 1~2mm，下部多分枝。茎单一或自基部多分枝，斜向上开展，高 20~28cm，直径约 2mm。叶互生，倒卵形至匙形，长 1.5~4cm，宽 7~18mm，先端钝圆、平截或微凹，基部楔形，边缘自中部以上具细锯齿，常无毛；叶柄长 1~3mm 或无；总苞叶 3~4 枚，与茎生叶同形或相似；苞叶 2 枚，与茎生叶同形。花序单生二歧分枝顶端，基部近无柄；总苞杯状，高与直径均约 1mm，边缘 4 裂，裂片钝圆，边缘具睫毛；腺体 4 个，新月形，先端具两角，黄绿色。雄花数朵，常不伸出总苞外；雌花 1 朵，子房柄长 2~3.5mm，明显伸出总苞外；子房具 3 个纵棱，光滑无毛；花柱 3 个，分离；柱头 2 裂。蒴果三棱状球形，长与直径均 2~2.5mm，无毛。种子卵棱状，长 1.2~1.3mm，直径 0.7~0.8mm，具纵棱，每个棱面上有规则排列的 2~3 个小孔，灰色或灰白色；种阜黄白色，盾状，无柄。花果期 2~10 月。

生境：多生于路旁、屋旁和草地。

南欧大戟 *Euphorbia peplus* L. 植株

南欧大戟 *Euphorbia peplus* L. 居群

国内分布：北京、江苏、福建、广东、广西、贵州、四川、台湾、云南。

国外分布：原产地中海沿岸 (南欧至北非)。

入侵历史及原因：1883 年 W. R. Carles 在福建福州附近首次报道。无意引入。

入侵危害：常见杂草，排挤当地物种。

南欧大戟 *Euphorbia peplus* L. 叶

南欧大戟 *Euphorbia peplus* L. 果实

南欧大戟 *Euphorbia peplus* L. 叶

匍匐大戟 *Euphorbia prostrata* Aiton

别名：铺地草

英文名：Red Caustic Creeper

分类地位：大戟科 Euphorbiaceae

危害程度：轻度入侵。

性状描述：一年生草本。根纤细，长 7~9cm。茎匍匐状，自基部多分枝，长 15~19cm，通常呈淡红色或红色，少绿色或淡黄绿色，无毛或被少许柔毛。叶对生，椭圆形至倒卵形，长 3~7(~8)mm，宽 2~4(~5)mm，先端圆，基部偏斜，不对称，边缘全缘或具不规则的细锯齿；叶正面绿色，叶背有时略呈淡红色或红色；叶柄极短或近无；托叶长三角形，易脱落。花序常单生于叶腋，少为数个簇生于小枝顶端，具 2~3mm 的柄；总苞陀螺状，高约 1mm，直径近 1mm，常无毛，少被稀疏的柔毛，边缘 5 裂，裂片三角形或半圆形；腺体 4 个，具极窄的白色附属物。雄花数朵，常不伸出总苞外；雌花 1 朵，子房柄较长，常伸出总苞之外；子房于脊上被稀疏的白色柔毛；花柱 3 个，近基部合生；柱头 2 裂。蒴果三棱状，长约 1.5mm，直径约 1.4mm，除果棱上被白色疏柔毛外，其他无毛。种子卵状四棱形，长约 0.9mm，直径约 0.5mm，黄色，每个棱面上有 6~7 个横沟；无种阜。花果期 4~10 月。

生境：生于路旁、屋旁和荒地灌丛。

国内分布：江苏、湖北、福建、台湾、广东、海南。

国外分布：原产美洲；归化于亚洲、美洲和澳大利亚。

入侵历史及原因：1933 年在福建厦门采到标本。无意引入。

匍匐大戟 *Euphorbia prostrata* Aiton 植株

匍匐大戟 *Euphorbia prostrata* Aiton 居群

匍匐大戟 *Euphorbia prostrata* Aiton 居群

匍匐大戟 *Euphorbia prostrata* Aiton 花序

匍匐大戟 *Euphorbia prostrata* Aiton 花序

入侵危害：影响农作物马铃薯、蔬菜和果园。

近似种：小叶大戟 *Euphorbia makinoi* Hayata 与匍匐大戟 *E. prostrata* Aiton 的区别在于茎、叶均光滑无毛（后者茎具明显的疏硬毛，幼叶叶缘及背面明显具疏硬毛），叶近全缘（后者叶具锐齿），果实无毛（后者果实表面被硬毛）等。

小叶大戟 *Euphorbia makinoi* Hayata 果实

麻风树 *Jatropha curcas* L.

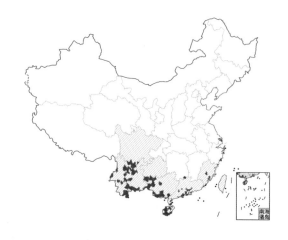

别名：膏桐、小桐子、柴油树、木花生

英文名：Purging Nut

分类地位：大戟科 Euphorbiaceae

危害程度：轻度入侵。

性状描述：灌木或小乔木，高 2~5m，具水状液汁，树皮平滑；枝条苍灰色，无毛，疏生突起皮孔，髓部大。叶纸质，近圆形至卵圆形，长 7~18cm，宽 6~16cm，先端短尖，基部心形，全缘或 3~5 浅裂，上面亮绿色，无毛，下面灰绿色，初沿脉被微柔毛，后变无毛；掌状脉 5~7 条；叶柄长 6~18cm；托叶小。花序腋生，长 6~10cm，苞片披针形，长 4~8mm；雄花：萼片 5 枚，长约 4mm，基部合生；花瓣长圆形，黄绿色，长约 6mm，合生至中部，内面被毛；腺体 5 枚，近圆柱状；雄蕊 10 枚，外轮 5 枚离生，内轮花丝下部合生；雌花

花梗花后伸长；萼片离生，花后长约 6mm；花瓣和腺体与雄花同；子房 3 室，无毛，花柱顶端 2 裂。蒴果椭圆状或球形，长 2.5~3cm，黄色。种子椭圆状，长 1.5~2cm，黑色。花期 9~10 月。

生境：常生于平地、丘陵、坡地及河谷荒坡等地。

国内分布：福建、台湾、广东、海南、广西、贵州、四川、云南等省区有栽培或少量逸为野生。

国外分布：原产热带美洲；现广布于全球热带地区。

入侵历史及原因：中国引种有 300 多年的历史，梁向日于 1932 年 4 月 30 日在海南五指山大坡村采到本种标本。有意引进，引种栽培。

入侵危害：麻风树是一种剧毒植物，果实具有迷幻作用，每粒种子中含有 50％ 的油质，可抑制人体蛋白质的合成，最终导致死亡。

麻风树 *Jatropha curcas* L. 居群

麻风树 *Jatropha curcas* L. 花

麻风树　*Jatropha curcas* L. 果实

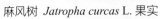

麻风树　*Jatropha curcas* L. 果实

麻风树　*Jatropha curcas* L. 花序

苦味叶下珠

Phyllanthus amarus Schumach. & Thonn.

别名：美洲珠子草、小返魂

英文名：Sleeping Plant

分类地位：大戟科 Euphorbiaceae

危害程度：中度入侵。

性状描述：一年或二年生草本，极少为多年生，直立或倾卧，全株无毛；茎基部木质化或稍木质化，上部分枝，圆柱状。叶两列；托叶线形或线状披针形，绿色；叶柄约 0.5mm；叶片椭圆形或长椭圆形，长 3~8mm，宽 2~4.5mm，膜质或薄纸质，基部圆形，先端钝或圆形、常具细尖；侧脉 4~7 对，远轴面稍显著，近轴面不明显。雌雄同株。雄花花梗长 0.5~1mm；萼片 5 枚，椭圆形或卵形，黄绿色，边缘膜质，先端急尖；花盘腺体 5 枚，圆形、倒卵形或匙形，先端截形或微凹；雄蕊（2 或）3 枚。雌花花梗长 0.6~1mm；萼片 5 枚，倒卵长圆形或卵形，边缘膜质，先端钝或急尖；花盘扁平或锥状，5 深裂；花柱分离，直立或上升，先端 2 浅裂。果梗长 1~1.5mm，先端膨胀；蒴果无毛。种子淡褐色或黄褐色。

生境：生于旱地、路边、荒地、林沿、灌丛。

国内分布：福建、台湾、广东、香港、海南。

国外分布：原产美洲；在热带亚洲归化。

入侵历史及原因：张宏达于 1947 年 4 月 26 日

苦味叶下珠 *Phyllanthus amarus* Schumach. & Thonn. 花序

苦味叶下珠 *Phyllanthus amarus* Schumach. & Thonn. 花序

在西沙群岛的东岛草地采到标本。无意引入。

入侵危害: 一般性杂草,有时入侵农田、苗圃和公园绿地。

近似种: 国产种叶下珠(*Phyllanthus urinaria* L.)外形与本种类似,但茎下部多汁,非木质化,叶片较小,蒴果散生刺状突起。

叶下珠 *Phyllanthus urinaria* L. 花序

苦味叶下珠 *Phyllanthus amarus* Schumach. & Thonn. 植株

苦味叶下珠 *Phyllanthus amarus* Schumach. & Thonn. 植株

叶下珠 *Phyllanthus urinaria* L. 植株

23. 漆树科 Anacardiaceae

火炬树 *Rhus typhina* L.

别名：鹿角漆、火炬漆

英文名：Sumac Staghorn

分类地位：大戟科 Euphorbiaceae

危害程度：轻度入侵。

性状描述：落叶灌木或小乔木。株高 9~10m。树皮灰褐色。小枝茂密，密生长柔毛。奇数羽状复叶，长 25~40cm。小枝、叶柄、叶轴和花序密生灰绿色柔毛。小叶 19~31 对（多为 19~23 对），披针形或长圆状披针形，长 4~8cm，宽 8~18mm，先端渐尖或尾尖，基部宽楔形，边缘有锯齿；叶轴无翅；上面绿色，无毛，下面灰绿色，叶脉上有毛。雌雄异株，雌花序、果序密生茸毛，红色似火炬而得名。圆锥花序，顶生，长 10~20cm。花小带绿色，密生短柔毛；萼片、花瓣、雄蕊均为 5 枚。核果球形，

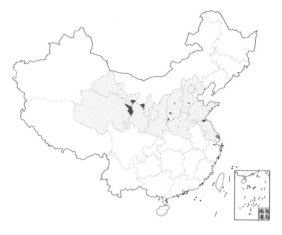

深红色，有毛。花期 7~8 月，果期 9~10 月。

生境：生于河谷、堤岸、沼泽地边缘、干旱的石砾荒坡上。

国内分布：北京、甘肃、河北、河南、山东、江苏、宁夏、青海、山西、陕西。

国外分布：原产北美洲。

火炬树 *Rhus typhina* L. 植株

火炬树 *Rhus typhina* L. 植株

入侵历史及原因： 20世纪50年代末，由中国科学院植物研究所北京植物园引种。有意引入，绿化树种。

入侵危害： 杂生乔木，一旦入侵不易清除，排挤当地物种，危害生态系统。

火炬树 *Rhus typhina* L. 植株

火炬树 *Rhus typhina* L. 茎

火炬树 *Rhus typhina* L. 果实

蓖麻 *Ricinus communis* L.

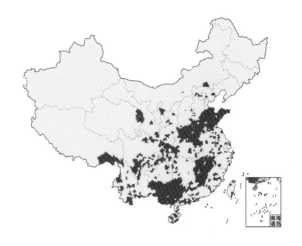

别名：八麻子、巴麻子、红蓖麻、草麻、大麻子

英文名：Castor-Oil Plant

分类地位：大戟科 Euphorbiaceae

危害程度：轻度入侵。

性状描述：一年生粗壮草本或草质灌木，高达 5m；小枝、叶和花序通常被白霜，茎多液汁。叶轮廓近圆形，长和宽达 40cm 或更大，掌状 7~11 裂，裂缺几达中部，裂片卵状长圆形或披针形，先端急尖或渐尖，边缘具锯齿；掌状脉 7~11 条，网脉明显；叶柄粗壮，中空，长可达 40cm，先端具 2 个盘状腺体，基部具盘状腺体；托叶长三角形，长 2~3cm，早落。总状花序或圆锥花序，长 15~30cm 或更长；苞片阔三角形，膜质，早落；雄花花萼裂片卵状三角形，长 7~10mm；雄蕊束众多；雌花萼片卵状披针形，长 5~8mm，凋落；子房卵状，直径约 5mm，密生软刺或无刺，花柱红色，长约 4mm，顶部 2 裂，密生乳头状凸起。蒴果卵球形或近球形，长 1.5~2.5cm，果皮具软刺或平滑。种子椭圆形，微扁平，长 8~18mm，平滑，斑纹淡褐色或灰白色；种阜大。花期几全年或 6~9 月（栽培）。

生境：逸生于低海拔的村旁、疏林、河岸和荒地。

国内分布：全国温暖地区栽培，常逸为野生。

国外分布：非洲东北部；全世界热带至温暖带地区栽培归化。

入侵历史及原因：根据 659 年《唐本草》记载，蓖麻早年作为药用植物引入。20 世纪 50 年代开始作为油脂作物推广栽培。可能通过丝绸之路作为药用植物从西方有意引进，后作为油脂作物推广。

蓖麻 *Ricinus communis* L. 居群

蓖麻 *Ricinus communis* L. 枝叶

蓖麻 *Ricinus communis* L. 种子

入侵危害：蓖麻子中含蓖麻毒蛋白及蓖麻碱，特别是前者，可引起中毒。

蓖麻 *Ricinus communis* L. 花序

蓖麻 *Ricinus communis* L. 果序

蓖麻 *Ricinus communis* L. 花

24. 杜英科 Elaeocarpaceae

文定果 *Muntingia calabura* L.

别名：文丁果

英文名：Jamaica Cherry

分类地位：杜英科 Elaeocarpaceae

危害程度：轻度入侵。

性状描述：乔木，高 5~10m，树皮灰褐色，除花冠和子房外全株密被柔软的腺毛。托叶针形，长 4~9mm；叶柄长 2~6mm；叶片纸质，长卵形或长椭圆状卵形，长 4~10cm，宽 1.5~4cm，掌状 3 或 5 出脉，基部心形，偏斜，边缘具不规则锯齿，先端渐尖或尾状渐尖。花单朵或 2 朵腋生或腋上生；苞片披针形，长 4~8mm，早落；花梗柔软，纤细，长 1.8~3.5cm；萼片 5 枚，分离，长 1~1.2cm，宽约 3mm，内面被短茸毛，两侧边缘内折而呈舟状，先端有长尾尖，花期反折；花瓣 5 片，白色，倒阔卵形，长 1~1.1cm，宽约 9mm，两面无毛；雄蕊多数，长 5~6.5mm，宿存；子房无毛，5~6 室，每室有胚珠多颗，花柱短，柱头 5~6 浅裂，宿存。浆果球形或近球形，直径约 1cm，成熟时紫红色，无毛。

种子多数，微小。花果期全年。

生境：生于次生林林缘，或荒坡上。

国内分布：台湾、广东、广西、海南、香港、福建南部有栽培或逸生。

国外分布：原产热带美洲。在热带亚洲地区归化。

入侵历史及原因：有意引入，绿化树种。

入侵危害：杂生乔木，排挤当地物种，危害生态系统。种子由鸟和蝙蝠传播扩散。

文定果 *Muntingia calabura* L. 居群

文定果 *Muntingia calabura* L. 浆果

文定果 *Muntingia calabura* L. 花

25. 锦葵科 Malvaceae

苘麻 *Abutilon theophrasti* Medik.

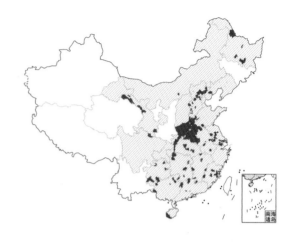

别名：塘麻、孔麻、青麻、白麻

英文名：Velvetweed

分类地位：锦葵科 Malvaceae

危害程度：中度入侵。

性状描述：一年生亚灌木状草本，高达 1~2m，茎枝被柔毛。叶互生，圆心形，长 5~10cm，先端长渐尖，基部心形，边缘具细圆锯齿，两面均密被星状柔毛；叶柄长 3~12cm，被星状细柔毛；托叶早落。花单生于叶腋，花梗长 1~13cm，被柔毛，近先端具节；花萼杯状，密被短茸毛，裂片 5 片，卵形，长约 6mm；花黄色，花瓣倒卵形，长约 1cm；雄蕊柱平滑无毛，心皮 15~20 个，长 1~1.5cm，先端平截，具扩展、被毛的长芒 2 枚，排列成轮状，密被软毛。蒴果半球形，直径约 2cm，长约 1.2cm，分果爿 15~20 个，被粗毛，先端具长芒 2 枚。种子肾形，褐色，被星状柔毛。花期 7~8 月。

生境：常见于路旁、田野、荒地、堤岸上。

国内分布：天津、安徽、北京、福建、甘肃、广东、广西、贵州、海南、河北、河南、山东、山西、黑龙江、湖北、湖南、江苏、浙江、江西、辽宁、内蒙古、重庆、四川。

苘麻 *Abutilon theophrasti* Medik. 居群

苘麻 *Abutilon theophrasti* Medik. 果枝

苘麻 *Abutilon theophrasti* Medik. 花

苘麻 *Abutilon theophrasti* Medik. 叶

国外分布：原产印度；欧洲、北美洲以及日本栽培并归化。

入侵历史及原因：中国栽培已有 2 000 年的历史，《说文解字》有记载。古代引入。

入侵危害：主要危害玉米、棉花、豆类、蔬菜等作物。

苘麻 *Abutilon theophrasti* Medik. 种子

苘麻 *Abutilon theophrasti* Medik. 居群

苘麻 *Abutilon theophrasti* Medik. 居群

胡氏苘麻
Abutilon hulseanum (Torr. & A. Gray) Torr. ex A. Gray

别名：疏花苘麻

英文名：Mauve

分类地位：锦葵科 Malvaceae

拉丁异名：*Sida hulseana* Torr. & A. Gray; *Abutilon leucophaeum* Hochr.

危害程度：中度入侵。

性状描述：多年生草本或亚灌木，高 1~2m。茎直立，茎和叶柄有 2~4mm 长单毛。叶片互生，托叶丝状，长约 8mm；叶柄与叶片等长，叶片变色，卵形，通常长为 6~10cm，长度大于宽度，基部心形，叶片边缘圆齿状，先端圆尖，表面具柔软毛。单生花，萼片长 12~15mm，裂片基部重叠，直立心形，增大到 15~20mm；花冠淡黄色，具有褪色的粉红色，花瓣长约 20mm；雄蕊柱无毛；花柱 12 分枝。分果近扁球状，宽 12~15mm，长 20~25mm；分果爿尖端尖形，表面显著多毛，茸毛长 1~2mm。种子每分果爿种子 4~6 粒，长约 2mm，二角状肾形，两侧压扁，灰褐色或黑褐色，表面密被微茸毛；背面较厚，三角形弓曲，腹面较薄。种脐位于腹面凹缺内，有一舌状种柄残余覆盖其上方。花果期 5~10 月。

生境：生于道旁、荒地。

国内分布：江苏（泰州海关曾截获）、台湾。

国外分布：原产加勒比地区。

入侵历史及原因：2011 年在台湾云林县采到标本，可能混入玉米、大豆等粮食随贸易进入中国。

入侵危害：危害大豆、玉米、高粱等旱地作物，遮盖和压制作物生长，影响农作物的产量。

胡氏苘麻 *Abutilon hulseanum* (Torr. & A. Gray) Torr. ex A. Gray 植株

胡氏苘麻 *Abutilon hulseanum* (Torr. & A. Gray) Torr. ex A. Gray 花果枝

胡氏苘麻 *Abutilon hulseanum* (Torr. & A. Gray) Torr. ex A. Gray 花

胡氏苘麻 *Abutilon hulseanum* (Torr. & A. Gray) Torr. ex A. Gray 果

胡氏苘麻 *Abutilon hulseanum* (Torr. & A. Gray) Torr. ex A. Gray 茎

胡氏苘麻 *Abutilon hulseanum* (Torr. & A. Gray) Torr. ex A. Gray 花

胡氏苘麻 *Abutilon hulseanum* (Torr. & A. Gray) Torr. ex A. Gray 叶

泡果苘 *Herissantia crispa* (L.) Brizicky

英文名：Bladdermallowa, Curly Abutilon

分类地位：锦葵科 Malvaceae

拉丁异名：*Abutilon crispum* (L.) Medik.

危害程度：潜在入侵。

性状描述：多年生草本，高 1.5m，有时倒伏，茎被白色星状毛。托叶被毛，线形，3~7mm；叶柄 0.2~5cm，被星状长毛；叶心形，长 2~7cm，宽 2~7cm，基部心形，两面具星状毛，叶缘具圆锯齿，先端锐尖。花梗纤细，长 2~4cm，具长柔毛，近先端具节，呈膝状；花萼盘状，4~5cm，密被星状长毛，裂片近卵形，先端锐尖；花冠淡黄色，直径约 1cm；花瓣倒卵形，长 6~10mm。蒴果球状，直径 9~13mm，膨胀呈灯笼形，疏被长柔毛，熟时室背开裂，果瓣脱落，宿存花托长约 2mm。种子肾形，黑色。花期全年。

生境：常见于海岸沙地、湿生草地或疏林中。

国内分布：广东、海南。

国外分布：原产美洲热带和亚热带；现越南、印度、澳大利亚等国广泛归化。

入侵历史及原因：1932 年在海南发现。无意引进，偶尔带入。

入侵危害：为一般性杂草。

泡果苘 *Herissantia crispa* (L.) Brizicky 居群

泡果苘 *Herissantia crispa* (L.) Brizicky 花

泡果苘 *Herissantia crispa* (L.) Brizicky 花

泡果苘 *Herissantia crispa* (L.) Brizicky 居群

泡果苘 *Herissantia crispa* (L.) Brizicky 种子、蒴果

野西瓜苗 *Hibiscus trionum* L.

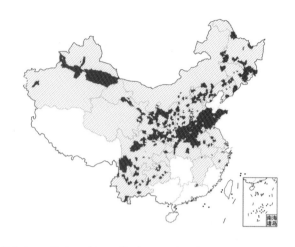

别名：香铃草、灯笼花、小秋葵

英文名：Flower of an Hour, Venice Mallow

分类地位：锦葵科 Malvaceae

危害程度：中度入侵。

性状描述：一年生直立或平卧草本，高25~70cm，茎柔软，被白色星状粗毛。叶二型，下部的叶圆形，不分裂，上部的叶掌状 3~5 深裂，直径 3~6cm，中裂片较长，两侧裂片较短，裂片倒卵形至长圆形，通常羽状全裂，上面疏被粗硬毛或无毛，下面疏被星状粗刺毛；叶柄长 2~4cm，被星状粗硬毛和星状柔毛；托叶线形，长约 7mm，被星状粗硬毛。花单生于叶腋，花梗长约 2.5cm，果时延长达 4cm，被星状粗硬毛；小苞片 12 枚，线形，长约 8mm，被粗长硬毛，基部合生；花萼钟形，淡绿色，长 1.5~2cm，被粗长硬毛或星状粗长硬毛，裂片 5 枚，膜质，三角形，具纵向紫色条纹，中部以上合生；花淡黄色，内面基部紫色，直径 2~3cm，花瓣 5 片，倒卵形，长约 2cm，外面疏被极细柔毛；雄蕊柱长约 5mm，花丝纤细，长约 3mm，花药黄色；花柱枝 5 个，无毛。蒴果长圆状球形，直径约 1cm，被粗硬毛，果片 5 个，果皮薄，黑色。种子肾形，黑色，具腺状突起。花期 7~10 月。

生境：生于旱作物地杂草，常见路旁、田埂、荒坡或旷野等处。

国内分布：黑龙江、吉林、辽宁、内蒙古、天津、北京、河北、河南、山东、宁夏、陕西、山西、甘肃、青海、新疆、江苏、上海、浙江、安徽、江西、湖北、贵州、四川、重庆、云南。

国外分布：原产中非；欧洲、亚洲和北美洲广泛归化。

入侵历史及原因：明初《救荒本草》(1406 年)首次记载。无意引进，偶尔带入。

野西瓜苗 *Hibiscus trionum* L. 居群

野西瓜苗 *Hibiscus trionum* L. 花

野西瓜苗 *Hibiscus trionum* L. 植株

野西瓜苗 *Hibiscus trionum* L. 花

野西瓜苗 *Hibiscus trionum* L. 种子

入侵危害：常见农田杂草，多生长在旱作物地和果园中，竞争水源和养分，导致农作物减产。

近似种：玫瑰茄（洛神茄）*Hibiscus sabdariffa* L. 与野西瓜苗 *H. trionum* L. 的区别在于茎枝通常紫红色（后者茎枝通常绿色）；上部的叶掌状 3 深裂，裂片披针形，边缘具锯齿（后者上部的叶掌状 3~5 深裂，中裂片较长，裂片通常羽状全裂）；花萼钟形，包被果实（后者花萼不为钟形，不包被果实）；蒴果紫红色（后者蒴果绿色）等。

玫瑰茄 *Hibiscus sabdariffa* L. 花

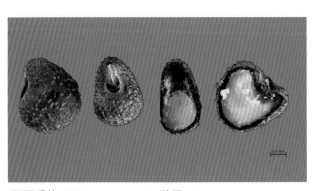

野西瓜苗 *Hibiscus trionum* L. 种子

赛葵 *Malvastrum coromandelianum* (L.) Garcke

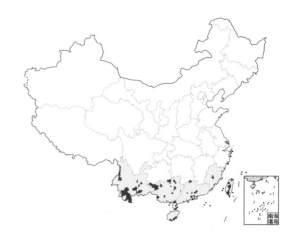

别名：黄花草、黄花棉

英文名：Three-Point False Mallow

分类地位：锦葵科 Malvaceae

危害程度：轻度入侵。

性状描述：亚灌木状，直立，高达 1m，疏被单毛和星状粗毛。叶卵状披针形或卵形，长 3~6cm，宽 1~3cm，先端钝尖，基部宽楔形至圆形，边缘具粗锯齿，上面疏被长毛，下面疏被长毛和星状长毛；叶柄长 1~3cm，密被长毛；托叶披针形，长约 5mm。花单生于叶腋，花梗长约 5mm，被长毛；小苞片线形，长 5mm，宽 1mm，疏被长毛；萼浅杯状，5 裂，裂片卵形，渐尖头，长约 8mm，基部合生，疏被单长毛和星状长毛；花黄色，直径约 1.5cm，花瓣 5 片，倒卵形，长约 8mm，宽约 4mm；雄蕊柱长约 6mm，无毛。果直径约 6mm，分果爿 8~12 个，肾形，疏被星状柔毛，直径约 2.5mm，背部宽约 1mm，具 2 芒刺。

生境：散生于草坡、荒地、路旁。

国内分布：台湾、福建、广东、香港、澳门、海南、广西、云南。

国外分布：原产美洲；现全球的热带区域广泛归化。

入侵历史及原因：根据 Bentham(1861 年) 记载，该种最早入侵香港及广东沿海。随引种带入广东沿海。

入侵危害：有时侵入旱作物田、果园、香蕉园，一般危害性不大。排挤本地植物。

赛葵 *Malvastrum coromandelianum* (L.) Garcke 植株

赛葵 *Malvastrum coromandelianum* (L.) Garcke 居群

赛葵 *Malvastrum coromandelianum* (L.) Garcke 果实

赛葵 *Malvastrum coromandelianum* (L.) Garcke 果实

赛葵 *Malvastrum coromandelianum* (L.) Garcke 种子

赛葵 *Malvastrum coromandelianum* (L.) Garcke 居群

赛葵 *Malvastrum coromandelianum* (L.) Garcke 花

刺黄花稔 *Sida spinosa* L.

英文名：Spiny Sida

分类地位：锦葵科 Malvaceae

危害程度：潜在入侵。

性状描述：一年生或多年生直立小灌木，被星状短柔毛，高 0.3~1m。叶片狭卵形长椭圆形状，托叶长 2~5mm；叶柄长 2~20mm；在叶柄的基部有 1~3 枚多刺的小苞片；叶片长 0.5~4cm，宽 0.3~2.5cm，披针形至卵形、长圆形或稍圆形，基部圆形，先端锐尖或钝，有锯齿，两面通常灰褐色。花腋生，单生或在末端分枝处 2~5 朵簇生；花梗 2~5mm，在果期达约 2cm 长，接近中间或顶部。花萼长 4~5mm，宽约 5mm，稍微增加，在中间稍高处融合；裂片三角形；锐尖至 1~2mm 长。花冠白色，超过花萼。果实扁球形，上面被短柔毛；分果爿 5 个，膜质，2~3mm 长，三角形，先端开裂，顶部有 2 枚具叉开的芒，芒长 0.5~0.8mm。种子长约 1.5mm，无毛，棕色至黑色。

生境：生于路旁、荒地、田间。

国内分布：北京、山东、江苏、广东、湖南、福建。

国外分布：原产热带美洲。

入侵历史及原因：2000 年山东口岸曾截获，随进口大豆及饲料植物种子引入。

入侵危害：为农田野生杂草。

刺黄花稔 *Sida spinosa* L. 居群

刺黄花稔 *Sida spinosa* L. 花枝

刺黄花稔 *Sida spinosa* L. 种子

刺黄花稔 *Sida spinosa* L. 种子

刺黄花稔 *Sida spinosa* L. 居群

近似种：黄花稔 *Sida acuta* Burm. f. 与刺黄花稔 S. *spinosa* L. 区别在于叶柄的基部无小苞片（后者叶柄的基部有 1~3 枚多刺的小苞片）；花单朵或成对生于叶腋（后者花腋生，单生或在末端分枝处 2~5 朵簇生）；蒴果近圆球形，分果爿 4~9 个（后者果实扁球形，分果爿 5 个）等。

刺黄花稔 *Sida spinosa* L. 果枝

黄花稔 *Sida acuta* Burm. f. 花

26. 梧桐科 Sterculiaceae

蛇婆子 *Waltheria indica* L.

别名： 和他草

英文名： Waltheria

分类地位： 梧桐科 Sterculiaceae

拉丁异名： *Waltheria americana* L.

危害程度： 中度入侵。

性状描述： 略直立或匍匐状半灌木，高达 1m；多分枝，小枝密被短柔毛。叶卵形或长椭圆状卵形，长 2.5~4.5cm，宽 1.5~3cm，先端钝，基部圆形或浅心形，边缘有小齿，两面均密被短柔毛；叶柄长 0.5~1cm。聚伞花序腋生，头状，近于无轴或有长约 1.5cm 的花序轴；小苞片狭披针形，长约 4mm；萼筒状，5 裂，长 3~4mm，裂片三角形，远比萼筒长；花瓣 5 片，淡黄色，匙形，先端截形，比萼略

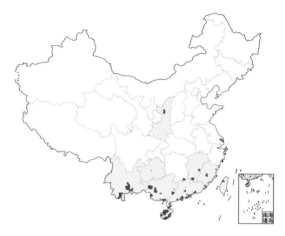

长；雄蕊 5 枚，花丝合生成筒状，包围着雌蕊；子房无柄，被短柔毛，花柱偏生，柱头流苏状。蒴果小，2 瓣裂，倒卵形，长约 3mm，被毛，为宿存的萼所包，内有种子 1 粒。种子倒卵形，很小。花期夏秋。

生境： 多生于向阳草坡或旷地上，耐旱，耐瘠薄的土壤。

国内分布： 福建、广东、广西、贵州、海南、江西、陕西、台湾、香港、云南。

国外分布： 原产地可能为热带美洲；现全世界热带地区广泛归化。

入侵历史及原因： 1861 年在香港被报道。无意引入华南地区。

入侵危害： 该种耐旱、耐瘠薄的土壤，适应性强，排挤当地植物。

蛇婆子 *Waltheria indica* L. 居群

蛇婆子 *Waltheria indica* L. 花序

蛇婆子 *Waltheria indica* L. 居群

蛇婆子 *Waltheria indica* L. 花

27.西番莲科 Passifloraceae

龙珠果 *Passiflora foetida* L.

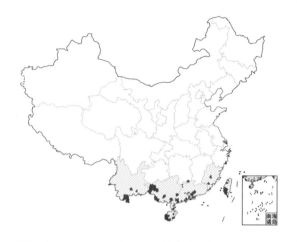

别名：天仙果、野仙果、龙珠草、龙眼果

英文名：Wild Water Lemon

分类地位：西番莲科 Passifloraceae

危害程度：中度入侵。

性状描述：草质藤本，长数米，有臭味；茎具条纹并被平展柔毛。叶膜质，宽卵形至长圆状卵形，长 4.5~13cm，宽 4~12cm，先端 3 浅裂，基部心形，边缘呈不规则波状，通常具头状缘毛，上面被丝状伏毛，并混生少许腺毛，下面被毛并其上部有较多小腺体，叶脉羽状，侧脉 4~5 对，网脉横出；叶柄长 2~6cm，密被平展柔毛和腺毛，不具腺体；托叶半抱茎，深裂，裂片先端具腺毛。聚伞花序退化仅存 1 朵花，与卷须对生；花白色或淡紫色，具白斑，直径 2~3cm；苞片 3 枚，一至三回羽状分裂，裂片丝状，先端具腺毛；萼片 5 枚，长 1.5cm，外面近先端具 1 个角状附属器；花瓣 5 片，与萼片等长；外副花冠裂片 3~5 轮，丝状，外 2 轮裂片长 4~5mm，内 3 轮裂片长约 2.5mm；内副花冠非褶状，膜质，高 1~1.5mm；具花盘，杯状，高 1~2mm；雄蕊柄长 5~7mm；雄蕊 5 枚，花丝基部合生，扁平；花药长圆形，长约 4mm；子房椭圆球形，长约 6mm，具短柄，被稀疏腺毛或无毛；花柱 3(~4) 枚，长 5~6mm，柱头头状。浆果卵圆球形，直径 2~3cm，无毛。种子多数，椭圆形，长约 3mm，草黄色。花期 7~8 月，果期翌年 4~5 月。

生境：常见于海拔 500m 以下的草坡路边。

龙珠果 *Passiflora foetida* L. 居群

龙珠果 *Passiflora foetida* L. 植株

龙珠果 *Passiflora foetida* L. 果实

龙珠果 *Passiflora foetida* L. 花

龙珠果 *Passiflora foetida* L. 果实

国内分布：云南南部、广西、广东、海南、香港、台湾、福建南部。

国外分布：原产安的列斯群岛；现为泛热带杂草。

入侵历史及原因：1861 年在香港被报道。引种到香港和广东等华南地区栽培，后再引种到其他省区。

入侵危害：常攀附其他植物生长，形成大面积的单优群落，危害甘蔗等农作物，破坏当地生态系统，造成生物多样性丰富度的减少。

近似种：西番莲 *Passiflora coerulea* L. 与龙珠果 *P. foetida* L. 的区别在于叶掌状 5 深裂（后者叶先端 3 浅裂）；托叶较大、肾形，抱茎，边缘波状（后者托叶半抱茎，深裂，裂片先端具腺毛）；浆果卵圆球形至近圆球形，长约 6cm（后者浆果卵圆球形，直径 2~3cm）等。

西番莲 *Passiflora coerulea* L. 花

西番莲 *Passiflora coerulea* L. 叶

28. 仙人掌科 Cactaceae

量天尺
Hylocereus undatus **(Haw.) Britton & Rose**

别名：龙骨花、霸王鞭、三角柱、三棱箭
英文名：Strawberry Pear
分类地位：仙人掌科 Cactaceae
危害程度：轻度入侵。
性状描述：攀缘肉质灌木，长 3~15m，具气根。分枝多数，延伸，具 3 角或棱，长 0.2~0.5m，宽 3~8（~12）cm，棱常翅状，边缘波状或圆齿状，深绿色至淡蓝绿色，无毛，老枝边缘常膨胀状，淡褐色，骨质；小窠沿棱排列，相距 3~5cm，直径约 2mm；每小窠具 1~3 根开展的硬刺；刺锥形，长 2~5（~10）mm，灰褐色至黑色。花漏斗状，长 25~30cm，直径 15~25cm，于夜间开放；花托及花托筒密被淡绿色或黄绿色鳞片，鳞片卵状披针形至披针形，长 2~5cm，宽 0.7~1cm；萼状花被片黄绿色，线形至

线状披针形，长 10~15cm，宽 0.3~0.7cm，先端渐尖有短尖头，边缘全缘，通常反曲；瓣状花被片白色，长圆状倒披针形，先端急尖，具 1 芒尖，边缘全缘或啮蚀状，开展；花丝黄白色，长 5~7.5cm；花药长 4.5~5mm，淡黄色；花柱黄白色；柱头 20~24 个，线形，先端长渐尖，开展，黄白色。浆果红色，长球形，果脐小，果肉白色或淡红色。种子倒卵形，

量天尺 *Hylocereus undatus* (Haw.) Britton & Rose 居群

量天尺 *Hylocereus undatus* (Haw.) Britton & Rose 居群

量天尺 *Hylocereus undatus* (Haw.) Britton & Rose 花

量天尺 *Hylocereus undatus* (Haw.) Britton & Rose 花

黑色，种脐小。花期 7~12 月。

生境：藉气根攀缘于树干、岩石或墙上。

国内分布：广东、广西、海南、台湾逸为野生，全国大多省份有栽培。

国外分布：原产热带美洲；现世界各地广泛栽培，在夏威夷、澳大利亚东部逸为野生。

入侵历史及原因：我国于 1645 年引种，各地常见栽培，常作为嫁接各种仙人球和蟹爪兰的砧木，花称"霸王花"用作煲汤，浆果作为"火龙果"食用。

入侵危害：影响生态景观，排挤本地物种，可造成生态或经济损害。

梨果仙人掌 *Opuntia ficus-indica* (L.) Mill.

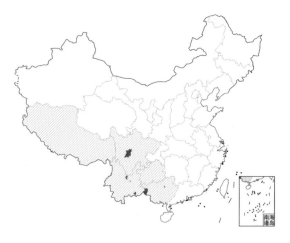

别名：仙桃

英文名：Tuna Cactus

分类地位：仙人掌科 Cactaceae

危害程度：恶性入侵。

性状描述：肉质灌木或小乔木，高 1.5~5m，有时基部具圆柱状主干。分枝多数，淡绿色至灰绿色，无光泽，宽椭圆形、倒卵状椭圆形至长圆形，长 (20~)25~60cm，宽 7~20cm，厚达 2~2.5cm，先端圆形，边缘全缘，基部圆形至宽楔形，表面平坦，无毛，具多数小窠；小窠圆形至椭圆形，长 2~4mm，略呈垫状，具早落的短绵毛和少数倒刺刚毛，通常无刺，有时具 1~6 根开展的白色刺；刺针状，基部略背腹扁，稍弯曲；短绵毛淡灰褐色，早落；倒刺刚毛黄色，易脱落。叶锥形，长 3~4mm，绿色，早落。花辐状，直径 7~8(~10)cm；花托长圆形至长圆状倒卵形，长 4~5.3cm，先端截形并凹陷，直径 1.6~2.1cm，绿色，具多数垫状小窠，小窠密被短绵毛和黄色的倒刺刚毛，无刺或具少数刚毛状细刺；萼状花被片深黄色或橙黄色，具橙黄色或橙红色中肋，宽卵圆形或倒卵形，长 0.6~2cm，宽 0.6~1.5cm，先端圆形或截形，有时具骤尖头，边缘全缘或有小牙齿；瓣状花被片深黄色、橙黄色或橙红色，倒卵形至长圆状倒卵形，长 2.5~3.5cm，宽 1.5~2cm，先端截形至圆形，有时具小尖头或微凹，边缘全

梨果仙人掌 *Opuntia ficus-indica* (L.) Mill. 居群

梨果仙人掌 *Opuntia ficus-indica* (L.) Mill. 果实

梨果仙人掌 *Opuntia ficus-indica* (L.) Mill. 花

胭脂掌 *Opuntia cochinellifera* (L.) Mill. 花

胭脂掌 *Opuntia cochinellifera* (L.) Mill. 花枝

缘或啮蚀状；花丝长约 6mm，淡黄色；花药黄色，长 1.2~1.5mm；花柱长 15mm，直径 2.5mm，淡绿色至黄白色；柱头黄白色。浆果椭圆球形至梨形，先端凹陷，表面平滑无毛，橙黄色，每侧有 25~35 个小窠，小窠有少数倒刺刚毛，无刺或有少数细刺。种子多数，肾状椭圆形。

生境：生于海拔 300~2 900m 的干热河谷或石灰岩山地。

梨果仙人掌 *Opuntia ficus-indica* (L.) Mill. 果剖开

国内分布：南方栽培，在四川西南部、云南北部及东部、广西西部、贵州西南部和西藏东南部归化。

国外分布：原产墨西哥；现世界温暖地区广泛栽培，在地中海及红海沿岸、南非、东非、毛里求斯、美国夏威夷、澳大利亚等地归化。

入侵历史及原因：1645 年由荷兰人引入我国台湾栽培。有意引进。

入侵危害：南方各地引种作为围篱。其果由鸟类等动物传播，逸为野生。其刺可扎伤牲畜，影响放牧。

近似种：胭脂掌 *Opuntia cochinellifera* (L.) Mill. 与梨果仙人掌 *O. ficus-indica* (L.) Mill. 的区别在于花被片红色、直立（后者花被片深黄色至橙红色、开展），花丝红色、直立、外伸（后者花丝淡黄色、开展、不外伸）等。

单刺仙人掌
Opuntia monacantha (Willd.) Haw.

别名：仙人掌、扁金铜、绿仙人掌

英文名：Drooping Prickly Pear

分类地位：仙人掌科 Cactaceae

拉丁异名：*Cactus monacanthos* Willd

危害程度：中度入侵。

性状描述：肉质灌木或小乔木，高 1.3~7m，老株常具圆柱状主干，直径达 15cm。分枝多数，开展，倒卵形、倒卵状长圆形或倒披针形，长 10~30cm，宽 7.5~12.5cm，先端圆形，边缘全缘或略呈波状，基部渐狭至柄状，嫩时薄而波皱，鲜绿而有光泽，无毛，疏生小窠；小窠圆形，直径 3~5mm，具短绵毛、倒刺刚毛和刺；刺针状，单生或 2 (~3) 根聚生，直立，长 1~5cm，灰色，具黑褐色尖头，基部直径 0.2~1.5mm，有时嫩小窠无刺，老时生刺，在主干上每小窠可具 10~12 根刺，刺长达 7.5cm；短绵毛灰褐色，密生，宿存；倒刺刚毛黄褐色至褐色，有时隐藏于短绵毛中。叶钻形，长 2~4mm，绿色或带红色，早落。花辐状，直径 5~7.5cm；花托倒卵形，长 3~4cm，先端截形，凹陷，直径 1.5~2.2cm，基部渐狭，绿色，无毛，疏生小窠，小窠具短绵毛和倒刺刚毛，无刺或具少数刚毛状刺；萼状花被片深黄色，外面具红色中肋，卵圆形至倒卵形，长 0.8~2.5cm，宽 0.8~1.5cm，先端圆形，有时具小尖头，边缘全缘；瓣状花被片深黄色，倒卵形至长圆状倒卵形，长 2.3~4cm，宽 1.2~3cm，

单刺仙人掌 *Opuntia monacantha* (Willd.) Haw. 植株

单刺仙人掌 *Opuntia monacantha* (Willd.) Haw. 花

单刺仙人掌 *Opuntia monacantha* (Willd.) Haw. 幼果

单刺仙人掌 *Opuntia monacantha* (Willd.) Haw. 果实

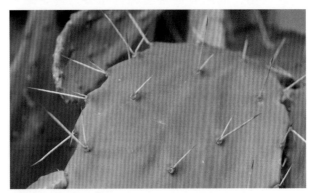

猪耳掌（巴西团扇）*Opuntia brasiliensis* (Willd.) Haw. 局部

先端圆形或截形，有时具小尖头，边缘近全缘；花丝长 12mm，淡绿色；花药淡黄色，长约 1mm；花柱淡绿色至黄白色，长 12~20mm，直径约 1.5mm；柱头 6~10 个，长 4.5~6mm，黄白色。浆果梨形或倒卵球形，长 5~7.5cm，直径 4~5cm，先端凹陷，基部狭缩成柄状，无毛，紫红色，每侧具 10~15（~20）个小窠，小窠凸起，具短绵毛和倒刺刚毛，通常无刺。种子多数，肾状椭圆形，长约 4mm，宽约 3mm，厚 1.5mm，淡黄褐色，无毛。花期 4~8 月。

生境：生于海拔 2 000m 以下的海边、山坡开旷地或石灰岩山地。

国内分布：我国各地都有引种（北方温室栽培），在云南南部及西部、广西、福建南部和台湾沿海地区归化。

国外分布：原产巴西、巴拉圭、乌拉圭及阿根廷；现世界各地广泛栽培，在热带地区常逸生。

入侵历史及原因：《滇志》(1625 年) 记载该种在云南作为花卉引种栽培。有意引进栽培，后在南方逸生。

入侵危害：生于农田地边者影响农事操作，易扎伤人畜。影响生态系统。

近似种：猪耳掌（巴西团扇）*Opuntia brasiliensis* (Willd.) Haw. 与单刺仙人掌 *O. monacantha* (Willd.) Haw. 的区别在于茎的幼嫩节片波皱并多少扭曲（后者茎嫩时薄而波皱）；浆果球形，种子 1 粒至少数，密被绵毛（后者浆果梨形或倒卵球形，种子多数，肾状椭圆形，无毛）等。本种在华南地区露地及北方温室习见栽培。

仙人掌
Opuntia stricta var.*dillenii* (Ker Gawl.) L. D. Benson

别名：缩刺仙人掌

英文名：Pest Pear

分类地位：仙人掌科 Cactaceae

拉丁异名：*Opuntia dillenii* (Ker Gawl.) Haw.

危害程度：中度入侵。

性状描述：丛生肉质灌木，高 (1~)1.5~3m。上部分枝宽倒卵形、倒卵状椭圆形或近圆形，长 10~35(~40)cm，宽 7.5~20(~25)cm，厚达 1.2~2cm，先端圆形，边缘通常不规则波状，基部楔形或渐狭，绿色至蓝绿色，无毛；小窠疏生，直径 0.2~0.9cm，明显突出，成长后刺常增粗并增多，每小窠具 (1~)3~10(~20) 根刺，密生短绵毛和倒刺刚毛；刺黄色，有淡褐色横纹，粗钻形，多少开展并内弯，基部扁，坚硬，长 1.2~4(~6)cm，宽 1~1.5mm；倒刺刚毛暗褐色，长 2~5mm，直立，多少宿存；短

绵毛灰色，短于倒刺刚毛，宿存；叶钻形，长 4~6mm，绿色，早落。花辐状，直径 5~6.5cm；花托倒卵形，长 3.3~3.5cm，直径 1.7~2.2cm；先端截形并凹陷，基部渐狭，绿色，疏生突出的小窠，小窠具短绵毛、倒刺刚毛和钻形刺；萼状花被片宽倒卵形至狭倒卵形，长 10~25mm，宽 6~12mm，先端急尖或圆形，具小尖头，黄色，具绿色中肋；瓣状花被片倒卵形或匙状倒卵形，长 25~30mm，宽 12~23mm，先端圆形、截形或微凹，边缘全缘或浅啮蚀状；花丝淡黄色，长 9~11mm；花药长约 1.5mm，黄色；花柱长 11~18mm，直径 1.5~2mm，淡黄色；柱头 5 个，长 4.5~5mm，黄白色。浆果倒卵球形，先端凹陷，基部多少狭缩成柄状，长 4~6cm，直径 2.5~4cm，表面平滑无毛，紫红色，每侧具 5~10 个突起的小窠，小窠具短绵毛、倒刺刚毛和钻形刺。种子多数，扁圆形，长 4~6mm，宽 4~4.5mm，厚约 2mm，边缘稍不规则，无毛，

仙人掌 *Opuntia stricta* var.*dillenii* (Ker Gawl.) L. D. Benson 居群

仙人掌 *Opuntia stricta* var.*dillenii* (Ker Gawl.) L. D. Benson 茎

仙人掌 *Opuntia stricta* var.*dillenii* (Ker Gawl.) L. D. Benson 居群

淡黄褐色。花期 6~10(~12) 月。

生境： 常生于沙漠、草原、高山、海岛、热带雨林及其边缘等。

国内分布： 福建、广东、广西、海南、台湾、香港、澳门归化，全国大多省份有栽培。

国外分布： 原产墨西哥东海岸、美国南部及东南部沿海地区、西印度群岛、百慕大群岛和南美洲北部；在加那利群岛、澳大利亚东部及亚洲热带逸生。

入侵历史及原因： 我国于明末作为围篱引种，1702 年《岭南杂记》首次记载。引入到南方栽培而逸生。

入侵危害： 在华南地区能正常开花结果，种子藉动物取食浆果得以传播。影响海岸原有的生态系统及其景观。仙人掌的刺和倒刺刚毛均可刺伤人和家畜的皮肤。

仙人掌 *Opuntia stricta* var.*dillenii* (Ker Gawl.) L. D. Benson 花

木麒麟 *Pereskia aculeata* Mill.

别名：虎刺、叶仙人掌

英文名：Spanish Gooseberry

分类地位：仙人掌科 Cactaceae

危害程度：中度入侵。

性状描述：攀缘灌木，高 3~10m。基部主干直径达 2~3cm，灰褐色，表皮纵裂；分枝多数，圆柱状，具长的节间，绿色或带红褐色，无毛；小窠生叶腋，垫状，直径 1.5~2mm，具灰色或淡褐色茸毛，于老枝上增大并突起呈结节状，直径达 15mm，具 1~6(~25) 根刺；刺针状至钻形，长达 1~4（~8)cm，褐色，在攀缘枝上常成对着生并下弯成钩状，较短。叶片卵形、宽椭圆形至椭圆状披针形，长 4.5~7 (~10) cm，宽 1.5~5cm，先端急尖至短渐尖，边缘全缘，基部楔形至圆形，稍肉质，无毛，上面绿色，下面绿色至紫色；侧脉每侧 4~7 条，在上面稍下陷或平坦，于下面略凸起；叶柄长 3~7mm，无毛。花于分枝上部组成总状或圆锥状花序，辐状，芳香，直径 2.5~4cm；花梗长 5~10mm；花托外面散生披针形至线状披针形叶质鳞片及腋生小窠；萼状花被片 2~6 片，卵形至倒卵形，先端急尖或圆形，有时具小尖头，淡绿色或边缘近白色；瓣状花被片 6~12 片，倒卵形至匙形，先端圆形、截形或近急尖，有时具小尖头，白色，或略带黄色或粉红色；雄蕊多数，无毛；花丝长 5~7mm，白色；花药椭圆形，黄色；

木麒麟 *Pereskia aculeata* Mill. 居群

木麒麟 *Pereskia aculeata* Mill. 果实

木麒麟 *Pereskia aculeata* Mill. 居群

木麒麟 *Pereskia aculeata* Mill. 果

木麒麟 *Pereskia aculeata* Mill. 花

雌蕊无毛，子房上位；少数胚珠着生于侧膜胎座下部呈基底胎座状；花柱长 10~11mm，白色；柱头 4~7 个，直立，白色。浆果淡黄色，倒卵球形或球形，具刺。种子 2~5 粒，双凸镜状，黑色，平滑；种脐略凹陷。

生境：生于热带潮湿地区。

国内分布：福建南部归化。

国外分布：原产加勒比海区。

入侵历史及原因：1957 年采自厦门中山公园。

入侵危害：侵占生态位，排挤本地物种，可造成生态或经济损害。

木麒麟 *Pereskia aculeata* Mill. 花

29. 千屈菜科 Lythraceae

香膏萼距花 *Cuphea carthagenensis* (Jacq.) J. F. Macbr.

别名：紫花满天星、繁星花

英文名：Tarweed

分类地位：千屈菜科 Lythraceae

拉丁异名：*Cuphea balsamona* Cham. et Schlecht.

危害程度：轻度入侵。

性状描述：一年生草本，在条件适宜时，可以长成亚灌木状。植株高 12~60cm；茎基部木质，小枝纤细，幼枝被短硬毛和腺毛，后变为无毛，稍粗糙。叶对生，薄革质，卵状披针形或披针状长圆形，长 1.5~5cm，宽 0.5~1cm，先端渐尖或阔尖，基部渐狭或有时近圆形，两面粗糙；叶柄极短。花小，单生枝顶或分枝叶腋，成带叶的总状花序；花梗长约 2mm；花萼长 4.5~6mm，在纵棱上疏被硬毛，萼筒基部有短距。花瓣 6 片，等大，倒卵状披针形，长约 2mm，蓝紫色或紫色；雄蕊 n 枚或 9 枚，排成 2 轮，花丝基部有柔毛；子房矩圆形，花柱无毛，不凸出，胚珠 4~8 个。

生境：生于路边、山坡、河岸等地。

国内分布：云南、福建、广东、广西、台湾、西藏。

香膏萼距花 *Cuphea carthagenensis* (Jacq.) J. F. Macbr. 植株

香膏萼距花 *Cuphea carthagenensis* (Jacq.) J. F. Macbr. 茎

香膏萼距花 *Cuphea carthagenensis* (Jacq.) J. F. Macbr. 花枝

香膏萼距花 *Cuphea carthagenensis* (Jacq.) J. F. Macbr. 花

香膏萼距花 *Cuphea carthagenensis* (Jacq.) J. F. Macbr. 花

国外分布：原产墨西哥。

入侵历史及原因：1965 年 11 月 27 日李秉滔采自广东省广州市白云山黄婆洞，标本存于中科院华南植物园标本馆（IBSC）。作为观赏植物引入，首先在华南地区种植，后逸生。

入侵危害：对生物多样性有一定的影响。

近似种：细叶萼距花 *Cuphea hyssopifolia* Kunth 与香膏萼距花 *C. carthagenensis* (Jacq.) J. F. Macbr. 的区别在于茎分枝细，密被短柔毛（后者幼枝被短硬毛和腺毛）；叶薄革质，狭披针形或卵状披针形（后者叶薄革质，卵状披针形或披针状长圆形）；雄蕊 11 枚，有时 12 枚（后者雄蕊 n 枚或 9 枚）等。

细叶萼距花 *Cuphea hyssopifolia* Kunth 花枝

30. 海桑科 Sonneratiaceae

无瓣海桑 *Sonneratia apetala* Buch.-Ham

别名：剪刀树、孟加拉海桑

英文名：Mangrove Apple

分类地位：海桑科 Sonneratiaceae

危害程度：潜在入侵。

性状描述：乔木，高达 12m，全株无毛；树皮淡褐色；呼吸根长达 1m；幼枝四棱柱形，小枝细长而下垂。叶较疏生；叶柄扁平，长 1~1.5cm；叶片椭圆形、披针形或倒卵形，长 4~9cm，宽 1.5~2.5cm，基部渐狭，下延至叶柄，先端钝，中脉在两面稍隆起，侧脉 5~8 对，不明显。聚伞花序腋生或顶生，腋生者常仅具 1 朵或 2 朵花，顶生者具花 3 朵或更多；花序梗长 5~8mm，粗壮，四棱柱形；苞片 2 枚，对生，近圆形或三角状披针形，长约 2.5mm，宽 1~2.5mm；花梗长 4~7mm；被丝托扁，浅碟状，萼筒浅杯状，高 4~5mm，平滑无棱，裂片 4(~5) 枚，白色，椭圆状卵形或长圆形，长 1~1.5cm，宽 3~6mm，先端急尖；无花瓣；雄蕊多数，花丝白色，长约 1cm，扁平；子房 6~8 室，花柱长 1.5~2cm，柱头增大呈帽状，直径可达 8mm。浆果近球形，直径 1.5~3.5cm。种子 "U" 形或镰形，长 8~10mm。花期 5~12 月，果期 8 月至翌年 4 月。

生境：生于海岸滩涂、湿地。

国内分布：海南、香港、广东、广西。

国外分布：原产美洲。

入侵历史及原因：1985 年作为海边造林的速生树种从孟加拉国引入我国海南东寨港中心岛。

入侵危害：香港米埔自然保护区认为，由于无

无瓣海桑 *Sonneratia apetala* Buch.-Ham 居群

无瓣海桑 *Sonneratia apetala* Buch.-Ham 花

无瓣海桑 *Sonneratia apetala* Buch.-Ham 果枝

瓣海桑对本地环境的适应较强，且生长迅速，可能直接与本地的原生红树林树种形成竞争，对本地红树的生长产生影响甚至导致其灭绝。

无瓣海桑 *Sonneratia apetala* Buch.-Ham 花

无瓣海桑 *Sonneratia apetala* Buch.-Ham 果实

无瓣海桑 *Sonneratia apetala* Buch.-Ham 果枝

31. 柳叶菜科 Onagraceae

山桃草 *Gaura lindheimeri* Engelm. & A. Gray

别名：白蝶花、白桃花、紫叶千鸟花

英文名：White Peachgrass

分类地位：柳叶菜科 Onagraceae

危害程度：中度入侵。

性状描述：多年生粗壮草本，常丛生；茎直立，高 60~100cm，常多分枝，入秋变红色，被长柔毛与曲柔毛。叶无柄，椭圆状披针形或倒披针形，长 3~9cm，宽 5~11mm，向上渐变小，先端锐尖，基部楔形，边缘具远离的齿突或波状齿，两面被近贴生的长柔毛。花序长穗状，生茎枝顶部，不分枝或有少数分枝，直立，长 20~50cm；苞片狭椭圆形、披针形或线形，长 0.8~3cm，宽 2~5mm。花近拂晓开放；花管长 4~9mm，内面上半部有毛；萼片长 10~15mm，宽 1~2mm，被伸展的长柔毛，花开放时反折；花瓣白色，后变粉红色，排向一侧，倒卵形或椭圆形，长 12~15mm，宽 5~8mm；

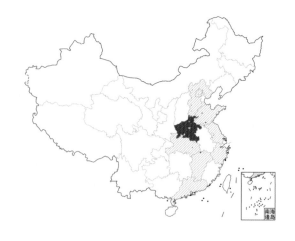

花丝长 8~12mm；花药带红色，长 3.5~4mm；花柱长 20~23mm，近基部有毛；柱头深 4 裂，伸出花药之上。蒴果坚果状，狭纺锤形，长 6~9mm，直径 2~3mm，熟时褐色，具明显的棱。种子 1~4 粒，有时只部分胚珠发育，卵状，长 2~3mm，直径 1~1.5mm，淡褐色。花期 5~8 月，果期 8~9 月。

生境：生于草丛。

国内分布：北京、广东、河北、河南、湖北、江苏、江西、山东、浙江。

国外分布：原产北美洲。

入侵历史及原因：1929 年、1930 年前后在北京和香港等地采到标本。作为观赏植物引入。

入侵危害：为一般性杂草。

山桃草 *Gaura lindheimeri* Engelm. & A. Gray 居群

山桃草 *Gaura lindheimeri* Engelm. & A. Gray 花

山桃草 *Gaura lindheimeri* Engelm. & A. Gray 花

山桃草 *Gaura lindheimeri* Engelm. & A. Gray 居群

山桃草 *Gaura lindheimeri* Engelm. & A. Gray 居群

山桃草 *Gaura lindheimeri* Engelm. & A. Gray 花

小花山桃草 *Gaura parviflora* Douglas ex Lehm.

别名：光果小花山桃草

英文名：Lizard–Tail Gaura, Small–Flowered Gaura, Velvet–Leaf Gaura, Velvety Gaura, Willow–Gaura

分类地位：柳叶菜科 Onagraceae

危害程度：恶性入侵。

性状描述：一年生草本，主根直径达 2cm，全株尤茎上部、花序、叶、苞片、萼片密被伸展灰白色长毛与腺毛；茎直立，不分枝，或在顶部花序之下少数分枝，高 50~100cm。基生叶宽倒披针形，长达 12cm，宽达 2.5cm，先端锐尖，基部渐狭下延至柄；茎生叶狭椭圆形、长圆状卵形，有时菱状卵形，长 2~10cm，宽 0.5~2.5cm，先端渐尖或锐尖，基部楔形下延至柄，侧脉 6~12 对。花序穗状，有时有少数分枝，生茎枝先端，常下垂，长 8~35cm；苞片线形，长 2.5~10mm，宽 0.3~1mm；花傍晚开放；花管带红色，长 1.5~3mm，直径约 0.3mm；萼片绿色，线状披针形，长 2~3mm，宽 0.5~0.8mm，花期反折；花瓣白色，以后变红色，倒卵形，长 1.5~3mm，宽 1~1.5mm，先端钝，基部具爪；花丝长 1.5~2.5mm，基部具鳞片状附属物，花药黄色，长圆形，长 0.5~0.8mm，花粉在开花时或开花前直接授粉在柱头上（自花受精）；花柱长 3~6mm，伸出花管部分长 1.5~2.2mm；柱头围以花药，具深 4 裂。蒴果坚果状，纺锤形，长 5~10mm，直径 1.5~3mm，具不明显 4 棱。种子 4 枚或 3 枚（其中 1 室的胚珠不发育），卵状，长 3~4mm，直径 1~1.5mm，红棕色。花期 7~8 月，果期 8~9 月。

生境：生于路边、山坡、田埂，甚至在碱涝瘠薄地上。

国内分布：安徽、北京、河北、河南、湖北、江苏、山东、上海、天津。

国外分布：原产北美洲中南部；南美洲、欧洲、亚洲、大洋洲有引种并逸为野生。

小花山桃草 *Gaura parviflora* Douglas ex Lehm. 植株

小花山桃草 *Gaura parviflora* Douglas ex Lehm. 居群

小花山桃草 *Gaura parviflora* Douglas ex Lehm. 居群

入侵历史及原因：1959 年出版的《江苏南部种子植物手册》首次记载。我国河北、河南、山东、安徽、江苏、湖北、福建有引种，并逸为野生杂草。有意引种栽培而逸生，20 世纪 80 年代江苏徐州普遍发生，后大概沿陇海线向西扩散蔓延。

入侵危害：为恶性杂草，目前在辽东半岛和山东半岛的沿海地区蔓延比较严重。

小花山桃草 *Gaura parviflora* Douglas ex Lehm. 花序

小花山桃草 *Gaura parviflora* Douglas ex Lehm. 花序

细果草龙 *Ludwigia leptocarpa* (Nutt.) H. Hara

英文名：Anglestem Primrose-Willow

分类地位：柳叶菜科 Onagraceae

危害程度：中度入侵。

性状描述：一年生或多年生亚灌木状草本；茎高 1~2m，基部常木质化，多分枝，幼枝及花序被柔毛。叶互生，披针形至线状披针形，长 2~13cm，宽 0.5~1.8cm，先端渐尖，基部狭楔形，侧脉每侧 11~15 条，边缘全缘，呈微红色，下面脉上疏被短毛；叶柄长 3~5mm；托叶钻形，长 1~2mm。花腋生，萼片 5 枚，卵状披针形，长 5~7mm，宽 1~2mm，主脉明显，背面被短柔毛；花瓣 5 片，黄色，倒卵形或近阔椭圆形，长约 5mm，宽 3~5mm，先端钝圆，基部楔形；雄蕊为萼片的 2 倍，淡绿黄色，花丝不等长，对萼的长 1~2mm，对瓣生的长 0.5~0.7mm；花盘稍隆起，围绕雄蕊基部有密腺；花柱黄绿色，

长 1~1.2mm；柱头头状，先端略凹。蒴果线状圆柱形，具短梗或近无梗，熟时近圆柱状，长 3~4cm，直径 1~2mm，上部增粗，被微柔毛，纵纹明显，果皮薄。种子暗棕色，有细洼点。花果期 8~10 月。

生境：生于江河浅水区或水边湿地。

国内分布：江苏、浙江。

国外分布：原产美国。

细果草龙 *Ludwigia leptocarpa* (Nutt.) H. Hara 居群

细果草龙 *Ludwigia leptocarpa* (Nutt.) H. Hara 茎部

细果草龙 *Ludwigia leptocarpa* (Nutt.) H. Hara 花

细果草龙 *Ludwigia leptocarpa* (Nutt.) H. Hara 花

入侵历史及原因： 2008 年首次在浙江临安青山湖采到标本。无意引入。

入侵危害： 侵占浅水区生态位，排挤当地物种。

近似种： 毛草龙 *Ludwigia octovalvis* (Jacq.) Raven 与细果草龙 *L. leptocarpa* (Nutt.) H. Hara 的区别在茎密被毛（后者茎疏被毛）；萼片 4 枚，先端急尖（后者萼片 5 枚，先端渐尖）；花瓣 4 片，倒卵状楔形（后者花瓣 5 片，倒卵形）等。

毛草龙 *Ludwigia octovalvis* (Jacq.) Raven 花

月见草 *Oenothera biennis* L.

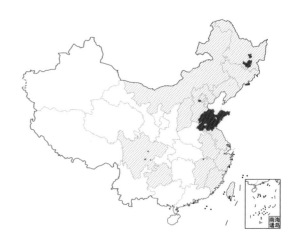

别名：山芝麻、待霄草、夜来香

英文名：Common Evening Primrose, German Rampion

分类地位：柳叶菜科 Onagraceae

危害程度：中度入侵。

性状描述：多年生草本；茎高 50~200cm，被曲柔毛与伸展长毛。基生叶倒披针形，长 10~25cm，宽 2~4.5cm，先端锐尖，基部楔形，边缘疏生不整齐的浅钝齿，侧脉每侧 12~15 条，两面被曲柔毛与长毛；叶柄长 1.5~3cm；茎生叶椭圆形至倒披针形，长 7~20cm，宽 1~5cm，先端锐尖至短渐尖，基部楔形，边缘每边有 5~19 枚稀疏钝齿，侧脉每侧 6~12 条，每边两面被曲柔毛与长毛，尤茎上部的叶下面与叶缘常混生有腺毛。花序穗状；苞片叶状，果时宿存，花蕾锥状长圆形；花管长 2.5~3.5cm，直径 1~1.2mm，黄绿色或开花时带红色，被混生的柔毛、伸展的长毛与短腺毛；花后脱落；萼片绿色，有时带红色，长圆状披针形；花瓣黄色，稀淡黄色，宽倒卵形，长 2.5~3cm，宽 2~2.8cm，先端微凹缺；花丝近等长；花药长 8~10mm；子房绿色，圆柱状，具 4 棱，密被伸展长毛与短腺毛，有时混生曲柔毛；花柱长 3.5~5cm，伸出花管部分长 0.7~1.5cm；柱头围以花药。蒴果锥状圆柱形，向上变狭，直立。

生境：生于荒草地、沙质地、山坡、林缘、河边、湖畔、田边。

国内分布：在我国东北、华北、华东（含台湾）、西南有栽培和归化。

国外分布：原产北美洲；早期引入欧洲，后来迅速传播至世界温带与亚热带地区。

入侵历史及原因：1918 年在山东青岛采到标本。有意引进，观赏植物，人工引种到华北和东北，

月见草 *Oenothera biennis* L. 居群

月见草 *Oenothera biennis* L. 蒴果

月见草 *Oenothera biennis* L. 花

后陆续引种到我国其他地区。

　　入侵危害：该植物通过排挤其他植物的生长，从而形成密集型的单优势种群落，威胁当地的植物多样性。

月见草 *Oenothera biennis* L. 种子

月见草 *Oenothera biennis* L. 植株

黄花月见草 *Oenothera glazioviana* Micheli

别名：红萼月见草、月见草

英文名：Large-Flowered Evening-Primrose, Redsepal Evening Primrose

分类地位：柳叶菜科 Onagraceae

拉丁异名：*Oenothera erythrosepala* (Borbás) Borbás

危害程度：中度入侵。

性状描述：直立二年生至多年生草本，具粗大主根。茎高 70~150cm，直径 6~20mm，不分枝或分枝，常密被曲柔毛与疏生伸展长毛，在茎枝上部常密混生短腺毛。基生叶莲座状，倒披针形，长 15~25cm，宽 4~5cm，先端锐尖或稍钝，基部渐狭并下延为翅，边缘自下向上有远离的浅波状齿，侧脉 5~8 对，白色或红色，上部深绿色至亮绿色，两面被曲柔毛与长毛；叶柄长 3~4cm；茎生叶螺旋状互生，狭椭圆形至披针形，自下向上变小，长 5~13cm，宽 2.5~3.5cm，先端锐尖或稍钝，基部楔形，

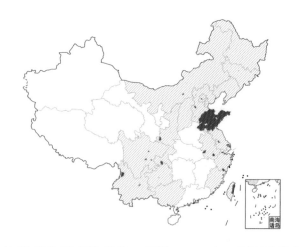

边缘疏生远离的齿突，侧脉 8~12 对，毛被同基生叶；叶柄长 2~15mm，向上变短。花序穗状，生茎枝顶，密生曲柔毛、长毛与短腺毛；苞片卵形至披针形，无柄，长 1~3.5cm，宽 5~12mm，毛被同花序上；花蕾锥状披针形，斜展，长 2.5~4cm，直径 5~7mm，先端具长约 6mm 的喙；花管长 3.5~5cm，直径 1~1.3mm，疏被曲柔毛、长毛与腺毛；萼片黄绿色，狭披针形，长 3~4cm，宽 5~6mm，先端尾状，彼此靠合，开花时反折，毛被同花管，但较密；花瓣黄色，宽倒卵形，长 4~5cm，宽 4~5.2cm，先端钝圆或微凹；花丝近等长，长 1.8~2.5cm；子房绿色，圆柱状，具 4 棱；花柱长 5~8cm，伸出花

黄花月见草 *Oenothera glazioviana* Micheli 植株

黄花月见草 *Oenothera glazioviana* Micheli 花

黄花月见草 *Oenothera glazioviana* Micheli 茎叶

管部分长 2~3.5cm；柱头开花时伸出花药，裂片长 5~8mm。蒴果锥状圆柱形，向上变狭。种子菱形。花期 5~10 月，果期 8~12 月。

生境：常生于荒草地、沙质地、山坡、林缘、河边、湖畔、田边。

国内分布：黑龙江、吉林、辽宁、内蒙古、河北、北京、天津、山东、山西、陕西、江苏、安徽、上海、浙江、广西、福建、台湾、贵州、四川、重庆、云南。

国外分布：本种源于栽培或野化于欧洲的一个杂交种，1860 年由英国传布至各国园艺栽培。本种最早的名称是根据 1868 年 Glaziou 采自巴西的栽培材料。

入侵历史及原因：17 世纪经欧洲传入中国。云南昆明、下关等地将其作为观赏植物和经济作物栽培，有的已沦为逸生。人工引种。

入侵危害：具有一定的入侵性，为环境杂草。

黄花月见草 *Oenothera glazioviana* Micheli 蒴果

裂叶月见草 *Oenothera laciniata* Hill

别名：羽裂月见草

英文名：Cut-Leaved Evening Primrose

分类地位：柳叶菜科 Onagraceae

危害程度：中度入侵。

性状描述：直立至外倾一年生或多年生草本，具主根。茎长 10~50cm，常分枝，被曲柔毛，有时混生长柔毛，在茎上部常混生腺毛。基部叶线状倒披针形，长 5~15cm，宽 1~2.5cm，先端锐尖，基部楔形，边缘羽状深裂，向着先端常全缘；叶柄长 0.5~1.5cm；茎生叶狭倒卵形或狭椭圆形，长 4~10cm，宽 0.7~3cm，先端锐尖或稍钝，基部楔形，下部常羽状裂，中上部具齿，上部近全缘；苞片叶状，狭长圆形或狭卵形，长 2~6cm，宽 1~2cm，近水平开展，先端锐尖，基部钝至楔形，边缘疏生浅齿或基部具少数羽状裂片；所有叶及苞片绿色，被曲柔毛及长柔毛，上部的常混生腺毛。花序穗状，由少数花组成，生茎枝顶部，有时主序下部有少数分枝，每日近日落时每序开 1 朵花；花蕾长圆形呈卵状，长 2~3cm，直径 3~5mm，开放前常向上曲伸；花管带黄色，盛开时带红色，长 1.5~3.5cm，直径约 1mm，常被长柔毛与腺毛，有时混生曲柔毛，萼片绿色或黄绿色，开放时反折，变红色，尤边缘红色，芽时先端游离萼齿长 0.5~3mm，被曲柔毛与长柔毛；花瓣淡黄色至黄色，宽倒卵形，长 0.5~1.3(~2)cm，宽 0.7~1.2（~1.8）cm，先端截形至微凹；花丝长 0.3~1.3cm；花药长 2~6mm，花粉约 50% 发育；子房长 1~2.3cm，直径约 1.5mm，被曲柔毛与长柔毛，有时混生腺毛；花柱长 2~5cm，伸出花管部分长 0.3~1.4cm；柱头围以花药，裂片长 2.5~5mm，花粉直接授在裂片上。蒴果圆柱状，向顶变狭，长 2.5~5cm，直径 2~4mm。种子每室 2 列，椭圆状至近球状，长 0.8~1.8mm，褐色，表面具整齐的洼点。花期 4~9 月，果期 5~11 月。

生境：生于海滨沙滩或低海拔开旷荒地、田边处。

裂叶月见草 *Oenothera laciniata* Hill 居群

裂叶月见草 *Oenothera laciniata* Hill 果枝

裂叶月见草 *Oenothera laciniata* Hill 居群

国内分布：山东、江苏、上海、湖北、福建、浙江、台湾。

国外分布：原产北美洲东部。

入侵历史及原因：钟心煊 1923 年在福建厦门采到标本。

入侵危害：主要表现在经济和生态影响，该种具有强大的适应力和繁殖能力，并且分枝能力强，具有很强的入侵性，排挤本地种的生长。

裂叶月见草 *Oenothera laciniata* Hill 花

裂叶月见草 *Oenothera laciniata* Hill 茎部

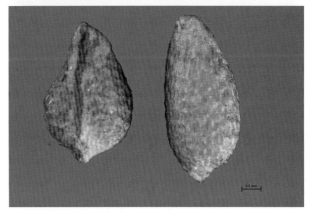

裂叶月见草 *Oenothera laciniata* Hill 种子

粉花月见草 *Oenothera rosea* L'Hér. ex Aiton

别名：红花月见草

英文名：Rosy Evening–Primrose

分类地位：柳叶菜科 Onagraceae

危害程度：重度入侵。

性状描述：多年生草本，具粗大主根（直径达 1.5cm）；茎常丛生，上升，长 30~50cm，多分枝，被曲柔毛，上部幼时密生，有时混生长柔毛，下部常紫红色。基生叶紧贴地面，倒披针形，长 1.5~4cm，宽 1~1.5cm，先端锐尖或钝圆，自中部渐狭或骤狭，并不规则羽状深裂下延至柄；叶柄淡紫红色，长 0.5~1.5cm，开花时基生叶枯萎；茎生叶灰绿色，披针形（轮廓）或长圆状卵形，长 3~6cm，宽 1~2.2cm，先端下部的钝状锐尖，中上部的锐尖至渐尖，基部宽楔形并骤缩下延至柄，边缘具齿突，基部细羽状裂，侧脉 6~8 对，两面被曲柔毛；叶柄长 1~2cm。花单生于茎、枝顶部叶

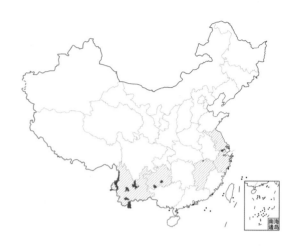

腋，近早晨日出开放；花蕾绿色，锥状圆柱形，长 1.5~2.2cm，先端萼齿紧缩成喙；花管淡红色，长 5~8mm，被曲柔毛，萼片绿色，带红色，披针形，长 6~9mm，宽 2~2.5mm，先端萼齿长 1~1.5mm，背面被曲柔毛，开花时反折再向上翻；花瓣粉红色至紫红色，宽倒卵形，长 6~9mm，宽 3~4mm，先端钝圆，具 4~5 对羽状脉；花丝白色至淡紫红色，长 5~7mm；花药粉红色至黄色，长圆状线形，长约 3mm，花粉约 50% 发育；子房花期狭椭圆状，长约 8mm，连同花梗长 6~10mm，密被曲柔毛；花柱白色，长 8~12mm，伸出花管部分长 4~5mm；柱头红色，围以花药，裂片长约 2mm，花粉直接授在裂片上。蒴果棒状，长 8~10mm，直径 3~4mm，具 4 条纵翅，翅间具棱，先端具短喙；果梗长 6~12mm。种子每室多数，近横向簇生，长圆状倒卵形，长 0.7~0.9mm，直径 0.3~0.5mm。花期 4~11 月，果期 9~12 月。

粉花月见草 *Oenothera rosea* L'Hér. ex Aiton 居群

粉花月见草 *Oenothera rosea* L'Hér. ex Aiton 花

粉花月见草 *Oenothera rosea* L'Hér. ex Aiton 居群

粉花月见草 *Oenothera rosea* L'Hér. ex Aiton 果实

粉花月见草 *Oenothera rosea* L'Hér. ex Aiton 种子

生境：生于湿地或路旁，常侵入农田。

国内分布：江苏、浙江、江西庐山、云南昆明、贵州逸为野生。

国外分布：原产热带美洲；欧亚大陆，日本、南非等有栽培，并逸为野生。

入侵历史及原因：最早为傅立国于 1957 年 6 月 10 日在江苏南京中山植物园采集到，标本现保存于江苏省中国科学院植物研究所标本馆。最早各植物园引进种植，后扩散到民间种植，逸为野生。

入侵危害：繁殖力、适应力强，易形成单一优势种群；种子小，近圆形，易形成种子库；人为活动使其远距离传播，具有较大的危害性，成为难以清除的杂草。

32. 小二仙草科 Haloragaceae

粉绿狐尾藻
Myriophyllum aquaticum (Vell.) Verdc.

别名：水聚草、狐尾藻

英文名：Water Milfoil，Parrot's feather

分类地位：小二仙草科 Haloragaceae

拉丁异名：*Myriophyllum brasilliense* Cambess

危害程度：潜在入侵。

性状描述：水生或湿生草本，茎高约 2m，基部直径为 4~5mm，蓝绿色，茎基部近节处多生不定根，光滑。沉水叶（4~）5~6 枚轮生，轮廓上呈倒披针形，先端钝圆，长 (1.7~) 3.5~4.0cm，宽 (0.4~) 0.8~1.2cm，篦齿状分裂，具 25~30 枚线状羽片，羽片长达 0.7cm，下部叶常快速枯萎腐败。出水叶蓝绿色，（4~）5~6 枚轮生，近顶部直立，下部开展，轮廓上狭倒披针形，先端钝圆，长 (1.5~) 2.5~3.5 cm，宽 (0.4~) 0.7~0.8cm，篦齿状分裂，具 (18~) 24~36 枚羽片，近上部羽片为线形或锥形，长 4.5~5.5mm，宽 0.3mm，先端具短尖，稍内弯。

叶基部具多数排水器。植物雌雄异株，雄株少见。花序近穗状，花单生于出水叶的叶腋，由 2 枚小苞片包被。苞片锥形，长 1.2~1.5mm，近基部的具 2 短齿，或近 3 裂。花单性；雄花 4 基数，初为近无柄，花期花梗长达 4mm；萼片 4 枚，三角状卵形，长 0.7~0.8mm，宽 0.3mm，具齿，无毛。花瓣 4 片，黄色，稍盔状或龙骨状，长 (2.3~) 2.7~3.1mm，宽 0.8~1.1mm；雄蕊 8 枚，花丝初为 0.1mm，后长达 1.2mm，花药黄色，线状矩形，长 (1.8~) 2.0~2.7mm，

粉绿狐尾藻 *Myriophyllum aquaticum* (Vell.) Verdc. 居群

粉绿狐尾藻 *Myriophyllum aquaticum* (Vell.) Verdc. 居群

宽 0.2mm，非顶尖，花柱缺失。雌花 4 基数，花梗长 0.2~0.4mm，萼片 4 枚，白色，三角形，长 0.4~0.5mm，宽 0.3mm，边缘具 1 至多枚齿，无毛。花瓣缺失，雄蕊缺失。花柱 4 裂，棒状，长 0.1~0.2mm，柱头白色，密被缘毛。子房梨形，长 0.6~0.7mm，宽 0.6mm，具 4 纵肋。果实（未熟）圆柱状至卵形，长 1.7mm，直径 1.3~1.4 (~1.7)mm，萼片初宿存，后枯萎。分果瓣长 1.7mm，直径 0.6~0.7mm，基部稍粗，先端斜，具不明显加厚的边，抑或背面圆而光滑。

生境：生于淡水湿地、池塘、溪流和湖泊。

国内分布：台湾、浙江、江西、四川、贵州、云南等省。

国外分布：原产南美洲。

入侵历史及原因：标本于 1996 年采自台湾省台中市。有意引入，观赏水草类。

入侵危害：适宜于水域生境条件后会繁殖增量，种群优势突出，严重改变水域生态环境，干扰水域物种多样性。

粉绿狐尾藻 *Myriophyllum aquaticum* (Vell.) Verdc. 植株

33. 伞形科 Apiaceae

细叶旱芹
Cyclospermum leptophyllum (Pers.) Sprague ex Britton & P. Wilson

别名：细叶芹

英文名：Slender Celery

分类地位：伞形科 Apiaceae

拉丁异名：*Apium leptophyllum* (Pers.) F. Muell.

危害程度：中度入侵。

性状描述：一年生草本，高 25~45cm。茎多分枝，光滑。根生叶有柄，柄长 2~5(~11)cm，基部边缘略扩大成膜质叶鞘；叶片轮廓呈长圆形至长圆状卵形，长 2~10cm，宽 2~8cm，三至四回羽状多裂，裂片线形至丝状；茎生叶通常三出式羽状多裂，裂片线形，长 10~15mm。复伞形花序顶生或腋生，通常无梗或少有短梗，无总苞片和小总苞片；伞辐 2~3(~5) 个，长 1~2cm，无毛；小伞形花序有花 5~23 朵，花柄不等长；无萼齿；花瓣白色、绿白色或略带粉红色，卵圆形，长约 0.8mm，宽 0.6mm，先端内折，有中脉 1 条；花丝短于花瓣，很少与花瓣同长，花药近圆形，长约 0.1mm；花柱基扁压，

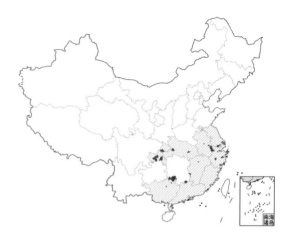

花柱极短。果实圆心脏形或圆卵形，长、宽 1.5~2mm，分生果的棱 5 条，圆钝；胚乳腹面平直，每棱槽内有油管 1，合生面油管 2。心皮柄先端 2 浅裂。花期 5 月，果期 6~7 月。

生境：生于田间、荒地、草坪或路旁。

国内分布：安徽、福建、广东、广西、湖北、江苏、江西、上海、浙江、重庆、香港。

国外分布：原产南美洲；日本、马来西亚、印度尼西亚，以及大洋洲、美洲归化。

入侵历史及原因：20 世纪初在香港发现。无意引进，种子混入进口蔬菜种子入境。

入侵危害：常见的农田杂草之一，常生长在小麦、玉米、大豆、棉花等农田中，影响作物的正常生长，还可成为多种病菌及害虫的寄主与传染源。种子常混入进口蔬菜种子，特别是旱芹、胡萝卜种子中传播与扩散。

细叶旱芹 *Cyclospermum leptophyllum* (Pers.) Sprague ex Britton & P. Wilson 居群

细叶旱芹 *Cyclospermum leptophyllum* (Pers.) Sprague ex Britton & P. Wilson 果实

细叶旱芹 *Cyclospermum leptophyllum* (Pers.) Sprague ex Britton & P. Wilson 居群

细叶旱芹 *Cyclospermum leptophyllum* (Pers.) Sprague ex Britton & P. Wilson 居群

细叶旱芹 *Cyclospermum leptophyllum* (Pers.) Sprague ex Britton & P. Wilson 花枝

0.5 mm

细叶旱芹 *Cyclospermum leptophyllum* (Pers.) Sprague ex Britton & P. Wilson 种子

野胡萝卜 *Daucus carota* L.

别名：鹤虱草

英文名：Queen Anne's Lace, Wild Carrot

分类地位：伞形科 Apiaceae

危害程度：重度入侵。

性状描述：二年生草本，高 15~120cm。茎单生，全体有白色粗硬毛。基生叶薄膜质，长圆形，二至三回羽状全裂，末回裂片线形或披针形，长 2~15mm，宽 0.5~4mm，先端尖锐，有小尖头，光滑或有糙硬毛；叶柄长 3~12cm；茎生叶近无柄，有叶鞘，末回裂片小或细长。复伞形花序，花序梗长 10~55mm，有糙硬毛；总苞有多数苞片，呈叶状，羽状分裂，少有不裂的，裂片线形，长 3~30mm；伞辐多数，长 2~7.5cm，结果时外缘的伞辐向内弯曲；小总苞片 5~7 枚，线形，不分裂或 2~3 裂，边缘膜质，具纤毛；花通常白色，有时带淡红色；花柄不等长，长 3~10mm。果实圆卵形，长 3~4mm，宽 2mm，棱上有白色刺毛。花期 5~7 月。

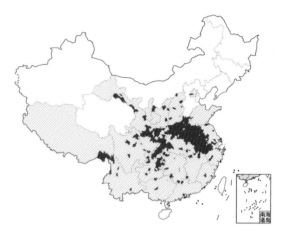

生境：生于路旁、渠岸、荒地、农田或灌丛中，常侵入菜园、草地和麦田。

国内分布：北京、四川、重庆、甘肃、河南、贵州、湖北、湖南、江西、安徽、江苏、浙江、福建、广东、广西、宁夏、山东、山西、陕西、云南、西藏。

国外分布：原产欧洲；现分布于世界各地。

入侵历史及原因：明初《救荒本草》(1406 年) 首次记载。无意引进，其果实常混入胡萝卜种中传播，是胡萝卜地里的拟态杂草，可能是元代引种胡

野胡萝卜 *Daucus carota* L. 居群

野胡萝卜 *Daucus carota* L. 花序

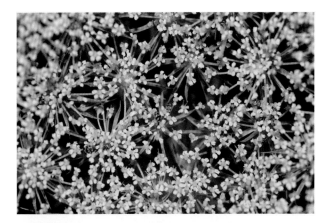

野胡萝卜 *Daucus carota* L. 花

野胡萝卜 *Daucus carota* L. 叶

萝卜时带入。

入侵危害：该种是常见的农田杂草之一，常生长于果园、草地、麦田中，但只在部分地区、部分农田中危害较重。在野外可通过化感作用影响本土植物生长。

野胡萝卜 *Daucus carota* L. 花序

野胡萝卜 *Daucus carota* L. 植株

刺芹 *Eryngium foetidum* L.

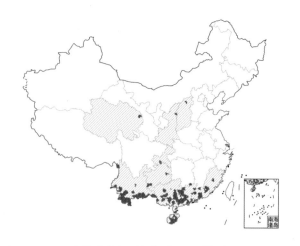

别名：假芫荽、节节花、野香草、假香荽、缅芫荽、香菜

英文名：Stinkweed

分类地位：伞形科 Apiaceae

危害程度：中度入侵。

性状描述：二年生或多年生草本，高 11~40cm 或超过，主根纺锤形。茎绿色直立，粗壮，无毛，有数条槽纹，上部有 3~5 歧聚伞式的分枝。基生叶披针形或倒披针形不分裂，革质，长 5~25cm，宽 1.2~4cm，先端钝，基部渐窄有膜质叶鞘，边缘有骨质尖锐锯齿，近基部的锯齿狭窄呈刚毛状，表面深绿色，背面淡绿色，两面无毛，羽状网脉；叶柄短，基部有鞘可达 3cm；茎生叶着生在每一叉状分枝的基部，对生，无柄，边缘有深锯齿，齿尖刺状，先端不分裂或 3~5 深裂。头状花序生于茎的分叉处及上部枝条的短枝上，呈圆柱形，长 0.5~1.2cm，宽 3~5mm，无花序梗；总苞片 4~7 枚，长 1.5~3.5cm，宽 4~10mm，叶状，披针形，边缘有 1~3 枚刺状锯齿；小总苞片阔线形至披针形，长 1.5~1.8mm，宽约 0.6mm，边缘透明膜质；萼齿卵状披针形至卵状三角形，长 0.5~1mm，先端尖锐；花瓣与萼齿近等长，倒披针形至倒卵形，先端内折，白色、淡黄色或草绿色；花丝长约 1.4mm；花柱直立或稍向外倾斜，长约 1.1mm，略长过萼齿。果卵圆形或球形，长 1.1~1.3mm，宽 1.2~1.3mm，表面有瘤状凸起，果棱不明显。花果期 4~12 月。

生境：常生于丘陵、山地林下、路旁、沟边等湿润处。

国内分布：福建、广东、广西、贵州、海南、青海、山西、陕西、香港、云南、重庆。

国外分布：原产热带美洲；现全球热带地区广泛归化。

入侵历史及原因：早年由欧洲人作为蔬菜带

刺芹 *Eryngium foetidum* L. 花枝

刺芹 *Eryngium foetidum* L. 花枝

刺芹 *Eryngium foetidum* L. 头状花序

到亚洲热带地区。19 世纪末从中南半岛传入我国，1897 年在云南思茅采到标本。作为蔬菜和观赏植物引入，可能首先在广东、云南等地栽培而后逸生扩散。

入侵危害： 该种为果园和农田中常见的杂草，还通过化感作用影响其他野生植物的生长。

近似种： 扁叶刺芹 *Eryngium planum* L. 与刺芹 *E. foetidum* L. 的区别在于茎灰白色、淡紫灰色至深紫色（后者茎绿色）；头状花序着生于每一分枝的先端，圆卵形、阔卵形或半球形（后者头状花序生于茎的分叉处及上部枝条的短枝上，呈圆柱形）；总苞片 5~6 枚，线形或披针形，边缘疏生 1~2 根刺毛，先端尖锐（后者总苞片 4~7 枚，叶状，披针形，边缘有 1~3 枚刺状锯齿）；花瓣浅蓝色（后者花瓣白色、淡黄色或草绿色）等。

扁叶刺芹 *Eryngium planum* L. 花枝

扁叶刺芹 *Eryngium planum* L. 花序

34. 萝藦科 Asclepiadaceae

马利筋 *Asclepias curassavica* L.

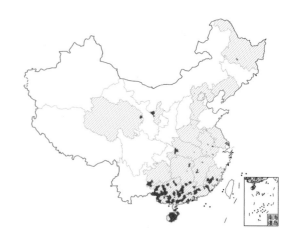

别名：莲生桂子花、芳草花、水羊角

英文名：Wild Oleander

分类地位：萝藦科 Asclepiadaceae

危害程度：严重入侵。

性状描述：多年生直立草本，灌木状，高达80cm，全株有白色乳汁；茎淡灰色，无毛或有微毛。叶膜质，披针形至椭圆状披针形，长 6~14cm，宽 1~4cm，先端短渐尖或急尖，基部楔形而下延至叶柄，无毛或在脉上有微毛；侧脉每边约 8 条；叶柄长 0.5~1cm。聚伞花序顶生或腋生，着花 10~20 朵；花萼裂片披针形，被柔毛；花冠紫红色，裂片长圆形，长 5mm，宽 3mm，反折；副花冠生于合蕊冠上，5 裂，黄色，匙形，有柄，内有舌状片；花粉块长圆形，下垂，着粉腺紫红色。蓇葖披针形，长 6~10cm，直径 1~1.5cm，两端渐尖。种子卵圆形，长约 6mm，宽约 3mm，先端具白色绢质种毛；种毛长 2.5cm。花期几乎全年，果期 8~12 月。

生境：多生于路边、荒地、农田。

国内分布：安徽、北京、福建、广东、广西、贵州、海南、河北、河南、黑龙江、湖北、湖南、江苏、江西、辽宁、宁夏、青海。

马利筋 *Asclepias curassavica* L. 居群

马利筋 *Asclepias curassavica* L. 居群

马利筋 *Asclepias curassavica* L. 种子

马利筋 *Asclepias curassavica* L. 花序

国外分布：原产美洲；现广植于世界各热带及亚热带地区。

入侵历史及原因：《植物名实图考》(1848 年)记载称为"莲生桂子花"。最早的标本由蒋英于 1928 年 5 月 14 日在广州白云山采到。有意引进，栽培引种。

入侵危害：全株有毒，尤以乳汁毒性较强，含强心苷，称白微苷。

35. 旋花科 Convolvulaceae

原野菟丝子 *Cuscuta campestris* **Yunck.**

别名：野地菟丝子、田间菟丝子

英文名：Yellow Dodder

分类地位：旋花科 Convolvulaceae

危害程度：严重入侵。

性状描述：一年生寄生草本。茎缠绕，淡黄绿色、黄色或橙色，纤细，直径 0.5~0.8mm，光滑。花序侧生，少花或多花簇生成小伞形或小团伞花序，4~18 朵花，总花序梗近无；花梗约 1mm，苞片及小苞片均小，鳞片状；花梗稍粗壮，长 1~2.5mm；花萼杯状，包围花冠筒，约 1.5mm，萼片 5 枚，椭圆形或圆形，有时宽于长。花冠乳白色，短钟状，约 2.5 毫米，4 或 5 浅裂；裂片宽三角形，先端锐尖或钝，通常反折；雄蕊着生于花冠裂片弯缺处，短于或长于花冠裂片；卵形花药，短于花丝；鳞片

明显，卵形，约等长于花冠筒，边缘短流苏状；子房球形，花柱 2 裂，等长或稍不等长，柱头球形。蒴果扁球形，直径 3mm，高约 2mm，下半部为宿存花冠所包，成熟时不规则开裂。通常有 1~4 粒种子，淡褐色，卵形。

生境：通常生于菜地、路埂。

国内分布：内蒙古、江苏、福建、广东、广西、香港、湖北、湖南、新疆。

国外分布：原产美洲。

入侵历史及原因：1986 年在福建省采到标本。

入侵危害：寄主有葱、胡萝卜、甜菜、三叶草、苜蓿、甜菜、藜、田旋花等植物，危害粮食、蔬菜等田间作物。

原野菟丝子 *Cuscuta campestris* Yunck. 居群

原野菟丝子 *Cuscuta campestris* Yunck. 花

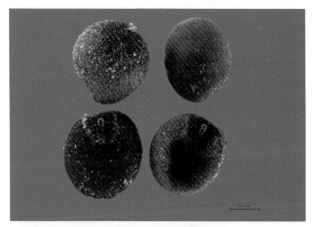

原野菟丝子 *Cuscuta campestris* Yunck. 果实

原野菟丝子 *Cuscuta campestris* Yunck. 居群

原野菟丝子 *Cuscuta campestris* Yunck. 种子

原野菟丝子 *Cuscuta campestris* Yunck. 居群

月光花 *Ipomoea alba* L.

别名：嫦娥奔月

英文名：White-Flowered Morning Glory

分类地位：旋花科 Convolvulaceae

危害程度：中度入侵。

性状描述：一年生、大型缠绕草本，长可达10m，有乳汁，茎绿色，圆柱形，近平滑或多少具软刺。叶卵形，长10~20cm，先端常锐尖或渐尖，基部心形，全缘或稍有角或分裂。花大，夜间开，芳香，一至多朵排列成总状，有时序轴"之"字形曲折；萼片卵形，绿色，有芒，3枚外萼片长5~12mm（除芒），芒较长；内萼片长7~15mm（除芒），芒较短或无；花冠大，雪白色，极美丽，瓣中带淡绿色，管长7~12cm，宽约5mm，管上部不扩张或微扩张，冠檐浅的5圆裂，扩展，直径7~12cm；花柱和雄蕊伸出花冠外；雄蕊5枚，花丝圆柱形，着生于管，花药大，基部箭形，淡黄色；花盘环状，厚，肉质；子房长圆锥状；花柱圆柱形，白色；柱头大，二球状。蒴果卵形，长约3cm，具锐尖头，基部为增大的萼片所包围，果柄粗厚。种子大，无毛，长约1cm，宽7~8mm。

生境：常生于林缘、路旁的乔、灌木上。

月光花 *Ipomoea alba* L. 居群

月光花 *Ipomoea alba* L. 花

月光花 *Ipomoea alba* L. 果实

月光花 *Ipomoea alba* L. 居群

月光花 *Ipomoea alba* L. 花

月光花 *Ipomoea alba* L. 果实

国内分布：福建、广东、广西、贵州、海南、江苏、江西、青海、陕西、台湾、云南。

国外分布：原产热带美洲；全热带地区广泛归化。

入侵历史及原因：台湾最早于1921年记录。作为观赏植物引种栽培。

入侵危害：常缠绕在其他乔、灌木上，覆盖其树冠，使其无法得到足够的阳光，并对农耕有影响。

五爪金龙 *Ipomoea cairica* (L.) Sweet

别名：五爪龙、牵牛藤、假土瓜藤

英文名：Railway-Creeper

分类地位：旋花科 Convolvulaceae

危害程度：恶性入侵。

性状描述：多年生草质藤本。茎缠绕，灰绿色，常有小瘤状突起，有时平滑。叶互生，叶柄长 2~4cm；叶片指状 5 深裂几达基部，直径 5~9cm，裂片椭圆状披针形，先端近钝但有小锐尖，两面均无毛，边缘全缘或最下 1 对裂片有时再分裂。花序有花 1~3 朵，腋生，总花梗短；萼片 5 枚，不等大，长 4~9mm，边缘薄膜质，外轮萼片较大，先端钝，并具小凸尖；花冠漏斗状，粉红色至紫红色，长 5~7cm，直径 4.5~5cm，先端 5 浅裂；雄蕊 5 枚，内藏；子房 3 室，花柱长，柱头 2 裂，头状。蒴果近球形，直径约 1cm。种子黑褐色，长约 5mm，密被茸毛。花果期几全年。

生境：主要分布于荒地、海岸边的矮树林、灌木丛、人工林及山地次生林等地。

国内分布：福建、广东、海南、香港、澳门、广西、台湾、云南南部。

国外分布：原产地未确定，其模式为欧洲（1638年）古籍中根据埃及植物画的图，但有的学者认为该种源于美洲；现泛热带归化。

入侵历史及原因：根据 Dunn & Tutcher(1912

五爪金龙 *Ipomoea cairica* (L.) Sweet 居群

五爪金龙 *Ipomoea cairica* (L.) Sweet 居群

五爪金龙 *Ipomoea cairica* (L.) Sweet 花

年）记载，该种当时已在香港归化，攀于乔木和灌木丛上。可能经由香港陆续引种到广东及其他地区。

入侵危害：常缠绕在其他乔、灌木上，覆盖其林冠，使其无法得到足够的阳光而慢慢枯死，目前在我国南方已成为园林中一种非常有害的杂草。

近似种：七爪龙 *Ipomoea mauritiana* Jacq. 与五爪金龙 *I. cairica* (L.) Sweet 的区别在于叶掌状 5~7 裂，裂至中部以下但未达基部（后者叶片指状 5 深裂几达基部）；聚伞花序腋生，花序梗通常比叶长，具少花至多花（后者花序有花 1~3 朵，腋生，总花梗短）；种子基部被长绢毛（后者种子密被茸毛）等。

七爪龙 *Ipomoea mauritiana* Jacq. 花

裂叶牵牛 *Ipomoea hederacea* Jacq.

别名：牵牛

英文名：Ivyleaf Morningglory

分类地位：旋花科 Convolvulaceae

危害程度：潜在入侵。

性状描述：一年生草本，全株被粗硬毛。茎缠绕，分枝。叶柄长 3~7cm，叶片心形或卵状心形；常 3 裂稀 5 裂，中裂片长卵圆形，基部不收缩，侧裂片底部宽圆，先端尖，基部心形。花序腋生，1~3 朵花，总花梗短或长于叶柄；苞片细长；萼片线状披针形，长 2~3cm，先端尾尖，基部扩大被有开展的粗硬毛，花冠漏斗形，白色、蓝紫色或紫红色，长 5~8cm，有 5 浅裂；雄蕊不等长，花丝基部稍肿大，有小鳞毛，子房 3 室，柱头头状，2 或 3 裂。蒴果球形，光滑。种子 5~6 粒，卵圆形，无毛。花期 8~10 月，果期 9~11 月。

生境：常见于山坡、路旁、田间、草地、旷野和林下。

国内分布：内蒙古、北京、河北、山西、陕西、河南、山东、安徽、江苏、上海、浙江、江西、湖北、湖南、福建、广东、广西、海南、台湾、四川、重庆、贵州、云南。

国外分布：原产南美洲；现世界各地广泛分布。

入侵历史及原因：明代引种到沿海地区种植。《草花谱》（1591 年）记载江浙一带作为花卉栽培。有意引进，作为观赏植物引种栽培，后逸为野生。

入侵危害：路边、农田、荒地常见杂草，对农作物有一定的危害性。

裂叶牵牛 *Ipomoea hederacea* Jacq. 居群

裂叶牵牛 *Ipomoea hederacea* Jacq. 花

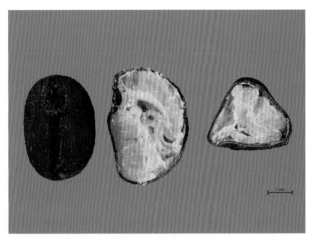

裂叶牵牛 *Ipomoea hederacea* Jacq. 种子

裂叶牵牛 *Ipomoea hederacea* Jacq. 种子

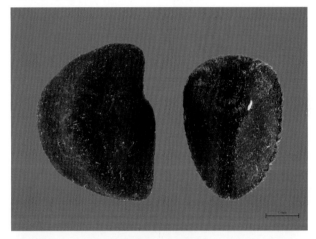

裂叶牵牛 *Ipomoea hederacea* Jacq. 种子

裂叶牵牛 *Ipomoea hederacea* Jacq. 花

裂叶牵牛 *Ipomoea hederacea* Jacq. 花

瘤梗甘薯 *Ipomoea lacunosa* L.

别名：瘤梗番薯

英文名：Pitted Morningglory

分类地位：旋花科 Convolvulaceae

危害程度：恶性入侵。

性状描述：一年生缠绕藤本，长达 2m；须根发达。茎被短柔毛或分散白毛。叶互生，边缘紫色或深红色；成熟叶心形，偶见 3 裂，嫩叶卵圆形；叶缘光滑，表面散布白毛；叶柄长，多少具毛。花瓣 5 片，合瓣或浅裂，白色，漏斗形，通常 1~3 朵着生于叶柄处，花梗短于叶柄，疏被毛或无毛；花萼 5 枚，长约 1cm，淡绿色，披针形，具毛。雄蕊 5 枚，白色，花药紫色；子房上位。蒴果球形，绿色，具毛，2 瓣裂。种子深褐色到黑色，不规则长圆形，具光泽。

生境：生于宅旁、田野。

国内分布：山东、江苏、浙江、湖南。

国外分布：原产北美洲。

入侵历史及原因：1983 年采于浙江台州，1996 年采于山东曲阜。近代有意引进，人工引种繁衍扩散。

入侵危害：适应性强，危害灌木。

近似种：毛果薯 *Ipomoea eriocarpa* R. Br. 与瘤梗甘薯 *I. lacunosa* L. 的区别在于叶卵形或长圆状披针形，先端渐尖（后者叶心形，长尾尖，边缘紫

瘤梗甘薯 *Ipomoea lacunosa* L. 居群

瘤梗甘薯 *Ipomoea lacunosa* L. 花

瘤梗甘薯 *Ipomoea lacunosa* L. 花

瘤梗甘薯 *Ipomoea lacunosa* L. 果实

毛果薯 *Ipomoea eriocarpa* R. Br. 植株

色或深红色）；无总花梗或具很短的总花梗，被长的微硬毛（后者总花梗明显，表面密被瘤状突起）；花冠小，淡红色或淡紫色，偶有白色（后者花冠白色）；蒴果近球形，被平展的硬毛，4 瓣裂，内有4 粒种子（后者蒴果球形，绿色，具毛，2 瓣裂）等。

毛果薯 *Ipomoea eriocarpa* R. Br. 花

牵牛 *Ipomoea nil* (L.) Roth

别名：裂叶牵牛、牵牛花、喇叭花
英文名：White-Edge Morning-Glory
分类地位：旋花科 Convolvulaceae
拉丁异名：*Pharbitis nil* (L.) Choisy
危害程度：轻度入侵。

性状描述：一年生缠绕草本，茎上被倒向的短柔毛及杂有倒向或开展的长硬毛。叶宽卵形或近圆形，深或浅的3裂，偶5裂，长4~15cm，宽4.5~14cm，基部圆，心形；中裂片长圆形或卵圆形，渐尖或骤尖，侧裂片较短，三角形，裂口锐或圆，叶面或疏或密被微硬的柔毛；叶柄长2~15cm，毛被同茎。花腋生，单一或通常2朵着生于花序梗顶，花序梗长短不一，长1.5~18.5cm，通常短于叶柄，有时较长，毛被同茎；苞片线形或叶状，被开展的微硬毛；花梗长2~7mm；小苞片线形；萼片近等长，

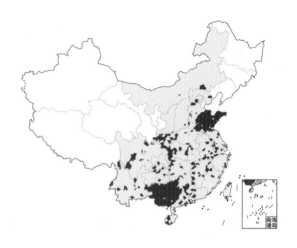

长2~2.5cm，披针状线形，内面2枚稍狭，外面被开展的刚毛，基部更密，有时也杂有短柔毛；花冠漏斗状，长5~8(~10)cm，蓝紫色或紫红色，花冠管色淡；雄蕊及花柱内藏；雄蕊不等长；花丝基部被柔毛；子房无毛，柱头头状。蒴果近球形，直径0.8~1.3cm，3瓣裂。种子卵状三棱形，长约6mm，黑褐色或黄色，被褐色短茸毛。

生境：生于田边、路旁、河谷、平原、山谷、林内和篱笆旁，栽培供观赏或逸为野生。

国内分布：内蒙古、北京、河北、山西、陕西、河南、山东、安徽、江苏、上海、浙江、江西、湖北、湖南、福建、广东、广西、海南、台湾、四川、重庆、贵州、云南。

国外分布：原产南美洲；现广泛分布于热带和亚热带地区。

牵牛 *Ipomoea nil* (L.) Roth 居群

牵牛 *Ipomoea nil* (L.) Roth 叶

牵牛 *Ipomoea nil* (L.) Roth 花

入侵历史及原因:《草花谱》（1591 年）记载江浙一带作为花卉栽培。有意引进，作为观赏植物引种栽培，后逸为野生。

入侵危害: 适应性较强，分布广泛，已成为庭院常见杂草，有时危害草坪和灌木。

近似种: 变色牵牛*Ipomoea indica* (Burm.) Merr.与牵牛 *I. nil* (L.) Roth 的区别在于植株各部均被柔毛，或茎和花序梗被微硬毛，而无刚毛状硬毛；叶卵形或圆形，全缘或 3 裂，先端渐尖或骤尖，基部心形，背面密被灰白色短而柔软贴伏的毛，叶面毛较少；花数朵聚生成伞形聚伞花序，花序梗长于叶柄，花梗短；萼片外面被贴伏的柔毛，而不像牵牛那样被刚毛；花冠蓝紫色，以后变红紫色或红色。

变色牵牛 *Ipomoea indica* (Burm.) Merr. 花

圆叶牵牛 *Ipomoea purpurea* (L.) Roth

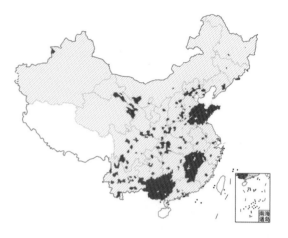

别名：牵牛花、喇叭花、紫花牵牛

英文名：Tall Morning-Glory

分类地位：旋花科 Convolvulaceae

拉丁异名：*Pharbitis purpurea* (Linn.) Voigt

危害程度：恶性入侵。

性状描述：茎长 2~3m，被短柔毛和倒向的长硬毛。叶圆卵形或宽卵形，长 4~18cm，宽 3.5~16.5cm，被糙伏毛，基部心形，边缘全缘或 3 裂，先端急尖或急渐尖；叶柄长 2~12cm。花序 1~5 朵花；花序轴长 4~12cm；苞片线形，长 6~7mm，被伸展的长硬毛；花梗在开花后下弯，长 1.2~1.5cm；萼片近等大，长 1.1~1.6cm，基部被开展的长硬毛，靠外的 3 枚长圆形，先端渐尖；靠内的 2 枚线状披针形；花冠紫色、淡红色或白色，漏斗状，长 4~6cm，无毛；雄蕊内藏，不等大，花丝基部被短柔毛；雌蕊内藏，子房无毛，3 室，柱头 3 裂。蒴

果近球形，直径 9~10mm，3 瓣裂。种子黑色或禾秆色，卵球状三棱形，无毛或种脐处疏被柔毛。

生境：生于田边、路旁、河谷、平原、山谷、林内。

国内分布：现已分布于我国的大多数地区。

国外分布：热带美洲；世界各地广泛栽培和归化。

入侵历史及原因：1890 年我国已有栽培。有意

圆叶牵牛 *Ipomoea purpurea* (L.) Roth 居群

圆叶牵牛 *Ipomoea purpurea* (L.) Roth 蒴果

圆叶牵牛 *Ipomoea purpurea* (L.) Roth 植株

引进，栽培供观赏，逸为野生。

入侵危害：旱田、果园及苗圃杂草，可缠绕和覆盖其他植物，导致后者生长不良。

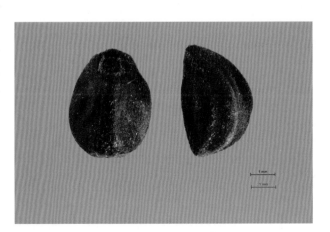

圆叶牵牛 *Ipomoea purpurea* (L.) Roth 种子

圆叶牵牛 *Ipomoea purpurea* (L.) Roth 植株

三裂叶薯 *Ipomoea triloba* L.

别名：小花假番薯

英文名：Three-Lobe Morningglory

分类地位：旋花科 Convolvulaceae

危害程度：轻度入侵。

性状描述：草本，茎缠绕或有时平卧，无毛或散生毛，且主要在节上。叶宽卵形至圆形，长2.5~7cm，宽2~6cm，全缘或有粗齿或深3裂，基部心形，两面无毛或散生疏柔毛；叶柄长2.5~6cm，无毛或有时有小疣。花序腋生，花序梗短于或长于叶柄，长2.5~5.5cm，较叶柄粗壮，无毛，明显有棱角，先端具小疣，1朵花或少花至数朵花组成伞状聚伞花序；花梗多少具棱，有小瘤突，无毛，长5~7mm；苞片小，披针状长圆形；萼片近相等或稍不等，长5~8mm，外萼片稍短或近等长，长圆形，钝或锐尖，具小短尖头，背部散生疏柔毛，边缘明显有缘毛，内萼片有时稍宽，椭圆状长圆形，锐尖，具小短尖头，无毛或散生毛；花冠漏斗状，长约1.5cm，无毛，淡红色或淡紫红色，冠檐裂片短

而钝，有小短尖头；雄蕊内藏，花丝基部有毛；子房有毛。蒴果近球形，高5~6mm，具花柱基形成的细尖，被细刚毛，2室，4瓣裂。种子4粒或较少，长3.5mm，无毛。

生境：生于丘陵路旁、荒草地或田野。

国内分布：安徽、福建、广东、广西、湖北、湖南、江苏、江西、山东、台湾、香港、云南、浙江。

国外分布：原产美洲热带地区。

入侵历史及原因：近代有意引入。通过人工引种扩散、蔓延。由于自身的杂草性、入侵性，该草

三裂叶薯 *Ipomoea triloba* L. 居群

三裂叶薯 *Ipomoea triloba* L. 居群

三裂叶薯 *Ipomoea triloba* L. 花

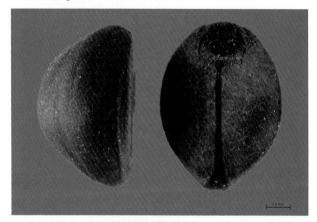

三裂叶薯 *Ipomoea triloba* L. 种子

有快速蔓延的趋势。印度尼西亚、日本、马来西亚、菲律宾、斯里兰卡、泰国、越南等地区引种栽培，或已入侵、归化。20世纪70年代左右引入我国台湾。有意引进，引入中国南方栽培，后逸为野生。

入侵危害：广泛分布于作物田、草地、路边、荒地等各种生境，其匍匐或攀缘茎容易形成单优势群落而危害到作物及本地植物的生长。

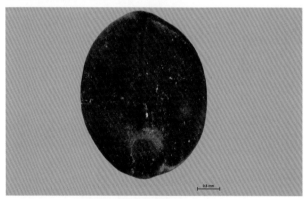

三裂叶薯 *Ipomoea triloba* L. 种子

三裂叶薯 *Ipomoea triloba* L. 蒴果

三裂叶薯 *Ipomoea triloba* L. 花

苞叶小牵牛 *Jacquemontia tamnifolia* (L.) Griseb.

别名：长梗毛娥房藤、头花小牵牛

英文名：Smallflower Morningglory

分类地位：旋花科 Convolvulaceae

危害程度：潜在入侵。

性状描述：草质藤本，茎缠绕，有毛。叶互生，叶卵圆形到阔卵圆形，长 3~10cm，宽 1.5~6cm，基部心形，叶尖急尖，叶片光滑。小花多数，密生于顶部，聚伞花序，花序梗分枝短，苞片叶状，宿存，花依次开放，外被浓密的柔毛，浅红色到褐色。萼片披针形，长 10~15mm，宽 1~3mm，渐尖，萼片外多被黄褐色的柔毛；花冠蓝色或近白色，长约 1cm，无毛。蒴果，包裹在萼片和近叶状苞片中，球状，直径 4~5mm，浅棕色，无毛包被；种子黄褐色，长 2.5mm，无毛。

生境：常生于农田、荒地等受人类干扰的地方。

国内分布：广东、台湾。

国外分布：原产美洲热带地区。

入侵历史及原因：20 世纪末出现于广东。有意引进，作为观赏植物引种，后逸为野生。

入侵危害：危害作物田、苗圃等。

苞叶小牵牛 *Jacquemontia tamnifolia* (L.) Griseb. 居群

苞叶小牵牛 *Jacquemontia tamnifolia* (L.) Griseb. 果实

苞叶小牵牛 *Jacquemontia tamnifolia* (L.) Griseb. 种子

苞叶小牵牛 *Jacquemontia tamnifolia* (L.) Griseb. 植株

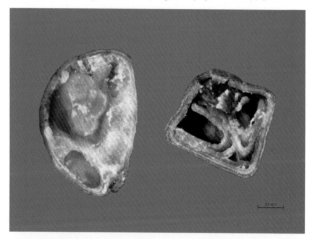

苞叶小牵牛 *Jacquemontia tamnifolia* (L.) Griseb. 种子

苞叶小牵牛 *Jacquemontia tamnifolia* (L.) Griseb. 花

苞叶小牵牛 *Jacquemontia tamnifolia* (L.) Griseb. 植株

茑萝 *Ipomoea quamoclit* L.

别名：茑萝松

英文名：Cypress Vine

分类地位：旋花科 Convolvulaceae

拉丁异名：*Quamoclit pennata* (Desr.) Bojer

危害程度：严重入侵。

性状描述：一年生柔弱缠绕草本，无毛。叶卵形或长圆形，长 2~10cm，宽 1~6cm，羽状深裂至中脉，具 10~18 对线形至丝状的平展的细裂片，裂片先端锐尖；叶柄长 8~40mm，基部常具假托叶。花序腋生，由少数花组成聚伞花序；总花梗大多超过叶，长 1.5~10cm，花直立，花梗较花萼长，长 9~20mm，在果时增厚呈棒状；萼片绿色，稍不等长，椭圆形至长圆状匙形，外面 1 枚稍短，长约 5mm，先端钝而具小凸尖；花冠高脚碟状，长约 2.5cm 以上，深红色，无毛，花冠管柔弱，上部稍膨大，冠檐开展，直径 1.7~2cm，5 浅裂；雄蕊及花柱伸出；花丝基部具毛；子房无毛。蒴果卵形，长 7~8mm，4 室，4 瓣裂，隔膜宿存，透明。种子 4 粒，卵状长圆形，长 5~6mm，黑褐色。

生境：常生于路边、野地、田边、沟旁、宅院、果园、山坡、苗圃和篱笆旁。

国内分布：安徽、北京、福建、广东、广西、贵州、海南、河南、湖北、江苏、江西、陕西、台湾、云南、浙江、重庆，分布广泛。

国外分布：原产南美洲；现全球温带及热带地区广泛归化。

茑萝 *Ipomoea quamoclit* L. 居群

茑萝 *Ipomoea quamoclit* L. 花

茑萝 *Ipomoea quamoclit* L. 花

茑萝 *Ipomoea quamoclit* L. 果实

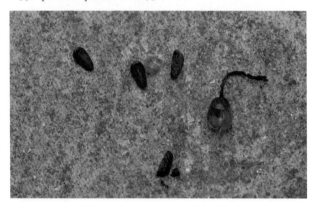

茑萝 *Ipomoea quamoclit* L. 种子

入侵历史及原因：《花暦百咏》记载，清康熙年间作为观赏植物引种栽培。

入侵危害：适应性强，危害旱地作物、草坪和灌木。缠绕作物或园林苗木及森林植物，对伴生植物有绞杀作用。

近似种：橙红茑萝 *Quamoclit coccinea* (L.) Moench 与茑萝 *I. quamoclit* L. 的区别在于叶心形（后者叶羽状深裂至中脉）；花冠橙红色，喉部带黄色（后者花冠深红色）；蒴果球形，种子 1~4 粒（后者蒴果卵形，种子 4 粒）等。

橙红茑萝 *Quamoclit coccinea* (L.) Moench 植株

橙红茑萝 *Quamoclit coccinea* (L.) Moench 花

36. 马鞭草科 Verbenaceae

假连翘 *Duranta erecta* L.

别名：番仔刺、篱笆树、洋刺

英文名：Skyflower

分类地位：马鞭草科 Verbenaceae

危害程度：潜在入侵。

性状描述：灌木，高 1.5~3m；枝条有皮刺，幼枝有柔毛。叶对生，少有轮生，叶片卵状椭圆形或卵状披针形，长 2~6.5cm，宽 1.5~3.5cm，纸质，先端短尖或钝，基部楔形，全缘或中部以上有锯齿，有柔毛；叶柄长约 1cm，有柔毛。总状花序顶生或腋生，常排成圆锥状；花萼管状，有毛，长约 5mm，5 裂，有 5 棱；花冠通常蓝紫色，长约 8mm，稍不整齐，5 裂，裂片平展，内外有微毛；花柱短于花冠管；子房无毛。核果球形，无毛，有光泽，直径约 5mm，熟时红黄色，由增大宿存花萼包围。花果期 5~10 月，在南方可为全年。

生境：多生于路边、荒地。

国内分布：福建、广东、广西、海南、四川、台湾、香港、云南。

国外分布：原产热带美洲。我国南部常见栽培，常逸为野生。

入侵历史及原因：明末由西班牙人引入我国台湾。有意引进，引种栽培到华南地区，再引入其他地区。

入侵危害：环境杂草，可侵入花园、果园、森林及农田，具有一定的入侵性。

假连翘 *Duranta erecta* L. 居群

假连翘　*Duranta erecta* L. 花

假连翘　*Duranta erecta* L. 花序

假连翘　*Duranta erecta* L. 叶

假连翘　*Duranta erecta* L. 居群

假连翘　*Duranta erecta* L. 果序

假连翘　*Duranta erecta* L. 果序

马缨丹 *Lantana camara* L.

别名：五色梅、五彩花、如意草

英文名：Yellow Sage

分类地位：马鞭草科 Verbenaceae

危害程度：恶性入侵。

性状描述：直立或蔓性灌木，高 1~2m，枝长可达 4m；茎枝均呈四棱形，有短柔毛，通常有短的倒钩状刺。叶对生，卵形至卵状长圆形，先端急尖或渐尖，基部心形或楔形，边缘有钝齿，表面有粗糙的皱纹和短柔毛，背面有小刚毛，揉烂后有强烈的臭味。花密集成头状，顶生或腋生，花序梗粗壮。花萼管状，膜质，长约 1.5mm，先端有极短的齿；花冠黄色或橙黄色，开花后不久转为深红色，花冠管长约 1cm，两面有细短毛，直径 4~6mm；子房无毛。果圆球形，直径约 4mm，成熟时紫黑色。全年开花。

生境：常生长于海边沙滩，以及海拔 80~1 500m 的旷野、荒地、河岸及山坡灌丛。

国内分布：台湾、福建、广东、海南、香港、澳门、广西、云南。

国外分布：热带美洲；现已成为泛热带杂草。

入侵历史及原因：明末由西班牙人引入我国台湾。有意引进，人工引种到华南地区，再引入其他地区。

入侵危害：常以蔓生枝着地生根进行无性繁殖。适应性强，常形成密集的单优群落，严重妨碍并排挤其他植物生存，是我国南方牧场、林场、茶园和橘园的恶性竞争者。其全株或残体可产生强烈的化感物质，严重破坏森林资源和生态系统。有毒植物，误食叶、花、果等均可引起牛、马、羊等牲畜以及人中毒。

马缨丹 *Lantana camara* L. 居群

马缨丹 *Lantana camara* L. 花序

马缨丹 *Lantana camara* L. 花序

马缨丹 *Lantana camara* L. 果实

马缨丹 *Lantana camara* L. 花序

马缨丹 *Lantana camara* L. 植株

蔓马缨丹 *Lantana montevidensis* (Spreng.) Briq.

别名：紫花马缨丹

英文名：Wild Verbena

分类地位：马鞭草科 Verbenaceae

危害程度：潜在入侵。

性状描述：直立或半藤状灌木，有强烈气味；茎四棱形，有或无皮刺与短柔毛。单叶对生，有柄，边缘有圆或钝齿，表面多皱。花密集成头状，顶生或腋生，有总花梗；苞片基部宽展；小苞片极小；花萼小，膜质，先端截平或具短齿；花冠4~5浅裂，裂片钝或微凹，几近相等而平展或略呈二唇形，花冠管细长向上略宽展；雄蕊4枚，着生于花冠管中部，内藏，花药卵形，药室平行；子房2室，每室有1枚胚珠；花柱短，不外露，柱头偏斜，盾形头状。果实的中果皮肉质，内果皮质硬，成熟后，常为2裂。

生境：常生于农田、路边。

国内分布：福建、广西、广东、贵州、海南、云南、台湾。

国外分布：原产南美洲。

入侵历史及原因：1928年引入我国台湾。有意引进，可作观赏植物，引种栽培到海南等华南地区，再引入其他地区。

入侵危害：具较高的入侵性。

蔓马缨丹 *Lantana montevidensis* (Spreng.) Briq. 居群

蔓马缨丹 *Lantana montevidensis* (Spreng.) Briq. 花序

蔓马缨丹 *Lantana montevidensis* (Spreng.) Briq. 居群

蔓马缨丹 *Lantana montevidensis* (Spreng.) Briq. 花序

蔓马缨丹 *Lantana montevidensis* (Spreng.) Briq. 居群

假马鞭 *Stachytarpheta jamaicensis* (L.) Vahl

别名：假败酱、倒团蛇、假马鞭草

英文名：Nettleleaf Vervain

分类地位：马鞭草科 Verbenaceae

拉丁异名：*Verbena jamaicensis* Linn.; *Stachytarpheta indica* C. B. Clarke in Hook.

危害程度：中度入侵。

性状描述：多年生粗壮草本或亚灌木，高 0.6~2m；幼枝近四棱形，疏生短毛。叶片厚纸质，椭圆形至卵状椭圆形，长 2.4~8cm，先端短锐尖，基部楔形，边缘有粗锯齿，两面均散生短毛，侧脉 3~5 条，在背面凸起；叶柄长 1~3cm。穗状花序顶生，长 11~29cm；花单生于苞腋内，一半嵌生于花序轴的凹穴中，螺旋状着生；苞片边缘膜质，有纤毛，先端有芒尖；花萼管状，膜质、透明、无毛，长约 6mm；花冠深蓝紫色，长 0.7~1.2cm，内面上部有毛，先端 5 裂，裂片平展；雄蕊 2 枚，花丝短，花药 2 裂；

花柱伸出，柱头头状；子房无毛。果内藏于膜质的花萼内，成熟后 2 瓣裂，每瓣有 1 粒种子。花期 8 月，果期 9~12 月。

生境：常生长在海拔 300~580m 的山谷阴湿处草丛中。

国内分布：福建、广东、广西、海南、台湾、香港、云南。

国外分布：原产中南美洲；东南亚广泛归化。

入侵历史及原因：19 世纪末出现在香港，20 世纪初在香港岛和九龙已成为路边常见杂草。无意引进，首先在华南地区逸生。

入侵危害：常入侵热带沟谷，危害农作物及果园、苗圃、公园绿地等，抑制当地植物生长，影响当地的生物多样性。

假马鞭 *Stachytarpheta jamaicensis* (L.) Vahl 植株

假马鞭 *Stachytarpheta jamaicensis* (L.) Vahl 花

假马鞭 *Stachytarpheta jamaicensis* (L.) Vahl 居群

假马鞭 *Stachytarpheta jamaicensis* (L.) Vahl 植株

假马鞭 *Stachytarpheta jamaicensis* (L.) Vahl 居群

37. 唇形科 Lamiaceae

短柄吊球草 *Hyptis brevipes* Poit.

英文名：Shortstalk Bushmint

分类地位：唇形科 Lamiaceae

危害程度：轻度入侵。

性状描述：一年生直立草本。茎高 50~100cm，四棱形，具槽，沿棱上被贴生向上疏柔毛。叶卵状长圆形或披针形，长 5~7cm，宽 1.5~2cm，上部的较小，先端渐尖，基部狭楔形，边缘锯齿状，纸质，上面蓝绿色，下面较淡，两面均被具节疏柔毛；叶柄长约 0.5cm，被疏柔毛。头状花序腋生，直径约 1cm，具梗，总梗长 0.5~1.6cm，密被贴生疏柔毛；苞片披针形或钻形，长 4~6mm，全缘，具缘毛；花萼长 2.5~3mm，宽约 1.5mm，果时增大，但仍为近钟形，外面被短硬毛，萼齿 5 枚，长约占花萼长之半，萼齿锥尖，直伸，具疏生缘毛；花冠白色，长约 3.5mm，外被微柔毛，冠筒基部宽约 0.5mm，向上渐宽，至喉部宽至 1mm，冠檐二唇形，上唇短，长约 0.5mm，2 圆裂，裂片圆形，下唇 3 裂，中裂片较大，凹陷，圆形，长约 1mm，基部收缩，下弯，侧裂片较小，三角形；雄蕊 4 枚，下倾，插生于花冠喉部，略伸出；花柱先端略粗，2 浅裂。花盘阔环形；子房裂片球形，无毛。小坚果卵珠形，长约 1mm，宽不及 0.5mm，腹面具棱，深褐色，基部具 2 个白色着生点。

生境：常生于低海拔旷野、村旁等地。

国内分布：台湾、广东、海南。

国外分布：原产墨西哥；现已成为泛热带杂草。

入侵历史及原因：佐佐木舜一（S. Sasaki）于 1925 年 12 月 30 日在我国台湾南投县采到标本。作为观赏植物引入台湾、广东等，再传到海南等地。

入侵危害：为一般性果园、茶园及路埂杂草，可能会因疏于管理而大肆蔓延，对本土植物有一定的化感作用。

短柄吊球草 *Hyptis brevipes* Poit. 花序

短柄吊球草 *Hyptis brevipes* Poit. 花序

短柄吊球草 *Hyptis brevipes* Poit. 植株

短柄吊球草 *Hyptis brevipes* Poit. 花序

短柄吊球草 *Hyptis brevipes* Poit. 叶

短柄吊球草 *Hyptis brevipes* Poit. 花序

短柄吊球草 *Hyptis brevipes* Poit. 叶

吊球草 *Hyptis rhomboidea* M. Martens & Galeotti

别名：石柳、四俭草、螭蜍蜊、四方骨、假走马风

英文名：Knobweed

分类地位：唇形科 Lamiaceae

危害程度：轻度入侵。

性状描述：一年生直立粗壮草本，无香味；茎高 0.5~1.5m，四棱形，具浅槽及细条纹，粗糙，沿棱上被短柔毛，绿色或紫色。叶披针形，长 8~18cm，宽 1.5~4cm，两端渐狭，边缘具钝齿，纸质，上面蓝绿色，被疏短硬毛，下面较淡，沿脉上被疏柔毛，余部密具腺点；叶柄长 1~3.5cm，腹平背凸，被疏柔毛。花多数，密集成一具长梗的球形小头状花序，腋生、单生，此花序长约 75cm，具苞片；总梗长 5~10cm；苞片多数，贴向，披针形或线形，长度超过花序，全缘，密被疏柔毛；花萼绿色，长约 4mm，宽约 2mm，果时管状增大，长达 1cm，宽约 3.2mm，基部被长柔毛，其余部分被短硬毛，萼齿锥尖，长约 2.2mm，直伸；花冠乳白色，长约 6mm，外面被微柔毛，冠筒基部宽约 1mm，至喉部略宽，冠檐二唇形，上唇短，长 1~1.2mm，先端

2 圆裂，裂片卵形，外翻，下唇长约为上唇的 2.5 倍，3 裂，中裂片较大，凹陷，具柄，侧裂片较小，三角形；雄蕊 4 枚，下倾，插生于花冠喉部。花柱先端宽大，2 浅裂；花盘阔环状；子房裂片球形，无毛。小坚果长圆形，腹面具棱，栗褐色，长约 1.2mm，宽约 0.6mm，基部具 2 个白色着生点。

生境：通常生于果园、茶园及路埂。

国内分布：广东、海南、香港、澳门、广西、台湾。

国外分布：原产热带美洲；泛热带地区归化。

入侵历史及原因：1922 年在海南采到标本。作为观赏植物引入华南地区和台湾，再分别引到其他地区。

入侵危害：为一般性果园、茶园及路埂杂草，危害轻，但若疏于管理也会大肆蔓延。对本土植物有一定的化感作用。

吊球草 *Hyptis rhomboidea* M. Martens & Galeotti 植株

吊球草 *Hyptis rhomboidea* M. Martens & Galeotti 花序

山香 *Hyptis suaveolens* (L.) Poit.

别名：山薄荷

英文名：Wild Spikenard

分类地位：唇形科 Lamiaceae

危害程度：轻度入侵。

性状描述：一年生直立粗壮多分枝草本，揉之有香气。茎高 60~160cm，钝四棱形，具四槽，被平展刚毛。叶卵形至宽卵形，长 1.4~11cm，宽 1.2~9cm，生于花枝上的较小，先端近锐尖至钝形，基部圆形或浅心形，常稍偏斜，边缘为不规则的波状，具小锯齿，薄纸质，上面榄绿色，下面较淡，两面均被疏柔毛；叶柄柔弱，长 0.5~6cm，腹凹背凸，毛被同茎。聚伞花序 2~5 朵花，有些为单花，

着生于渐变小叶腋内，呈总状花序或圆锥花序排列于枝上；花萼花时长约 5mm，宽约 3mm，但很快长大而长达 12mm，宽至 6.5mm，10 条脉极凸出，外被长柔毛及淡黄色腺点，内部有柔毛簇，萼齿 5 枚，短三角形，先端长锥尖，长 1.5~2mm，直伸；花冠蓝色，长 6~8mm，外面除冠筒下部外被微柔毛，冠筒基部宽约 2mm，至喉部略宽，宽约 2mm，冠檐二唇形，上唇先端 2 圆裂，裂片外翻，下唇 3 裂，侧裂片与上唇裂片相似，中裂片囊状，略短；雄蕊 4 枚，下倾，插生于花冠喉部，花丝扁平，被疏柔毛，花药会合成 1 室；花柱先端 2 浅裂；花盘阔环状，边缘微有起伏；子房裂片长圆形，无毛。小坚果常 2 枚成熟，扁平，长约 4mm，宽约 3mm，暗褐色，具细点，基部具 2 着生点。花果期一年四季。

山香 *Hyptis suaveolens* (L.) Poit. 植株

山香 *Hyptis suaveolens* (L.) Poit. 花

山香 *Hyptis suaveolens* (L.) Poit. 居群

生境：常生于开阔地、草坡、林缘或路旁。

国内分布：广东、海南、香港、澳门、广西、福建、台湾。

国外分布：原产热带美洲；现全世界热带地区广泛归化。

入侵历史及原因：19世纪末在我国台湾采到标本。作为花卉在台湾引种栽培，后再引入华南，进一步引到其他省区。

入侵危害：为果园、茶园杂草，危害较轻，但若成片生长则可影响作物产量。该植物可沿道路入侵到林缘。

山香 *Hyptis suaveolens* (L.) Poit. 种子

38. 茄科 Solanaceae

颠茄 *Atropa belladonna* L.

别名：颠茄草

英文名：Common Atropa

分类地位：茄科 Solanaceae

危害程度：中度入侵。

性状描述：多年生草本，或因栽培为一年生，高 0.5~2m。根粗壮，圆柱形。茎下部单一，带紫色，上部叉状分枝，嫩枝绿色，多腺毛，老时逐渐脱落。叶互生或在枝上部大小不等 2 片叶双生，叶柄长达 4cm，幼时生腺毛；叶片卵形、卵状椭圆形或椭圆形，长 7~25cm，宽 3~12cm，先端渐尖或急尖，基部楔形并下延到叶柄，上面暗绿色或绿色，下面淡绿色，两面沿叶脉有柔毛。花俯垂，花梗长 2~3cm，密生白色腺毛；花萼长约为花冠之半，裂片三角形，先端渐尖，生腺毛，花后稍增大，果时呈星芒状向外开展；花冠筒状钟形，下部黄绿色，上部淡紫色，筒中部稍膨大，5 浅裂，裂片先端钝，花开放时向外翻折，外面纵脉隆起，被腺毛，内面筒基部有毛；花丝下端生柔毛，上端向下弓曲，花药椭圆形，黄色；花盘绕生于子房基部；花柱长约 2cm，柱头带绿色。浆果球状，直径 1.5~2cm，成熟后紫黑色，光滑，汁液紫色。种子扁肾脏形，褐色。花果期 6~9 月。

生境：常生于宅旁、旷野、荒地。

国内分布：安徽、北京、广东、广西、贵州、河北、河南、湖北、江苏、青海、山东、山西、上海、天津、新疆、云南、浙江。

国外分布：原产巴西。

入侵历史及原因：20 世纪传入中国。作为药材有意引入。

入侵危害：栽培植株病害有青枯病、立枯病、猝倒病等 20 多种。植株有毒。

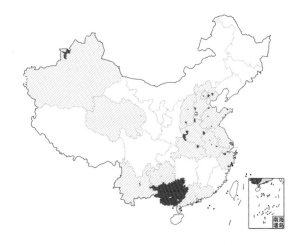

颠茄 *Atropa belladonna* L. 植株

颠茄 *Atropa belladonna* L. 植株

毛曼陀罗 *Datura innoxia* Mill.

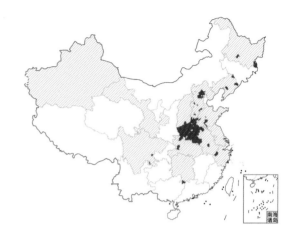

别名：软刺曼陀罗、毛花曼陀罗

英文名：Hairy Datura

分类地位：茄科 Solanaceae

危害程度：中度入侵。

性状描述：一年生直立草本或半灌木状，高 1~2m，全体密被细腺毛和短柔毛。茎粗壮，下部灰白色，分枝灰绿色或微带紫色。叶片广卵形，长 10~18cm，宽 4~15cm，先端急尖，基部不对称近圆形，全缘而微波状或有不规则的疏齿，侧脉每边 7~10 条。花单生于枝杈间或叶腋，直立或斜升；花梗长 1~2cm，初直立，花萎谢后渐转向下弓曲；花萼圆筒状，不具棱角，长 8~10cm，直径 2~3cm，向下渐稍膨大，5 裂，裂片狭三角形，有时不等大，长 1~2cm，花后宿存部分随果实增大而渐大呈五角形，果时向外翻折；花冠长漏斗状，长 15~20cm，檐部直径 7~10cm，下半部带淡绿色，上部白色，花开放后呈喇叭状，边缘有 10 个尖头；花丝长约 5.5cm，花药长 1~1.5cm；子房密生白色柔针毛，花柱长 13~17cm。蒴果俯垂，近球状或卵球状，直径 3~4cm，密生细针刺，针刺有韧曲性，全果亦密生白色柔毛，成熟后淡褐色，由近先端不规则开裂。种子扁肾形，褐色，长约 5mm，宽约 3mm。花果期 6~9 月。

生境：常生于村边、路旁。

国内分布：甘肃、新疆、上海、安徽、北京、河北、河南、黑龙江、湖北、湖南、江苏、辽宁、山东、山西、四川、浙江。

国外分布：原产美洲。

毛曼陀罗 *Datura innoxia* Mill. 居群

毛曼陀罗 *Datura innoxia* Mill. 植株

毛曼陀罗 *Datura innoxia* Mill. 蒴果

毛曼陀罗 *Datura innoxia* Mill. 蒴果

入侵历史及原因：矢部吉祯 (Y. Yabe)1905 年 10 月 15 日在北京海淀区玉泉山采到标本，标本存于中国科学院植物研究所标本馆。作为观赏植物引入，首先在华北地区种植，再传播到内地其他地方。

入侵危害：对牲畜有毒。

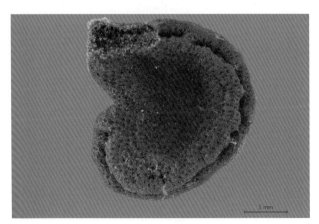

毛曼陀罗 *Datura innoxia* Mill. 种子

毛曼陀罗 *Datura innoxia* Mill. 花

洋金花 *Datura metel* L.

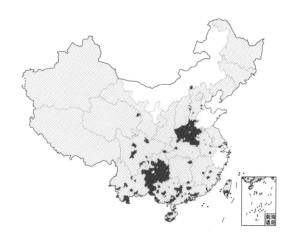

别名：白曼陀罗、白花曼陀罗、风茄花、喇叭花、闹羊花、枫茄子、枫茄花

英文名：Thorn Apple

分类地位：茄科 Solanaceae

拉丁异名：*Datura fastuosa* L.; *Datura alba* Rumph

危害程度：严重入侵。

性状描述：一年生直立草本，呈半灌木状，高0.5~1.5m，全体近无毛；茎基部稍木质化。叶卵形或广卵形，先端渐尖，基部不对称圆形、截形或楔形，长5~20cm，宽4~15cm，边缘有不规则的短齿或浅裂或者全缘而波状，侧脉每边4~6条；叶柄长2~5cm。花单生于枝杈间或叶腋，花梗长约1cm。花萼筒状，长4~9cm，直径2cm，裂片狭三角形或披针形，果时宿存部分增大呈浅盘状；花冠长漏斗状，长14~20cm，檐部直径6~10cm，筒中部之下较细，向上扩大呈喇叭状，裂片先端有小尖头，白色、黄色或浅紫色，单瓣，在栽培类型中有2重瓣或3重瓣；雄蕊5枚，在重瓣类型中常变态成15枚左右，花药长约1.2cm；子房疏生短刺毛，花柱长11~16cm。蒴果近球状或扁球状，疏生粗短

洋金花 *Datura metel* L. 花枝

洋金花 *Datura metel* L. 花枝

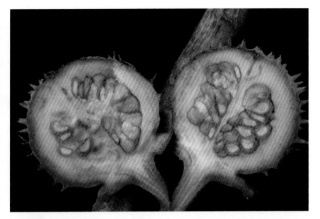

洋金花 *Datura metel* L. 种子

洋金花 *Datura metel* L. 蒴果

洋金花 *Datura metel* L. 花

洋金花 *Datura metel* L. 叶

刺，直径约 3cm，不规则 4 瓣裂。种子淡褐色，宽约 3mm。花果期 3~12 月。

生境：常生于向阳的山坡草地或住宅旁。

国内分布：黑龙江、吉林、辽宁、河北、山西、河南、陕西、甘肃、青海、新疆、安徽、江苏、福建、四川、重庆、云南、西藏、北京、广东、广西、贵州、海南、湖北、湖南、江西、台湾。

国外分布：原产热带美洲；现世界温暖地区广泛归化。

入侵历史及原因：古代引入。有意引进，人工引种药用或观赏。

入侵危害：为南方旱地杂草，对农作物危害不大，对生物多样性有一定影响。叶、花、种子有毒。

曼陀罗 *Datura stramonium* L.

别名：枫茄花

英文名：Thorn Apple

分类地位：茄科 Solanaceae

危害程度：恶性入侵。

性状描述：一年生草本或半灌木，高 0.5~1.5m。单叶互生，叶柄长 3~5.5cm，叶片宽卵形，长 8~17cm，宽 4~14cm，先端渐尖，基部不对称楔形，边缘有不规则波状浅裂，裂片三角形，有时具疏齿，侧脉 3~5 对，脉上有疏短柔毛。花常单生于枝分叉处或叶腋，直立；花萼筒状，有 5 棱角，长 3~5cm；花冠漏斗状，长 6~10cm，直径 3~5cm，下部淡绿色，上部白色或淡紫色；雄蕊 5 枚；子房卵形，子房 2 室，每个室的假隔膜将其分为不完全 4 室。蒴果直立，球形或卵球形，长 3~4cm，直径 2~3.5cm，表面通常有坚硬的针状刺，成熟后 4 瓣裂。种子卵圆形至圆形，长约 4mm。花期 6~10 月，果期 7~11 月。

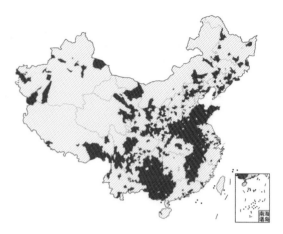

生境：生于荒地、旱地、宅旁、向阳山坡、林缘、草地。

国内分布：全国。

国外分布：原产墨西哥；世界温带至热带地区广泛引种和归化。

入侵历史及原因：明朝末期作为药用植物引入中国，《本草纲目》(1593 年) 记载。作为观赏植物或药用植物引入，首先在沿海地区种植，再传播到内地。

曼陀罗 *Datura stramonium* L. 居群

曼陀罗 *Datura stramonium* L. 蒴果

入侵危害：为旱地、宅旁、路旁、荒野主要杂草之一。植株具有强烈的化感物质，对其他植物种子萌发和幼苗生长具有明显化感作用。全株含生物碱，对人、家畜、鱼类和鸟类有强烈毒性，其中果实和种子毒性较大。种子易混入大豆等粮食中，被人畜误食后可能引起中毒，中毒严重者会休克甚至死亡。

近似种：粗刺曼陀罗 *Datura ferox* L. 与曼陀罗 *D. stramonium* L. 的区别在于叶阔卵形至三角状圆形，边缘齿裂或波状（后者叶片宽卵形，基部不对称楔形，边缘有不规则波状浅裂）；花白色（后者花白色或淡紫色）；果实疏被长粗刺，刺的数目约为曼陀罗的1/2，大小为曼陀罗刺的2~3倍等。

曼陀罗 *Datura stramonium* L. 居群

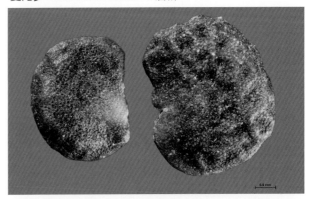

曼陀罗 *Datura stramonium* L. 种子

粗刺曼陀罗 *Datura ferox* L. 蒴果

粗刺曼陀罗 *Datura ferox* L. 居群

假酸浆 *Nicandra physalodes* (L.) Gaertn.

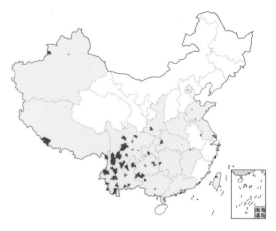

别名：鞭打绣球

英文名：Shooflyplant

分类地位：茄科 Solanaceae

危害程度：轻度入侵。

性状描述：茎直立，有棱条，无毛，高 0.4~1.5m，上部交互不等的二歧分枝。叶卵形或椭圆形，草质，长 4~12cm，宽 2~8cm，先端急尖或短渐尖，基部楔形，边缘有具圆缺的粗齿或浅裂，两面有稀疏毛；叶柄长为叶片长的 1/4~1/3。花单生于枝腋而与叶对生，通常具较叶柄长的花梗，俯垂；花萼 5 深裂，裂片先端尖锐，基部心脏状箭形，有 2 个尖锐的耳片，果时包围果实，直径 2.5~4cm；花冠钟状，浅蓝色，直径达 4cm，檐部有折襞，5 浅裂。浆果球状，直径 1.5~2cm，黄色。种子淡褐色，直径约 1mm。花果期夏秋季。

生境：生于田边、荒地或住宅区。

国内分布：北京、广东、广西、贵州、河南、湖北、湖南、江苏、江西、山东、陕西、四川、台湾、西藏、新疆、云南、重庆。

国外分布：原产秘鲁。

入侵历史及原因：19 世纪 40 年代末在香港采到标本。有意引进，作为观赏植物或药用植物引入。

入侵危害：为南方旱地杂草。有时侵入农田，但对农作物一般危害不大。常成片生长，排挤当地植物，对生物多样性有一定影响。

假酸浆 *Nicandra physalodes* (L.) Gaertn. 居群

假酸浆 *Nicandra physalodes* (L.) Gaertn. 果枝

假酸浆 *Nicandra physalodes* (L.) Gaertn. 果实

假酸浆 *Nicandra physalodes* (L.) Gaertn. 居群

假酸浆 *Nicandra physalodes* (L.) Gaertn. 花

假酸浆 *Nicandra physalodes* (L.) Gaertn. 花

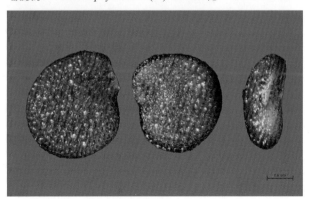

假酸浆 *Nicandra physalodes* (L.) Gaertn. 种子

苦蘵 *Physalis angulata* L.

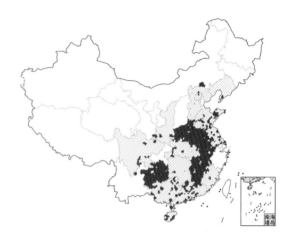

别名：灯笼草

英文名：Wild Cape Gooseberry

分类地位：茄科 Solanaceae

危害程度：恶性入侵。

性状描述：一年生草本，被疏短柔毛或近无毛，高常 30~50cm；茎多分枝，分枝纤细。叶柄长 1~5cm，叶片卵形至卵状椭圆形，先端渐尖或急尖，基部阔楔形或楔形，全缘或有不等大的牙齿，两面近无毛，长 3~6cm，宽 2~4cm。花梗长 5~12mm，纤细，和花萼一样生短柔毛，长 4~5mm，5 中裂，裂片披针形，生缘毛；花冠淡黄色，喉部常有紫色斑纹，长 4~6mm，直径 6~8mm；花药蓝紫色或有时黄色，长约 1.5mm。果萼卵球状，直径 1.5~2.5cm，薄纸质，浆果直径约 1.2cm。种子圆盘状，长约 2mm。花果期 5~12 月。

生境：常生于山谷林下及村边路旁。

国内分布：安徽、北京、福建、广东、广西、贵州、海南、河北、河南、湖北、湖南、江苏、江西、辽宁、山东、陕西、四川。

国外分布：原产美洲；日本、印度、澳大利亚归化。

入侵历史及原因：19 世纪中叶在香港采到标本。无意引进，通过混杂在粮食中传入。

入侵危害：为旱地、宅旁的主要杂草之一，危害玉米、棉花、大豆等作物。亦生于路旁和荒野。

近似种：平滑酸浆 *Physalis longifolia* var. *subglabrata* (Mack. & Bush) Cronquist 与苦蘵

苦蘵 *Physalis angulata* L. 植株

苦蘵 *Physalis angulata* L. 居群

苦蘵 *Physalis angulata* L. 花

苦蘵 *Physalis angulata* L. 果实

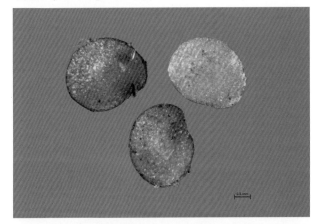

苦蘵 *Physalis angulata* L. 种子

P. angulata L. 的区别在于叶片狭卵形或近披针形，边缘具波齿或不明显的齿（后者叶片卵形至卵状椭圆形，先端渐尖或急尖，基部阔楔形或楔形，全缘或有不等大的牙齿），花萼 5 浅裂（后者花萼 5 中裂）等。

平滑酸浆 *Physalis longifolia* var. *subglabrata* (Mack. & Bush) Cronquist 植株

平滑酸浆 *Physalis longifolia* var. *subglabrata* (Mack. & Bush) Cronquist 植株

棱萼酸浆 *Physalis cordata* Mill.

英文名：Heartleaf Groundcherry

分类地位：茄科 Solanaceae

危害程度：潜在入侵。

性状描述：一年生草本，高达 1m，疏生短柔毛。叶柄 3~6cm；叶片卵形，有时等宽，长 3~6cm，宽 2.5~7cm，膜质，沿脉疏生短柔毛，基部偏斜，边缘近全缘或疏生锯齿，先端渐尖。花梗 4~10mm；花萼 4~7mm；裂片线状披针形，2.5~3.5mm，被短柔毛；花冠淡黄色，喉部有斑点，斑点长 6~8mm，宽 4~8mm，先端背面有短柔毛，近截形；花药蓝绿色，1.8~3mm。果梗 1~2.5cm；果期花萼绿色，明显的 5 角，陀螺状，基部凹陷，近无毛；浆果直径 1~1.4cm。种子淡黄色，椭圆形，长 1.5~2mm，宽 1~1.2mm。花果期 2~9 月。

生境：生于旷地、路旁、荒地。

国内分布：海南。

国外分布：原产美洲。

入侵历史及原因：《中国植物志》（英文版）中首次提及，可能随贸易等原因进入中国。无意引进。

入侵危害：排挤当地植物，对生物多样性有一定影响。

棱萼酸浆 *Physalis cordata* Mill. 植株

棱萼酸浆 *Physalis cordata* Mill. 植株

棱萼酸浆 *Physalis cordata* Mill. 植株

棱萼酸浆 *Physalis cordata* Mill. 植株

灯笼果 *Physalis peruviana* L.

别名：小果酸浆

英文名：Peruvian Ground–Cherry

分类地位：茄科 Solanaceae

危害程度：轻度入侵。

性状描述：多年生草本，高 45~90cm，具匍匐的根状茎。茎直立，不分枝或少分枝，密生短柔毛。叶较厚，阔卵形或心脏形，长 6~15cm，宽 4~10cm，先端短渐尖，基部对称心脏形，全缘或有少数不明显的尖牙齿，两面密生柔毛；叶柄长 2~5cm，密生柔毛。花单独腋生，梗长约 1.5cm。花萼阔钟状，同花梗一样密生柔毛，长 7~9mm，裂片披针形，与筒部近等长；花冠阔钟状，长 1.2~1.5cm，直径 1.5~2cm，黄色，喉部有紫色斑纹，5 浅裂，裂片近三角形，外面生短柔毛，边缘有睫毛；花丝及花药蓝紫色，花药长约 3mm。果萼卵球状，长 2.5~4cm，薄纸质，淡绿色或淡黄色，被柔毛；浆果直径 1~1.5cm，成熟时黄色。种子黄色，圆盘状，直径约 2mm。夏季开花结果。

生境：生于海拔 2 100m 以下的路边或河谷。

国内分布：北京、江西、福建、广东、四川、云南有逸生。

国外分布：原产美洲。

入侵历史及原因：1956 年出版的《广州植物志》有记载。

入侵危害：为一般性杂草。

灯笼果 *Physalis peruviana* L. 植株

灯笼果 *Physalis peruviana* L. 花

灯笼果 *Physalis peruviana* L. 果

灯笼果 *Physalis peruviana* L. 果

灯笼果 *Physalis peruviana* L. 果

费城酸浆 *Physalis philadelphica* Lam.

别名：毛酸浆（误称）

英文名：Tomatillo

分类地位：茄科 (Solanaceae)

危害程度：轻度入侵。

性状描述：一年生草本，高 15~60cm，茎直立，有分枝，无毛或疏生贴伏短柔毛。叶柄长 2~5cm；叶片卵形至卵状长椭圆形，通常呈黄绿色，长 2~7cm，宽 1.5~4cm，无毛或有稀疏短柔毛，基部楔形至圆形，先端急尖，边缘有少数锯齿。花梗长 3~6mm，果期伸长，几乎无毛；花萼钟状，长约 5mm，5 深裂；花冠黄色，直径 (10) 12~18 (20) mm，初为杯状，完全开放后，檐部常开展并稍反折，喉部有 5 个黑褐色的斑点；花药蓝色至略带蓝色，长 2~3mm，果萼绿色，卵球形，长 2~3cm，宽 2~2.5cm，具 10 棱，底部略凹陷，常完全发育成果实。浆果绿色、黄色或略带紫色，球形，直径约 1.2cm。种子圆饼状，直径约 2mm。花期 6~8 月，果期 8~10 月。

生境：常见于草地，遭受破坏的荒地区域。

国内分布：北京、辽宁。

国外分布：原产于中美洲和加勒比地区。

入侵历史及原因：2018 年在北京野外采到标本。

入侵危害：一般性杂草，排挤当地物种。

近似种：原产墨西哥的黏果酸浆 *Physalis ixocarpa* Brot. ex Hornem. 的花与费城酸浆（*P. philadelphica* Lam.）相似，但植株高可达 1.2m，叶中绿色至深绿色，浆果直径 2.5~3cm，通常将宿存花萼胀破。

费城酸浆 *Physalis philadelphica* Lam. 植株

费城酸浆 *Physalis philadelphica* Lam. 花果枝

费城酸浆 *Physalis philadelphica* Lam. 果实

费城酸浆 *Physalis philadelphica* Lam. 花

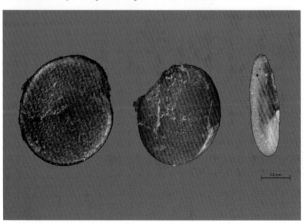

费城酸浆 *Physalis philadelphica* Lam. 种子

费城酸浆 *Physalis philadelphica* Lam. 植株

毛酸浆 *Physalis pubescens* L.

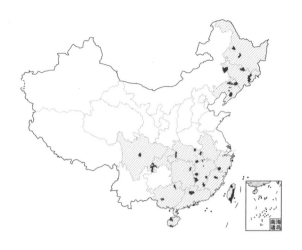

别名：短毛酸浆、洋姑娘、地樱桃

英文名：Hair Groundcherry

分类地位：茄科 Solanaceae

危害程度：轻度入侵。

性状描述：一年生草本，茎生柔毛，常多分枝，分枝毛较密。叶阔卵形，长 3~8cm，宽 2~6cm，先端急尖，基部歪斜心形，边缘通常有不等大的尖牙齿，两面疏生毛但脉上毛较密；叶柄长 3~8cm，密生短柔毛；花单独腋生，花梗长 5~10mm，密生短柔毛；花萼钟状，密生柔毛，5 中裂，裂片披针形，急尖，边缘有缘毛；花冠淡黄色，喉部具紫色斑纹，直径 6~10mm；雄蕊短于花冠，花药淡紫色，长 1~2mm。果萼卵状，长 2~3cm，直径 2~2.5cm，具 5 棱角和 10 纵肋，先端萼齿闭合，基部稍凹陷；浆果球状，直径约 1.2cm，黄色或有时带紫色。种子近圆盘状，直径约 2mm。花果期 5~11 月。

生境：多生于草地或田边路旁。

国内分布：安徽、福建、广东、广西、海南、黑龙江、湖北、湖南、吉林、江西、辽宁、四川、台湾、浙江、重庆。

国外分布：原产美洲；现分布于热带与温带地区归化。

入侵历史及原因：近代。无意引入，随种子携带传入。

入侵危害：一般性杂草。

毛酸浆 *Physalis pubescens* L. 植株

毛酸浆 *Physalis pubescens* L. 花

毛酸浆 *Physalis pubescens* L. 居群

毛酸浆 *Physalis pubescens* L. 茎

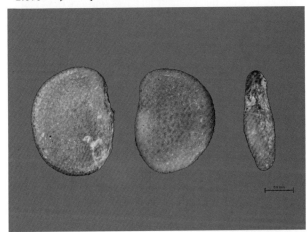

毛酸浆 *Physalis pubescens* L. 种子

毛酸浆 *Physalis pubescens* L. 植株

毛果茄 *Solanum viarum* Dunal

英文名：Tropical Soda Apple

分类地位：茄科 Solanaceae

拉丁异名：*Solanum khasianum* C. B. Clarke var. *chatterjeeanum* Sen Gupta.

危害程度：恶性入侵。

性状描述：草本或亚灌木,直立,高 0.5~1（~2）m, 全株被刺和腺毛。茎圆柱状,均匀密被长至 1mm 的短茸毛,具 2~5mm×1~5（~8）mm 的弯刺, 有时具 1~4mm 的直刺。叶柄长 3~7cm,具 0.3~1.8cm 长的宽扁直刺；叶片宽卵形, 长 6~13cm, 宽 6~12cm, 两面具刺及粗糙腺毛, 下面混生稀疏具柄星状毛, 基部截形至短戟形, 叶缘 3~5 浅裂或深裂；裂片先端钝。总状花序腋外生, 花 1~5 朵簇生；总花梗短或退化。雄花、两性花同株, 仅基部花可育。花梗长 4~6mm。花萼钟状, 直径约 10mm, 长约 7mm, 裂片长圆披针形, 外侧被毛, 有时具刺。花冠白色或绿色；裂片披针形, 长约 10mm, 宽约 2.5mm, 毛被同花萼。花丝长 1~1.5mm；花药披针形, 渐尖, 长 6~7mm。子房被微柔毛。花柱长约 8mm, 无毛。浆果浅黄色, 球形, 直径 2~3cm。种子褐色, 透镜状, 直径 2~2.8cm。花期 6~8 月, 果期 6~10 月。

生境：荒地、路边、沟边、空旷林中、草地等。海拔 2 200 m 以下。

国内分布：安徽、北京、浙江、江西、福建、海南、河北、河南、湖南、广东、广西、云南、贵州、四川、重庆、青海、西藏。

国外分布：原产巴西和阿根廷；现广泛分布于热带亚洲、非洲和澳大利亚。

毛果茄 *Solanum viarum* Dunal 果枝

毛果茄 *Solanum viarum* Dunal 果枝

毛果茄 *Solanum viarum* Dunal 果枝

入侵历史及原因：1994 年 *Flora of China* 首次记录；1999 年即报道台湾有引入，2012 年作为台湾的新归化植物被报道。无意引入。

入侵危害：入侵农田、草地和果园，与作物争夺养分，滋生病虫害，危害夏收作物、蔬菜、果树及茶树，为一般性杂草。

毛果茄 *Solanum viarum* Dunal 果实

毛果茄 *Solanum viarum* Dunal 花

牛茄子 *Solanum capsicoides* All.

别名：大颠茄、油辣果、番鬼茄

英文名：Love Apple

分类地位：茄科 Solanaceae

危害程度：中度入侵。

性状描述：直立草本至亚灌木，高 30~60cm，也有高达 1m 的；植物体除茎、枝外各部均被具节的纤毛，茎及小枝具淡黄色细直刺，通常无毛或被极稀疏的纤毛，细直刺长 1~5mm 或更长，纤毛长 3~5mm。叶阔卵形，长 5~10.5cm，宽 4~12cm，先端短尖至渐尖，基部心形，5~7 浅裂或半裂，裂片三角形或卵形，边缘浅波状；上面深绿色，被稀疏纤毛；下面淡绿色，无毛或纤毛在脉上分布稀疏，在边缘则较密；侧脉与裂片数相等，在上面平，在下面凸出，分布于每裂片的中部，脉上均具直刺；

叶柄粗壮，长 2~5cm，微具纤毛及较长大的直刺。聚伞花序腋外生，短而少花，长不超过 2cm，单生或多至 4 朵，花梗纤细被直刺及纤毛；萼杯状，长约 5mm，直径约 8mm，外面具细直刺及纤毛，先端 5 裂，裂片卵形；花冠白色，筒部隐于萼内，长约 2.5mm，冠檐 5 裂，裂片披针形，长约 1.1cm，宽约 4mm，端尖；花丝长约 2.5mm，药长为花丝长度的 2.4 倍，先端延长，顶孔向上；子房球形，无毛，花柱长于花药而短于花冠裂片，无毛，柱头头状。浆果扁球状，直径约 3.5cm，初绿白色，成熟后橙红色，果柄长 2~2.5cm，具细直刺。种子干后扁而薄，边缘翅状，直径约 4mm。

生境：喜生于路旁荒地、疏林或灌木丛中。

国内分布：福建、江西、广东、香港、海南、台湾、湖南、贵州、四川、云南。

牛茄子 *Solanum capsicoides* All. 居群

牛茄子 *Solanum capsicoides* All. 植株

牛茄子 *Solanum capsicoides* All. 果实

牛茄子 *Solanum capsicoides* All. 果实

牛茄子 *Solanum capsicoides* All. 种子

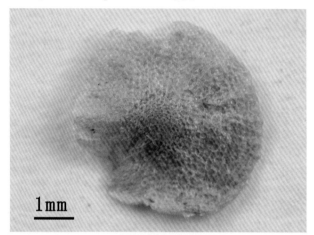

牛茄子 *Solanum capsicoides* All. 种子

　　国外分布：原产巴西；现广布于全世界温暖地区。

　　入侵历史及原因：1895 年在香港发现。通过混杂在粮食中传入，先在华南地区逸生，再传播到内地其他地区。

　　入侵危害：具刺杂草，植株及果含龙葵碱，误食后可导致人畜中毒。

　　近似种：红茄 *Solanum integrifolium* Poir. 与牛茄子 *S. capsicoides* All. 的区别在于植株不具细直刺（后者茎及小枝具淡黄色细直刺），果实成熟后红色，顶基压扁，具 4~6 沟棱，具明显的纵脊（后者浆果球形，红色，无纵脊）等。

红茄 *Solanum integrifolium* Poir. 果实

北美刺龙葵 *Solanum carolinense* L.

别名：北美水茄、魔鬼番茄、野番茄

英文名：Horsenettle

分类地位：茄科 Solanaceae

危害程度：潜在入侵。

性状描述：多年生草本，株高达 1m，全株被刺，疏被星状毛，茎绿色或紫色。肉质直根，可深达 2.4m。水平匍匐根形成克隆分株。直根和匍匐根的片断均可行营养繁殖。叶片形态变异较大，典型的为披针形卵形，常具叶裂，长达 20cm，宽达 7cm，叶脉具刺，叶片疏被星状毛，具叶柄，长约 2cm，具刺。总状聚伞花序，花在花序轴上排列紧密，果期花序延长达 20cm，花梗长 1cm，具星状毛；花萼 5 深裂，萼筒长达 3mm，紫绿色，被星状毛，

裂片披针形，长 7~8mm，基部宽 2~3mm；花冠白色至紫色，干后黑色，5 裂，裂片宽达 3cm，外面被星状毛，内面无毛；雄蕊 5 枚，与花冠裂片互生，基部与花冠贴生；花丝黄绿色，长 2mm，无毛，花药黄色，长 7~8mm，宽 2mm，与花柱松散靠合或否；花柱绿色，无毛，长达 1.5cm，柱头深绿色，子房上位，有腺毛，直径 2mm。浆果球形，直径 8~20mm，浆果未成熟时绿色，具深色条纹，成熟后黄色。种子倒卵形，扁平，长 2~3mm，有光泽，表面颗粒状，黄色至淡黄色。

生境：生于荒野、草丛、果园等。

国内分布：山东、浙江、台湾。

国外分布：北美洲。

入侵历史及原因：最早于 2006 年在浙江被发现，此后相继在台北市椒江区上大陈镇和温州市海岛等地区发现。随人类活动无意携带传入我国，种子随贸易等途径传入我国。

入侵危害：恶性杂草，全株有毒，能引起牲畜中毒，被列为我国检疫性杂草。

北美刺龙葵 *Solanum carolinense* L. 植株

北美刺龙葵 *Solanum carolinense* L. 居群

北美刺龙葵 *Solanum carolinense* L. 植株

北美刺龙葵 *Solanum carolinense* L. 果枝

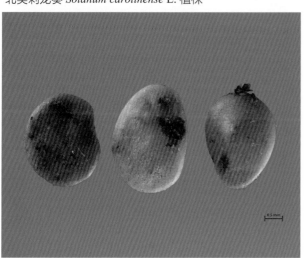

北美刺龙葵 *Solanum carolinense* L. 种子

北美刺龙葵 *Solanum carolinense* L. 花

银毛龙葵 *Solanum elaeagnifolium* Cav.

别名：银叶茄

英文名：White Nightshade

分类地位：茄科 Solanaceae

危害程度：恶性入侵。

性状描述：多年生草本，高达 50cm。肉质直根，可深达 3m。水平匍匐根形成克隆分株。直根和匍匐根的片断均可行营养繁殖。营养体常一年生长，直立，上部分枝；通体密被星状柔毛，银白色，稀微红色茎；通常着生微红色直刺，刺长 2~5mm，这些直刺也偶尔见于叶柄、叶片或花萼上。单叶互生，下部叶椭圆状披针形，长达 10cm，宽达 4cm，边缘深波状，尖端锐尖或钝，基部圆形或楔形，上部叶小，长圆形至条形，边缘全缘。总状聚伞花序，花序梗长达 1cm，花梗在花期长达 1cm，果期延长至 2~3cm；花萼筒长达 5mm，裂片钻形；花冠蓝色，直径约 2.3cm，裂片为花瓣的 1/2；雄蕊在花冠基部贴生，花丝长 3~4cm，花药黄色，细长，先端锥形，长 5~8mm，顶孔开裂；子房被茸毛，花柱长 10~15mm。浆果红棕色，球形，直径 8~14mm，基部被萼片覆盖种子。种子灰褐色，两侧压扁，直径约 3mm，光滑。

生境：生于沙砾质土地，常出现在草地、荒野、路边，尤其是人工干扰较强的农田、牧场。

国内分布：山东和台湾。

国外分布：原产美洲。

入侵历史及原因：2002 年该物种在我国台湾地区出现。随饲料干草侵入。

入侵危害：我国进境检疫性杂草。能和众多农作物竞争水分和营养，严重侵害棉花、苜蓿、高粱、小麦和玉米等农作物。

银毛龙葵 *Solanum elaeagnifolium* Cav. 植株

银毛龙葵 *Solanum elaeagnifolium* Cav. 果枝

银毛龙葵 *Solanum elaeagnifolium* Cav. 植株

银毛龙葵 *Solanum elaeagnifolium* Cav. 花

银毛龙葵 *Solanum elaeagnifolium* Cav. 居群

银毛龙葵 *Solanum elaeagnifolium* Cav. 花

银毛龙葵 *Solanum elaeagnifolium* Cav. 植株

假烟叶树 *Solanum erianthum* D. Don

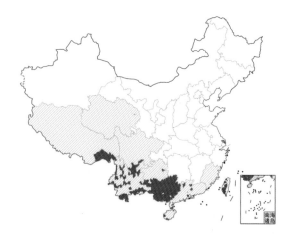

别名：野烟叶、土烟叶、大黄叶

英文名：Mullein Nightshade, Wild Tobacco

分类地位：茄科 Solanaceae

危害程度：重度入侵。

性状描述：小乔木，高 1.5~10m，小枝密被白色具柄头状簇茸毛。叶大而厚，卵状长圆形，长 10~29cm，宽 4~12cm，先端短渐尖，基部阔楔形或钝，上面绿色，被具短柄的 3~6 不等长分枝的簇茸毛，下面灰绿色，毛被较上面厚，被具柄的 10~20 不等长分枝的簇茸毛，全缘或略波状，侧脉每边 7~9 条，叶柄粗壮，长 1.5~5.5cm，密被与叶下面相似的毛被。聚伞花序多花，形成近顶生圆锥状平顶花序，总花梗长 3~10cm，花梗长 3~5mm，均密被与叶下面相似的毛被；花白色，直径约 1.5cm，萼钟形，直径约 1cm，外面密被与花梗相似的毛被，内面被疏柔毛及少数簇茸毛，5 半裂，萼齿卵形，长约 3mm，中脉明显；花冠筒隐于萼内，长约 2mm，冠檐深 5 裂，裂片长圆形，端尖，长 6~7mm，宽 3~4mm，中脉明显，在外面被星状簇茸毛；雄蕊 5 枚，花丝长约 1mm，花药长约为花丝长度的 2 倍，顶孔略向内；子房卵形，直径约 2mm，密被硬毛状簇茸毛，花柱光滑，长约 4~6mm，柱头头状。浆果球状，具宿存萼，直径约 1.2cm，黄褐色，初被星状簇茸毛，后渐脱落。种子扁平，直

假烟叶树 *Solanum erianthum* D. Don 居群

假烟叶树 *Solanum erianthum* D. Don 果实

假烟叶树 *Solanum erianthum* D. Don 花序

假烟叶树 *Solanum erianthum* D. Don 花序

假烟叶树 *Solanum erianthum* D. Don 果实

径 1~2mm。几全年开花结果。

生境：通常生于海拔 300~2 100m 荒地及山坡灌木丛中。

国内分布：福建、台湾、广东、海南、香港、澳门、广西、云南、贵州、青海、四川、西藏。

国外分布：原产热带美洲；现广布于热带亚洲及大洋洲。

入侵历史及原因：1857 年在福建厦门采到标本。作为绿化或环境植物引种栽培，首先在华南地区，再传播到其他省区。

入侵危害：全株有毒，果实毒性较大。

假烟叶树 *Solanum erianthum* D. Don 花枝

少花龙葵 *Solanum americanum* Mill.

别名：白花菜、古钮菜、扣子菜、衣扣菜、古钮子

英文名：European Black Nightshade, Black Nightshade，Duscle

分类地位：茄科 Solanaceae

拉丁异名：*Solanum nigrum* var. *pauciflorum* T. N. Liou；*Solanum ganchouenense* H. Léveille；*S. nigrum* L. var. *pauciflorum* T. N. Liou；*Solanum photeinocarpum* Nakamura & Odashima.

危害程度：中度入侵。

性状描述：一年生直立草本，高 25~100cm，茎无毛或被短柔毛，绿色或紫红色。叶片卵形，纸质，长 4~8cm，宽 2~4cm，先端急尖，基部截形至楔形，边缘全缘，波状或有不规则的锯齿，两面均具疏短柔毛，有时背面近无毛；叶柄纤细，长 1~2cm。伞状聚伞花序腋外生，被微柔毛，具 1~6 朵花，花序梗长 1~2.5cm，纤细，直立至开展，花梗长 5~10mm；花小，直径约 7mm；花萼绿色，直径 1.5~2mm，5 裂达中部，裂片卵形，长约 1mm，先端钝，具缘毛；花冠白色，稀淡蓝色或淡紫色，筒部隐于萼内，长不及 1mm，冠檐长约 3.5mm，5 深裂，裂片卵状披针形，长约 2.5mm；花丝极短，长约 0.5mm，被微柔毛；花药黄色，长卵形，长 1~1.5m；花柱纤细，长约 2mm，中部以下具白色

少花龙葵 *Solanum americanum* Mill. 居群

少花龙葵 *Solanum americanum* Mill. 果枝

少花龙葵 *Solanum americanum* Mill. 花

少花龙葵 *Solanum americanum* Mill. 植株

微柔毛，柱头小，头状。浆果球形，直径 5~8mm，黑色，有光泽。种子近卵圆形，两侧扁，直径1~1.5mm。

生境：生于溪边、密林阴湿处或林边荒地。

国内分布：福建、广东、广西、贵州、海南、湖南、江西、四川、重庆、台湾、云南。

国外分布：原产美国和墨西哥；现世界热带及温带地区广布。

入侵历史及原因：1907 年在我国台湾发现。

入侵危害：一般性杂草，侵占生态位，排挤当地物种，危害生态多样性。

近似种：龙葵 *Solanum nigrum* L. 与少花龙葵 *S. americanum* Mill. 的区别在于蝎尾状花序腋外生，由 3~6(~10) 朵花组成（后者伞状聚伞花序腋外生，具 1~6 朵花）；花冠白色（后者花冠白色，稀淡蓝色或淡紫色）等。

龙葵 *Solanum nigrum* L. 花果枝

珊瑚樱 *Solanum pseudocapsicum* L.

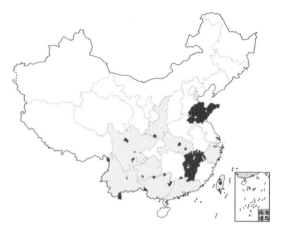

别名：冬珊瑚、假樱桃

英文名：Winter-Cherry

分类地位：茄科 Solanaceae

危害程度：中度入侵。

性状描述：直立分枝小灌木，高达 2m，全株光滑无毛。叶互生，狭长圆形至披针形，长 1~6cm，宽 0.5~1.5cm，先端尖或钝，基部狭楔形下延成叶柄，边全缘或波状，两面均光滑无毛，中脉在下面凸出，侧脉 6~7 对，在下面更明显；叶柄长 2~5mm，与叶片不能截然分开。花多单生，很少呈蝎尾状花序，无总花梗或近于无总花梗，腋外生或近对叶生，花梗长 3~4mm；花小，白色，直径 0.8~1cm；萼绿色，直径约 4mm，5 裂，裂片长约 1.5mm；花冠筒隐于萼内，长不及 1mm，冠檐长约 5mm，裂片 5 枚，卵形，长约 3.5mm，宽约 2mm；花丝长不及 1mm，花药黄色，矩圆形，长约 2mm；子房近圆形，直径约 1mm，花柱短，长约 2mm，柱头截形。浆果橙红色，直径 1~1.5cm，萼宿存，果柄长约 1cm，先端膨大。种子盘状，扁平，直径 2~3mm。花期初夏，果期秋末。

生境：多见于田边、路旁、丛林中或水沟边。

国内分布：广东、广西、贵州、湖北、江西、山东、陕西、四川、台湾、天津、云南、浙江。

国外分布：原产南美洲。

入侵历史及原因：1917 年在上海徐家汇采到标本。引种观赏，后逸生。

入侵危害：全株有毒。

珊瑚樱 *Solanum pseudocapsicum* L. 果枝

刺萼龙葵 *Solanum rostratum* Dunal

别名：黄花刺茄

英文名：Buffalobur, Kansas Thistle, Prickly Nightshade

分类地位：茄科 Solanaceae

危害程度：恶性入侵。

性状描述：茎直立，植株上半部分有分枝，类似灌木；全株高 15~60cm，表面有毛，带有黄色的硬刺。其叶片深裂为 5~7 个裂片，具刺；叶长为 5~12.5cm，轮生，具柄，有星状毛；中脉和叶柄处多刺。花萼具刺，花黄色，裂为 5 瓣，长 2.5~3.8cm；在茎较高处的枝条上丛生。果实为浆果，附有粗糙的尖刺。种子不规则肾形，厚扁平状；黑色或红棕色或深褐色，长 2.5mm，宽 2mm；表面凹凸不平并布满蜂窝状凹坑；背面弓形；腹面近平截或中拱，下部具凹缺，胚根凸出；种脐位于缺刻处，正对胚根尖端。花期 6~9 月。

生境：生于过度放牧的牧场和农田、瓜地、村落附近、路旁、荒地。

国内分布：内蒙古、辽宁、河北、北京、江苏、香港、新疆。

国外分布：原产北美洲；现俄罗斯、韩国、孟加拉国、澳大利亚、奥地利、保加利亚、捷克、斯洛伐克、德国、丹麦、南非、新西兰等国归化。

刺萼龙葵 *Solanum rostratum* Dunal 植株

刺萼龙葵 *Solanum rostratum* Dunal 花枝

刺萼龙葵 *Solanum rostratum* Dunal 花

刺萼龙葵 *Solanum rostratum* Dunal 居群

入侵历史及原因：20 世纪 80 年代初在辽宁朝阳面粉加工厂附近发现。可能通过混杂在进口小麦中传入。

入侵危害：这种杂草极耐干旱，且蔓延速度很快，几乎到处都能生长，所到之处，一般会导致土地荒芜。其毛刺能伤害家畜。植物体能产生一种茄碱，对家畜有毒。家畜中毒症状为呼吸困难、虚弱和颤抖等。死于该果实中毒的牲畜也可仅表现出一种症状，即涎水过多。此外，其果实对绵羊羊毛的产量具有破坏性的影响。

刺萼龙葵 *Solanum rostratum* Dunal 种子

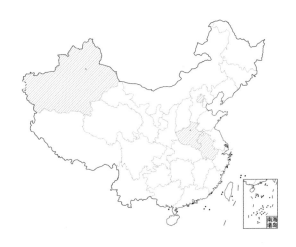

腺龙葵 *Solanum sarachoides* Sendtn.

别名：毛龙葵

英文名：Hairy Nightshade; Leafy-Fruited Nightshade

分类地位：茄科 Solanaceae

危害程度：潜在入侵。

性状描述：一年生草本，高 70cm，茎直立或横卧，有棱，密被腺毛。叶卵形，长 2~6cm，宽 1.2~3.5cm，先端短尖，基部楔形，下延至叶柄，叶缘具不规则波状粗齿，两面均被稀疏腺毛；叶柄长 1~2.5cm，密被腺毛。花单生或由 2~4 朵组成蝎尾状花序腋外生，总花梗长 0.3~1cm，花梗长 0.5~0.8cm，均被腺毛；萼浅杯状，直径约 2mm，齿披针形，先端尖，果时萼增大，齿卵圆形，萼外部被腺毛；花冠白色，直径 1~1.5cm，长 1~2mm，5 深裂，裂片卵圆形，长 2~5mm，外面具稀疏腺毛；花药黄色，长约 1.2mm，与花丝近等长，花丝基部具稀疏腺毛，顶孔向内；子房卵圆形，直径 0.5~1mm，花柱长约 2mm，中部以下与子房先端均被白色腺毛，柱头小，头状。浆果球形，直径约 8mm。种子多数，近卵形，直径 1.5~2mm，压扁。

生境：多生于路边、沟边、荒地、农田。

国内分布：北京、河南、新疆、安徽。

国外分布：原产南美洲。

入侵历史及原因：20 世纪 90 年代在郑州东郊发现。无意引入。

入侵危害：一般性杂草，排挤当地物种。

近似种：绿果龙葵 *Solanum physalifolium* Rusby 与腺龙葵 *S. sarachoides* Sendtn. 的区别在于植株密被腺泡状毛（后者密被腺毛）；叶阔菱状卵形（后者叶卵形）；主脉微红色（后者主脉淡绿色）；花小，白色，仅长 5 mm（后者花冠白色，较大，直径 1~1.5cm）等。

腺龙葵 *Solanum sarachoides* Sendtn. 花

腺龙葵 *Solanum sarachoides* Sendtn. 植株

绿果龙葵 *Solanum physalifolium* Rusby 植株

蒜芥茄 *Solanum sisymbriifolium* Lam.

别名：刺茄、拟刺茄

英文名：Galiccressleaf Nightshade

分类地位：茄科 Solanaceae

危害程度：潜在入侵。

性状描述：一年生草本，茎、叶、花序及萼外面均被长柔毛状腺毛及黄色或橘黄色的钻形皮刺，刺长 2~10mm，基部最宽约 1.5mm，直而针尖，小枝粗壮，枝沿棱角明显。叶具柄，长圆形或卵形，长 4.5~10（~14）cm，宽 2.5~5（~8）cm，羽状深裂或半裂，裂片又作羽状半裂或齿裂，在两面均被长柔毛状腺毛及沿中脉及侧脉着生尖而直的皮刺；叶柄长 1.5~4cm，其上的皮刺较叶片上的粗壮。蝎尾状花序顶生或侧生，近对叶生或腋外生，总花梗长约 3cm，花梗长约 1.5cm，疏具长 4~5mm 的皮刺；萼杯状，5 裂，裂片卵状披针形，约长 5mm，宽 2mm，端尖，少或无皮刺，萼筒长约 4mm，密具针状皮刺；花冠星状，亮紫色或白色，直径约 3.5cm，5 裂，花冠筒隐于萼内，短而不明显，长约 1mm，冠檐长约 1.6cm，裂片卵形，瓣间连以花瓣间膜，无毛或在外面被疏柔毛；花丝长约 1mm，无毛，花药卵状，先端延长，基部心形，端尖，约长 9mm，宽 2.5mm，先端 2 孔；子房近卵形，绿白色，被微柔毛，直径约 2mm，花柱丝状，长约 1.2mm，无毛，柱头绿色，头状，端 2 裂或裂不明显。浆果

蒜芥茄 *Solanum sisymbriifolium* Lam. 花枝

蒜芥茄 *Solanum sisymbriifolium* Lam. 花

蒜芥茄 *Solanum sisymbriifolium* Lam. 果实

蒜芥茄 *Solanum sisymbriifolium* Lam. 果实

近圆形，成熟后朱红色，直径约 2cm 或更长，几为密被皮刺的膨大的宿萼所包被。种子淡黄色，肾形，长 2.5mm，宽 2mm。

生境：常生于农田、村落附近、路旁、荒地。

国内分布：江苏、台湾、福建、广东、云南、新疆。

国外分布：原产南美洲；现美国、巴西、阿根廷、巴拉圭、智利、日本、韩国、南非、匈牙利、芬兰、英国、意大利、立陶宛、捷克、澳大利亚和新西兰等地归化。

入侵历史及原因：20 世纪 80 年代在云南发现逃逸。引种栽培，后逸生。

入侵危害：为路旁和荒野杂草，偶入草地，危害蔬菜及影响景观。具刺杂草，趋避牲畜。植株及果含龙葵碱，误食后可导致人畜中毒。

蒜芥茄 *Solanum sisymbriifolium* Lam. 叶

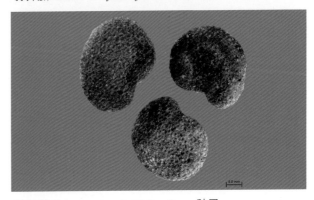

蒜芥茄 *Solanum sisymbriifolium* Lam. 种子

水茄 *Solanum torvum* Sw.

别名：山颠茄、野茄子、刺茄

英文名：Turkeyberry

分类地位：茄科 Solanaceae

危害程度：恶性入侵。

性状描述：灌木，高 1~2(~3)m，小枝、叶下面、叶柄及花序柄均被具长柄、短柄或无柄稍不等长 5~9 分枝的尘土色星状毛；小枝疏具基部宽扁的皮刺，皮刺淡黄色，基部疏被星状毛，长 2.5~10mm，宽 2~10mm，尖端略弯曲。叶单生或双生，卵形至椭圆形，长 6~12(~19)cm，宽 4~9(~13)cm，先端尖，基部心形或楔形，两边不相等，边缘半裂或波状，裂片通常 5~7 枚，上面绿色，毛被较下面薄，分枝少 (5~7) 的无柄的星状毛较多，分枝多的有柄的星状毛较少，下面灰绿色，密被分枝多而具柄的星状毛；中脉在下面少刺或无刺；侧脉每边 3~5

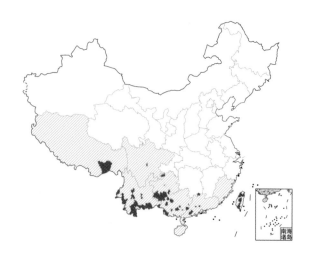

条，有刺或无刺；叶柄长 2~4cm，具 1~2 枚皮刺或无。伞房花序腋外生，2~3 歧，毛被厚，总花梗长 1~1.5cm，具 1 枚细直刺或无，花梗长 5~10mm，被腺毛及星状毛；花白色；萼杯状，长约 4mm，外面被星状毛及腺毛，端 5 裂，裂片卵状长圆形，长约 2mm，先端骤尖；花冠辐形，直径约 1.5cm，筒部隐于萼内，长约 1.5mm，冠檐长约 1.5cm，端 5 裂，裂片卵状披针形，先端渐尖，长 0.8~1cm，外面被星状毛；花丝长约 1mm，花药长 7mm，为花丝长度的 4~7 倍，顶孔向上；子房卵形，光滑，不孕花的花柱短于花药，能孕花的花柱长于花药；柱头截形。浆果黄色，光滑无毛，圆球形，直径 1~1.5cm，宿萼外面被稀疏的星状毛，果柄长约 1.5cm，上部膨大。种子盘状，直径 1.5~2mm。花果期全年。

生境：生于热带地方的路旁、荒地、灌木丛中、沟谷及村庄附近等潮湿地方。

水茄 *Solanum torvum* Sw. 植株

水茄 *Solanum torvum* Sw. 果实

水茄 *Solanum torvum* Sw. 居群

水茄 *Solanum torvum* Sw. 花序

水茄 *Solanum torvum* Sw. 种子

国内分布：西藏、云南、贵州、广西、广东、海南、香港、四川、澳门、福建、台湾。

国外分布：原产美洲加勒比地区；现热带地区广布。

入侵历史及原因：1827 年在澳门发现。引种栽培，最早在华南地区逸生，后传播到内地。

入侵危害：有时也侵入农田，一般危害较轻。植株高大，排挤当地植物生长。植物体有刺易扎伤人畜。

近似种：刺天茄 *Solanum violaceum* Ortega 与水茄 *S. torvum* Sw. 的区别在于叶卵形，较小，长5~7 (~11) cm，宽 2.5~5.2 (~8.5)cm[后者叶单生或双生，卵形至椭圆形，长 6~12 (~19)cm，宽 4~9 (~13) cm]；蝎尾状花序腋外生（后者伞房花序腋外生）；花蓝紫色，或少为白色（后者花白色）；浆果成熟时橙红色，直径 1cm，宿存萼反卷（后者浆果黄色，直径 1~1.5cm，宿存萼不反卷）等。

水茄 *Solanum torvum* Sw. 小枝皮刺

刺天茄 *Solanum violaceum* Ortega 植株

39. 玄参科 Scrophulariaceae

黄花假马齿 *Mecardonia procumbens* (Mill.) Small

别名：黄花过长沙舅、伏胁花

英文名：Baby Jump-Up

分类地位：玄参科 Scrophulariaceae

危害程度：轻度入侵。

性状描述：多年生草本，高 8~20cm，基部多分枝，铺散或多少外倾，全体无毛，植株干后常变黑。茎四棱形，直径 1~1.5mm，节间通常长 1.5~2cm。叶对生，无柄或基部渐狭而有长 2~5mm 而带翅的柄；叶片椭圆形或卵形，长 1~2cm，宽 0.6~1.3cm，先端略尖，边缘具锯齿；两面无毛，上面具腺点；侧脉显著，3~5 对。花单生于叶腋，花梗长 7~12mm；苞片 2 枚，在花梗的基部对生，披针形或狭倒披针形，长 4~7mm，宽 1~2mm，全缘或中部以上有不明显的锯齿；萼片 5 枚，完全分离，覆瓦状排列，外面的 3 枚宽卵形或宽的卵状椭圆形，长 6~7mm，宽 3.5~4mm，最外面的 1 枚略大于其他 2 枚，全

缘，具 7~9 条脉，内面的 2 枚萼片线状披针形，长 6~7mm，宽 0.5mm，具 1 条脉；花冠筒状，黄色，略长于萼片，长 6~8mm，二唇形；上唇具缺刻或先端 2 浅裂，长约 3mm，宽约 3.5mm，具红褐色的脉 6 条，基部内面密被黄色柔毛；下唇 3 裂，裂片近相等，长约 2mm，宽约 2mm，具 3 条不明显的脉；雄蕊 4 枚，贴生于冠管的近基部，全育，2 强，长雄蕊的花丝长约 2mm，短雄蕊的花丝长约 1.5mm，

黄花假马齿 *Mecardonia procumbens* (Mill.) Small 植株

黄花假马齿 *Mecardonia procumbens* (Mill.) Small 植株

黄花假马齿 *Mecardonia procumbens* (Mill.) Small 花

黄花假马齿 *Mecardonia procumbens* (Mill.) Small 植株

黄花假马齿 *Mecardonia procumbens* (Mill.) Small 居群

花药两两不靠合，2 裂；雌蕊长 3.5~4mm，子房椭圆状，长 2~2.5mm，宽 0.8~1mm，花柱短，柱头扁唇形。蒴果椭圆状，黄褐色，长约 5mm，宽约 2mm，室间开裂；种子圆柱状，长约 0.5mm，黑色，表面具网纹。花果期 3~11 月。

生境：喜生于阳光充足的潮湿草地，在墙角和地砖缝隙中亦能良好生长并开花结实。

国内分布：广东、福建、台湾、广西。

国外分布：原产热带美洲及美国南部。

入侵历史及原因：2001 年首次报道在台湾的分布。无意引入。

入侵危害：适应能力、传播能力均较强，主要危害农田、苗圃和城市绿地，易成为杂草。

黄花假马齿 *Mecardonia procumbens* (Mill.) Small 花

蔓柳穿鱼
Cymbalaria muralis G. Gaertn. B. Mey. & Scherb.

别名： 铙钹花

英文名： Wandering–Sailor

分类地位： 玄参科 Scrophulariaceae

危害程度： 潜在入侵。

性状描述： 蔓生多年生草本。茎纤细长达60cm，下部节生细长不定根。单叶互生，叶片心脏形或圆肾形、半圆形，长 0.8~2.5cm，宽 1.2~3cm，掌状 5~7 裂，裂片深达叶片 1/3，有时侧裂片又 2 浅裂，裂片先端具短尖头，叶基深心形，叶柄细弱，长为叶片的 2~3 倍。花单生叶腋，花梗细，长 1.5~2.5cm，花萼 5 裂，达基部，裂片披针形，长 2~2.5mm；花冠蓝紫色或浅蓝色，长 9~15mm，花冠筒末端有与萼片等长的短距，上唇 2 裂，直立，下唇 3 裂，中裂片隆起呈纵折，封住喉部，纵折黄色或白色，具腺毛，雄蕊 4 枚，2 强；子房球形，花柱单一，柱头细小。蒴果无毛，长度超过花萼，不规则开裂。种子直径 1mm，球形，黑色，具瘤状突起。

生境： 常见于山坡、石缝、石砾地。

国内分布： 北京、河南、江西。

国外分布： 原产欧洲。

入侵历史及原因： 2000 年河南鸡公山有鉴定报道。引种作观赏。

入侵危害： 排挤本地物种，侵占生态位，破坏当地生态系统。

蔓柳穿鱼 *Cymbalaria muralis* G. Gaertn. B. Mey. & Scherb. 植株

蔓柳穿鱼 *Cymbalaria muralis* G. Gaertn. B. Mey. & Scherb. 花

蔓柳穿鱼 *Cymbalaria muralis* G. Gaertn. B. Mey. & Scherb. 居群

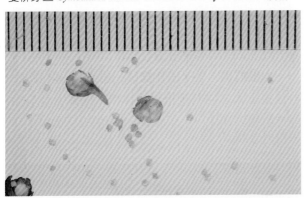

蔓柳穿鱼 *Cymbalaria muralis* G. Gaertn. B. Mey. & Scherb. 种子

蔓柳穿鱼 *Cymbalaria muralis* G. Gaertn. B. Mey. & Scherb. 叶

蔓柳穿鱼 *Cymbalaria muralis* G. Gaertn. B. Mey. & Scherb. 花

蔓柳穿鱼 *Cymbalaria muralis* G. Gaertn. B. Mey. & Scherb. 叶

野甘草 *Scoparia dulcis* L.

别名：冰糖草

英文名：Sweet Broom

分类地位：玄参科 Scrophulariaceae

危害程度：中度入侵。

性状描述：直立草本或为半灌木状，高可达100cm，茎多分枝，枝有棱角及狭翅，无毛。叶对生或轮生，菱状卵形至菱状披针形，长达35mm，宽达15mm，枝上部叶较小而多，先端钝，基部长渐狭，全缘而成短柄，前半部有齿，齿有时颇深，多少缺刻状而重出，有时近全缘，两面无毛。花单朵或更多成对生于叶腋，花梗细，长5~10mm，无毛；无小苞片，萼分生，齿4枚，卵状矩圆形，长约2mm，先端有钝头，具睫毛；花冠小，白色，直径约4mm，有极短的管，喉部生有密毛，瓣片4片，上方1片稍微大，钝头，而缘有啮痕状细齿，长2~3mm，雄蕊4枚，近等长，花药箭形，花柱挺直，柱头截形或凹入。蒴果卵圆形至球形，直径2~3mm，室间室背均开裂，中轴胎座宿存。

生境：多生长于荒地、山坡、路旁，喜生于湿润环境，为旱作物地及荒地、路旁杂草。

国内分布：福建、台湾、广东、香港、澳门、海南、广西、云南；近年来在上海也有发现。

国外分布：原产热带美洲；世界热带地区广泛归化。

入侵历史及原因：19世纪中叶在香港归化。有意引进，人工引种到香港，后传播到华南地区。

入侵危害：危害农作物田、蔬菜田、果园，一般危害不大，同时排挤当地物种，危害生态系统，降低生物多样性。

野甘草 *Scoparia dulcis* L. 居群

野甘草 *Scoparia dulcis* L. 花

野甘草 *Scoparia dulcis* L. 植株

野甘草 *Scoparia dulcis* L. 花枝

野甘草 *Scoparia dulcis* L. 花

野甘草 *Scoparia dulcis* L. 花

野甘草 *Scoparia dulcis* L. 花

轮叶离药草 *Stemodia verticillata* (Mill) Hassl.

别名：Whorled Twintip

英文名：Sweet Broom

分类地位：玄参科 Scrophulariaceae

危害程度：中度入侵。

性状描述：多年生草本，植株直立或斜卧，高4~17cm，嫩枝、叶柄及叶背皆被短茸毛。叶对生或轮生，叶柄长 0.2~1cm，具翅；叶片卵形至椭圆形，叶缘锯齿明显，稍翻折，叶背中脉明显，基部楔形无齿，叶片长 0.8~1.4 cm，宽 0.3~0.9cm。花单生，花序生于叶腋，花梗长约 1cm；花萼 5 深裂，裂片表面被茸毛，呈线形披针形，先端锐尖，宿存；花冠紫色至深紫色，外面疏生毛，二唇形，上唇不明显 2 浅裂，下唇 3 浅裂；雄蕊 4 枚，雌蕊 1 枚；2强雄蕊，着生于花冠管的约 2/3 处，花药 2 囊，花萼长于花冠，紫色花冠外被短茸毛。蒴果近扁球形至卵形；成熟时种子灰褐色，种子较多，椭圆形，灰色。花期 8~9 月，果期 9~10 月。

生境：喜生于阳光充足的草地上，在水边、潮湿地、墙角、地砖缝隙中都能良好生长。

国内分布：海南、广东、广西、台湾、云南。

国外分布：原产墨西哥、南美北部及加勒比地区。

入侵历史及原因：2005 年在深圳首次采到标本。无意引入。

入侵危害：适应能力、扩散能力强，主要危害农田、苗圃和城市绿地，易成为杂草。

轮叶离药草 *Stemodia verticillata* (Mill) Hassl. 居群

轮叶离药草 *Stemodia verticillata* (Mill) Hassl. 居群

轮叶离药草 *Stemodia verticillata* (Mill) Hassl. 花果枝

轮叶离药草 *Stemodia verticillata* (Mill) Hassl. 花枝

直立婆婆纳 *Veronica arvensis* L.

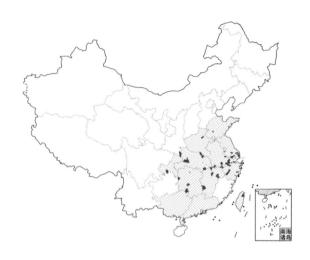

别名：脾寒草、玄桃

英文名：Wall Speedwell

分类地位：玄参科 Scrophulariaceae

危害程度：轻度入侵。

性状描述：草本植物，株高 10~30cm，被细软毛；茎直立或下部斜生，基部分枝，被白色长柔毛。叶对生，卵形或卵圆形，长 0.5~1.5cm，宽 0.4~1cm，具 5 条脉，边缘有钝齿，基部圆形，两面有硬毛；下部叶有短柄，中上部的叶无柄。总状花序长而多花，长可达 20cm，被多白色腺毛；苞片长卵形或长椭圆形，全缘；花梗很短，长约 1.5cm；花萼长 3~4mm，裂片线状椭圆形，前方 2 枚长，后方 2 枚短；花冠蓝紫色或蓝色，长约 2mm，裂片圆形至长椭圆形，雄蕊短于花冠。蒴果倒心形，侧扁，长 2.5~3.5mm，宽略大于长，边缘有腺毛，凹口极深，宿存花柱不伸出凹口，有细毛，边缘的毛较长。种子细小，光滑，圆形或长圆形，长约 1mm。花期 4~5 月。

生境：生于海拔 200m 以下的路边及荒野草地。

国内分布：安徽、广东、广西、河南、湖北、湖南、江苏、江西、山东、上海、台湾、浙江、重庆。

国外分布：原产欧洲；在其他地方归化，现广布东半球。

入侵历史及原因：1956 年在武汉采到标本。华中和华东地区广泛分布。无意引进，人类和动物活动裹挟传播，由华东地区向外扩散。

入侵危害：为南方旱地杂草。主要危害麦类、蔬菜、油菜、茶、花卉、苗木，发生量小，一般危害不重。

直立婆婆纳 *Veronica arvensis* L. 居群

直立婆婆纳 *Veronica arvensis* L. 花

直立婆婆纳 *Veronica arvensis* L. 果实

直立婆婆纳 *Veronica arvensis* L. 花

阿拉伯婆婆纳 *Veronica persica* Poir.

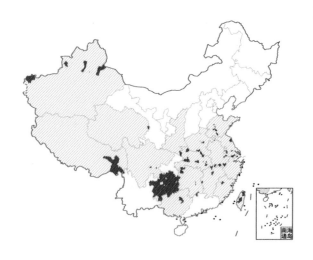

别名：波斯婆婆纳

英文名：Winter Speedwell

分类地位：玄参科 Scrophulariaceae

危害程度：中度入侵。

性状描述：铺散多分枝草本，高 10~50cm；茎密生两列多细胞柔毛。叶 2~4 对，具短柄，卵形或圆形，长 6~20mm，宽 5~18mm，基部浅心形、平截或浑圆，边缘具钝齿，两面疏生柔毛。总状花序很长；苞片互生，与叶同形且几乎等大；花梗比苞片长，有的超过 1 倍；花萼花期长仅 3~5mm，果期增大达 8mm，裂片卵状披针形，有睫毛，3 出脉；花冠蓝色、紫色或蓝紫色，长 4~6mm，裂片卵形至圆形，喉部疏被毛；雄蕊短于花冠。蒴果肾形，长约 5mm，宽约 7mm，被腺毛，成熟后几乎无毛，网脉明显，凹口角度超过 90°，裂片钝，宿存的花柱长约 2.5mm，超出凹口。种子背面具深的横纹，长约 1.6mm。花期 3~5 月。

生境：生于路边、宅旁、旱地、夏熟作物田，特别是麦田中。

国内分布：安徽、福建、广西、贵州、河南、湖北、湖南、浙江、江苏、江西、青海、山东、陕西、上海、四川、台湾、西藏、新疆。

国外分布：原产西亚；现温带及亚热带地区广泛归化。

入侵历史及原因：祁天赐载于《江苏植物名录》（1921 年）。1933 年采自湖北武昌。由人类活动或农产品贸易等裹挟，无意引进。

入侵危害：主要危害麦类、蔬菜、花卉，也危害果园、苗圃和绿地。同时也是黄瓜花叶病毒、李痘病毒、蚜虫等多种病虫的中间寄主。

阿拉伯婆婆纳 *Veronica persica* Poir. 植株

阿拉伯婆婆纳 *Veronica persica* Poir. 蒴果

阿拉伯婆婆纳 *Veronica persica* Poir. 居群

阿拉伯婆婆纳 *Veronica persica* Poir. 叶

阿拉伯婆婆纳 *Veronica persica* Poir. 居群

婆婆纳 *Veronica polita* Fr.

别名：双肾草

英文名：Field Speedwell, Wayside Speedwell

分类地位：玄参科 Scrophulariaceae

拉丁异名：*Veronica didyma* var. *lilacina* T. Yamaz.

危害程度：中度入侵。

性状描述：茎基部多少分枝成丛，纤细，匍匐或上升，多少被柔毛，高 10~25cm。叶对生，具短柄，三角状圆形，长 5~10mm，通常有 7~9 个钝锯齿。总状花序顶生；苞片叶状，互生；花梗略比苞片短，花后向下反折；花萼 4 深裂几达基部，裂片卵形，果期长达 5mm，被柔毛；花冠蓝紫色，辐状，直径 4~8mm，筒部极短。蒴果近似肾形，稍扁，密被柔毛，在脊处混有腺毛，略比萼短，宽 4~5mm，凹口成直角，裂片先端圆，脉不明显，花柱与凹口齐或略过之。种子舟状深凹，背面波状纵皱纹。

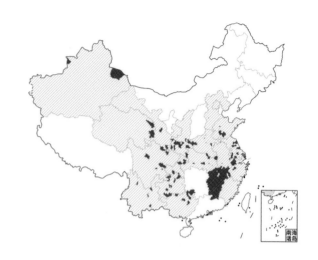

生境：生于海拔 2 200m 以下的荒地、林缘、路旁。

国内分布：北京、河北、山东、河南、陕西、甘肃、青海、新疆、江苏、安徽、上海、浙江、江西、福建、湖北、四川、重庆、贵州、广西、云南。

国外分布：原产西亚；世界温带和亚热带地区广泛归化。

入侵历史及原因：《救荒本草》(1586 年) 首次记载。经由丝绸之路，引种作物、货物运输或旅行无意带入。

入侵危害：为田园中常见杂草，主要危害小麦、大麦、蔬菜、果树等作物。

婆婆纳 *Veronica polita* Fr. 花序

婆婆纳 *Veronica polita* Fr. 植株

婆婆纳 *Veronica polita* Fr. 居群

婆婆纳 *Veronica polita* Fr. 蒴果

婆婆纳 *Veronica polita* Fr. 叶

40. 紫葳科 Bignoniaceae

猫爪藤 *Macfadyena unguis-cati* (L.) A. H. Gentry

英文名：Yellow Trumpet Vine

分类地位：紫葳科 Bignoniaceae

危害程度：中度入侵。

性状描述：茎多分枝，藉气根攀缘；分枝纤细平滑。叶对生，先端具 3 枚钩状卷须；对生叶长圆形，先端渐尖，基部钝。花单生或 2~5 朵组成圆锥花序，被疏柔毛，钟形花萼先端近于平截，膜质；具直出长冠喉，5 枚裂片，2 枚反卷，3 枚平出，绿色花萼，萼端浅裂，花冠长筒铃形，两侧对称，冠径 4~6cm，5 单瓣，瓣端截状，浅 2 裂；花冠黄色，钟状至漏斗状，檐部裂片 5 枚，近圆形，不等长。蒴果线形，长达 28cm，宽 8~10mm，海绵质隔膜较薄。种子多数，具宽膜质翅，由风吹扬传播。花期 4 月，果期 6 月。

生境：生于路边、林缘以及树林等生境。

国内分布：广东、福建。

国外分布：原产热带美洲；在热带亚洲归化。

入侵历史及原因：1840 年福建厦门鼓浪屿成为英国租界后从海外引入。有意引进，栽培引入。

入侵危害：老藤可成为绞杀植物。枝叶覆盖树木，使之生长不良或导致死亡，就连数百年的古榕树也不能幸免。

猫爪藤 *Macfadyena unguis-cati* (L.) A. H. Gentry 居群

猫爪藤 *Macfadyena unguis-cati* (L.) A. H. Gentry 花

猫爪藤 *Macfadyena unguis-cati* (L.) A. H. Gentry 花

猫爪藤 *Macfadyena unguis-cati* (L.) A. H. Gentry 居群

41. 爵床科 Acanthaceae

翼叶山牵牛 *Thunbergia alata* Bojer ex Sims

别名：翼叶老鸦嘴、黑眼苏珊

英文名：Black-Eyed Susan Vine

分类地位：爵床科 Acanthaceae

危害程度：潜在入侵。

性状描述：缠绕草本。茎具 2 槽，被倒向柔毛。叶柄具翼，长 1.5~3cm，被疏柔毛；叶片卵状箭头形或卵状稍戟形，先端锐尖，长 2~7.5cm，宽 2~6cm，边缘具 2~3 短齿或全缘，两面被稀疏柔毛间糙硬毛，背面稍密；脉掌状 5 出，主肋具 1~2 条侧脉。花单生叶腋，花梗长 2.5~3cm，疏被倒向柔毛；小苞片卵形，长 1.5~1.8cm，宽 1~1.4cm，先端急尖或渐尖，钝，具 5~7 条脉，外面被近贴伏柔毛；萼成 10 枚不等大小齿；花冠管长 2~4mm，喉长 10~15mm，冠檐直径约 40mm，冠檐裂片倒卵形，冠檐黄色，喉蓝紫色；花丝无毛，长约 4mm；花药具短尖头，长 3.5~4mm，药室基部和缝部具髯毛；花粉直径 45μm；子房及花柱无毛；花柱长 8mm；

柱头约在喉中部，不外露，裂片长 1.5~2.5mm，宽 1.2~2.0mm，两个对折，上方的直立，下方的开展。蒴果带有种子的部分直径约 10mm，高约 7mm，喙长 1.4cm，基部直径 3mm，整个果实被开展柔毛。

生境：生于田野、荒地的腐叶土或沙壤土中。

国内分布：福建、广东、台湾、香港、云南。

国外分布：原产热带非洲；在热带亚热带地区栽培。

翼叶山牵牛 *Thunbergia alata* Bojer ex Sims 居群

翼叶山牵牛 *Thunbergia alata* Bojer ex Sims 植株

翼叶山牵牛 *Thunbergia alata* Bojer ex Sims 花

翼叶山牵牛 *Thunbergia alata* Bojer ex Sims 花

翼叶山牵牛 *Thunbergia alata* Bojer ex Sims 叶

翼叶山牵牛 *Thunbergia alata* Bojer ex Sims 植株

入侵历史及原因：《广州植物志》（1956 年）记载。有意引进，作为观赏植物引种栽培。

入侵危害：常攀附其他植物生长，竞争水源和养分，排挤当地物种。

42. 车前科 Plantaginaceae

北美车前 *Plantago virginica* L.

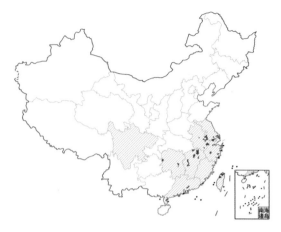

别名：毛车前

英文名：Virginia Plantain

分类地位：车前科 Plantaginaceae

危害程度：轻度入侵。

性状描述：一年生或二年生草本，直根纤细；根茎短。叶基生呈莲座状，平卧至直立；叶片倒披针形至倒卵状披针形，长 (2~)3~18cm，宽 0.5~4cm，先端急尖或近圆形，边缘波状、疏生牙齿或近全缘，基部狭楔形，下延至叶柄，两面及叶柄散生白色柔毛，脉 (3~)5 条；叶柄长 0.5~5cm，具翅或无翅，基部鞘状。花序 1 至多数；花序梗直立或弓曲上升，长 4~20cm，较纤细，有纵条纹，密被开展的白色柔毛，中空；穗状花序细圆柱状，长 (1~)3~18cm，下部常间断；苞片披针形或狭椭圆形，长 2~2.5mm，龙骨突宽厚，宽于侧片，背面及边缘有白色疏柔毛；萼片与苞片等长或略短，前对萼片

倒卵圆形，龙骨突较宽，不达先端，先端钝，两侧片不等宽，先端及背面有白色短柔毛；后对萼片宽卵形，龙骨突较狭，伸出先端，两侧片较宽，龙骨突及边缘疏生白色短柔毛；花冠淡黄色，无毛，冠筒等长或略长于萼片；花二型，能育花的花冠裂片卵状披针形，长 1.5~2.5mm，直立；雄蕊着生于冠筒内面先端，被直立的花冠裂片所覆盖，花药卵形。蒴果卵球形。种子 2 粒，卵形或长卵形。花期 4~5 月，

北美车前 *Plantago virginica* L. 居群

北美车前 *Plantago virginica* L. 花序

北美车前 *Plantago virginica* L. 叶

北美车前 *Plantago virginica* L. 居群

果期 5~6 月。

生境：生于铁路沿线地区的路边、田埂、宅旁、疏林、果园、菜地和夏熟作物田。

国内分布：浙江、上海、江苏、安徽、江西、福建、台湾、广东、湖南、四川。

国外分布：原产北美洲；现世界温暖地区广泛归化。

入侵历史及原因：1951 年始见于江西南昌市莲塘区。无意引进，随游客等分别传入华东地区和台湾，再扩散蔓延到其他省区。

入侵危害：种子遇水产生黏液，藉人和动物以及交通工具传播。为果园、旱田及草坪杂草，当种群密度大，花粉数量较多时，可能会导致花粉过敏症。

近似种：平车前 *Plantago depressa* Willd. 与北美车前 *P. virginica* L. 的区别在于叶片椭圆形、椭圆状披针形或卵状披针形（后者叶片倒披针形至倒卵状披针形）；花序梗长 5~18cm，有纵条纹，疏生白色短柔毛（后者密被开展的白色柔毛）；每室种子 4~5 粒（后者种子 2 粒）等。

平车前 *Plantago depressa* Willd. 植株

43. 茜草科 Rubiaceae

盖裂果 *Mitracarpus hirtus* (L.) DC.

英文名: Tropical Girdlepod

分类地位: 茜草科 Rubiaceae

危害程度: 潜在入侵。

性状描述: 一年生草本。直立、分枝，高 40~80cm；茎下部近圆柱形，上部微具棱，被疏粗毛。叶无柄，长圆形或披针形，长 3~4.5cm，宽 0.7~1.5cm，先端短尖，基部渐狭，上面粗糙或被极疏短毛，下面被毛稍密和略长，边缘粗糙；叶脉纤细而不明显；托叶鞘形，先端刚毛状，裂片长短不齐。花细小，簇生于叶腋，有线形与萼近等长的小苞片；萼管近球形，萼檐裂片长的长 1.8~2mm，短的长 0.8~1.2mm，具缘毛；花冠漏斗形，长 2~2.2mm，管内和喉部均无毛，裂片三角形，长为冠管长的 1/3，先端钝尖；子房 2 室，花柱异形，不明显。果近球形，直径约 1mm，表皮粗糙或被疏短毛。种子深褐色，近长圆形。花期 4~6 月。

生境: 生于公路荒地上。

国内分布: 北京、河北、江西、福建、广西、云南、香港、广东、海南。

国外分布: 原产美洲安第斯山区；印度、热带东非和西非归化。

入侵历史及原因: 高蕴璋（1986 年）首次在我国海南岛报道发现。可能随人流、物流带入。

入侵危害: 排挤本地物种，破坏当地生态系统，造成生物多样性丰富度的减少。

盖裂果 *Mitracarpus hirtus* (L.) DC. 果枝

盖裂果 *Mitracarpus hirtus* (L.) DC. 植株

盖裂果 *Mitracarpus hirtus* (L.) DC. 植株

巴西墨苜蓿 *Richardia brasiliensis* Gomes

别名：巴西拟鸭舌癀

英文名：White-Eye

分类地位：茜草科 Rubiaceae

危害程度：恶性入侵。

性状描述：一年生或多年生草本植物；茎匍匐或偶有上升，很少生于下部节上，长 2~4mm，具长硬毛。叶椭圆形到卵形，长 1.6~4(~7.5) cm，先端锐尖或钝，基部渐狭，叶柄长 0.1~1cm，宽约 2mm，刚毛 1.5~5mm。花 20 朵以上，总苞片 1~2 枚，不育的腋生花很少也存在；花萼通常 6 浅裂，裂片 1.5~3.5mm 长，无毛或粗糙，边缘具缘毛；花冠白色或很少上升，漏斗状，(4~)6 裂，管 3~8mm 长，裂片 1~3mm 长，具有上凸角毛簇；子房 3 单细胞，分果爿 2~3 个，宽倒卵形，长 2.5~3(~4)mm，背面具乳突和糙伏毛，正面具中间的脊，无毛。

生境：生于沿海沙地、耕地或旷野杂草。

国内分布：海南、广东。

国外分布：原产南美洲。

入侵历史及原因：约 20 世纪 80 年代传入我国南部。无意引入。

入侵危害：可能成为危害旱地作物的恶性入侵植物。

巴西墨苜蓿 *Richardia brasiliensis* Gomes 居群

墨苜蓿 *Richardia scabra* L.

别名：拟鸭舌癀、李察草

英文名：Rough Mexican Clover

分类地位：茜草科 Rubiaceae

危害程度：轻度入侵。

性状描述：一年生匍匐或近直立草本，长可至80余厘米或过之；主根近白色。茎近圆柱形，被硬毛，节上无不定根，疏分枝。叶厚纸质，卵形、椭圆形或披针形，长1~5cm或过之，先端通常短尖，钝头，基部渐狭，两面粗糙，边上有缘毛；叶柄长5~10mm；托叶鞘状，顶部截平，边缘有数条长2~5mm的刚毛。头状花序有花多朵，顶生，几无总梗，总梗先端有1对或2对叶状总苞，为2对时，则里面1对较小，总苞片阔卵形；花6数或5数；萼长2.5~3.5mm，萼管顶部缢缩，萼裂片披针形或

狭披针形，长约为萼管的2倍，被缘毛；花冠白色，漏斗状或高脚碟状，管长2~8mm，里面基部有一环白色长毛，裂片6枚，盛开时星状展开，偶有薰衣草的气味；雄蕊6枚，伸出或不伸出；子房通常有3枚心皮，柱头头状，3裂。分果瓣3(~6)个，长2~3.5mm，长圆形至倒卵形，背部密覆小乳突和糙伏毛，腹面有1条狭沟槽，基部微凹。花期春夏间。

生境：多生于海边沙地上。

国内分布：福建、广东、广西、海南、台湾。

国外分布：原产美洲安第斯山区；印度归化。

入侵历史及原因：约20世纪80年代传入我国西南部。可能随花木带入。

入侵危害：耐瘠、耐旱，且能产生大量的种子，有可能成为一种危害旱地作物的恶性杂草。

墨苜蓿 *Richardia scabra* L. 居群

墨苜蓿 *Richardia scabra* L. 花

墨苜蓿 *Richardia scabra* L. 居群

墨苜蓿 *Richardia scabra* L. 花

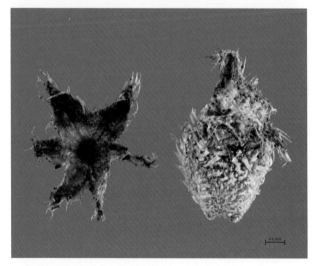

墨苜蓿 *Richardia scabra* L. 种子

阔叶丰花草 *Spermacoce alata* Aubl.

别名：阔叶鸭舌癀舅

英文名：Buttonweed

分类地位：茜草科 Rubiaceae

拉丁异名：*Borreria latifolia* (Aubl.) K.Schum.; *Spermacoce latifolia* Aubl.

危害程度：轻度入侵。

性状描述：披散、粗壮草本，被毛；茎和枝均为明显的四棱柱形，棱上具狭翅。叶椭圆形或卵状长圆形，长度变化大，长 2~7.5cm，宽 1~4cm，先端锐尖或钝，基部阔楔形而下延，边缘波浪形，鲜时黄绿色，叶面平滑；侧脉每边 5~6 条，略明显；叶柄长 4~10mm，扁平；托叶膜质，被粗毛，顶部有数条长于鞘的刺毛。花数朵丛生于托叶鞘内，无梗；小苞片略长于花萼；萼管圆筒形，长约 1mm，被粗毛，萼檐 4 裂，裂片长 2mm；花冠漏斗形，浅紫色，罕有白色，长 3~6mm，里面被疏散柔毛，基部具 1 毛环，顶部 4 裂，裂片外面被毛或无毛；花柱长 5~7mm，柱头 2 裂，裂片线形。蒴果椭圆形，长约 3mm，直径约 2mm，被毛，成熟时从顶部纵裂至基部，隔膜不脱落或 1 个分果爿的隔膜脱落。种子近椭圆形，两端钝，长约 2mm，直径约 1mm，干后浅褐色或黑褐色，无光泽，有小颗粒。花果期 5~7 月。

生境：多见于废墟和荒地上。

国内分布：广东、广西、福建、海南、台湾、香港、澳门、浙江、湖南、云南。

国外分布：原产热带美洲；现泛热带分布。

入侵历史及原因：1937 年作为军马饲料引进广东等地，20 世纪 70 年代常作为地被植物栽培。有意引进，引种栽培在广东，再扩散到其他省区。

阔叶丰花草 *Spermacoce alata* Aubl. 花枝

阔叶丰花草 *Spermacoce alata* Aubl. 花

阔叶丰花草 *Spermacoce alata* Aubl. 居群

阔叶丰花草 *Spermacoce alata* Aubl. 花

入侵危害：现在已成为华南地区常见杂草，入侵茶园、桑园、果园、咖啡园、橡胶园以及花生、甘蔗、蔬菜等旱作物地，对花生的危害尤为严重。

阔叶丰花草 *Spermacoce alata* Aubl. 植株

阔叶丰花草 *Spermacoce alata* Aubl. 花

阔叶丰花草 *Spermacoce alata* Aubl. 花

44. 葫芦科 Cucurbitaceae

刺果瓜 *Sicyos angulatus* L.

别名：刺果藤、棘瓜、单子刺黄瓜

英文名：Burcucumber

分类地位：葫芦科 Cucurbitaceae

危害程度：潜在入侵。

性状描述：一年生攀缘草本。茎长 5~20m，具纵棱，被开展的硬毛，具 3~5 分叉的卷须。叶互生，具柄；叶片圆形、卵圆形或宽卵圆形，3~5 浅裂，长 5~22cm，宽 3~30cm，基部具深心形，裂片三角形，两面微糙。花单性，雌雄同株；雄花排列成总状花序，花序梗长 10~20cm；花萼钻形，长约 1mm；花冠黄白色，具绿色脉，直径 9~14mm，5 深裂，裂片先端急尖；雌花直径约 6mm，淡绿色，聚成头状花序，花序梗长 1~2cm。果长卵圆形，长 10~15mm，先端渐尖，外面散生柔毛和长刚毛，黄色或土灰色，内含 1 粒种子。种子椭圆状卵形，长 7~10mm，光滑。花期 7~10 月，果期 8~11 月。

生境：常生于低矮林间、悬崖底部、低地、田间、灌木丛、铁路旁、荒地。

国内分布：辽宁、北京、台湾、四川、云南、山东。

国外分布：原产北美洲东部。

入侵历史及原因：1952 年在日本静冈县首次发现该种；在中国大陆，2003 年刺果瓜首次发现于大连，2005 年首次报道其危害性，国家植物检疫部门也告诫各地警惕这种恶性杂草，2012 年刺果瓜在大连城市及郊区蔓延，该种在大连可能是无意引种。

刺果瓜 *Sicyos angulatus* L. 居群

刺果瓜 *Sicyos angulatus* L. 叶

刺果瓜 *Sicyos angulatus* L. 果实

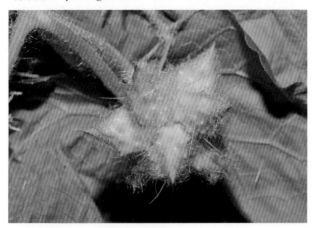

刺果瓜 *Sicyos angulatus* L. 果实

入侵危害：刺果瓜通过竞争或占据生态位来排挤本地物种，与本地物种竞争生存空间、直接扼杀当地物种、分泌释放化学物质以抑制其他生物生长，减少本地物种的种类和数量，甚至导致物种濒危或灭绝。使玉米、大豆等旱地作物减产。

刺果瓜 *Sicyos angulatus* L. 种子

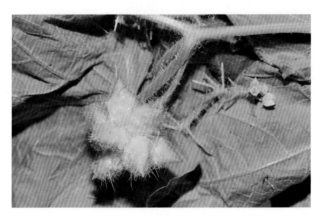

刺果瓜 *Sicyos angulatus* L. 果实

刺果瓜 *Sicyos angulatus* L. 花

45. 菊科 Asteraceae

刺苞果 *Acanthospermum hispidum* DC.

别名：硬毛刺苞菊

英文名：Texas Cockspur

分类地位：菊科 Asteraceae

危害程度：潜在入侵。

性状描述：一年生草本，高 35~55cm，有纺锤状根；茎直立，倾斜或匍匐，下部直径 4~6mm，中空或具白色髓部，有明显的节，中部以上有两叉状分枝，上部及分枝被白色长柔毛。叶长或宽椭圆形或近菱形，长 2~4cm，宽 1~1.5cm，先端宽尖或钝，中部以上有锯齿，基部楔形，多少抱茎，两面及边缘被密刺毛。头状花序小，顶生或腋生；总苞钟形；总苞片 2 层，外层 5 枚，草质，长圆状披针形，外面及边缘被白色长柔毛，有明显的中脉及网脉；内层倒卵状长圆形，基部紧密包裹雌花，先端具 2 枚直刺，长约 2mm，宽约 1mm，花后增厚包围瘦果；托片膜质，包围两性花，卵圆形，具 2~3 条褶纹，先端不规则撕裂；雌花 1 层，5~6 朵；花冠舌状，舌片小，淡黄色，兜状椭圆形，先端有 3 齿，基部稍被细毛，上端钟形，有 5 裂片，具 3~4 个小腺点；花药基部截形，先端窄尖；花柱不分裂；瘦果长圆形，压扁，藏于增厚变硬的内层总苞片中；成熟的瘦果倒卵状长三角形，基部稍狭，先端截形，有 2 个不等长的开展的硬刺，周围有钩状的刺。花期 6~7 月，果期 8~9 月。

生境：生长于溪边、路旁和荒坡处。

国内分布：香港、海南、广东、云南。

国外分布：原产热带美洲；现世界热带地区广泛归化。

入侵历史及原因：1936 年首次在云南南部采到标本。无意引种。

入侵危害：为一般性杂草。

刺苞果 *Acanthospermum hispidum* DC. 花枝

刺苞果 *Acanthospermum hispidum* DC. 植株

刺苞果 *Acanthospermum hispidum* DC. 花序

刺苞果 *Acanthospermum hispidum* DC. 花序

刺苞果 *Acanthospermum hispidum* DC. 植株

紫茎泽兰
Ageratina adenophora (Spreng.) R. M. King & H. Rob.

别名：破坏草、解放草、细升麻

英文名：White Thoroughwort, Crodton Weed

分类地位：菊科 Asteraceae

拉丁异名：*Eupatorium adenophorum* Spreng.

危害程度：恶性入侵。

性状描述：多年生草本。茎直立，株高 50~120cm，最高达 300cm；根丛生状，无明显主根，靠近地面的茎多须根；植株的茎呈红褐色或紫褐色，茎上有灰白色柔毛，分枝对生。叶对生，叶片卵状三角形或卵状菱形，两面被稀疏短柔毛，基部平截，基出 3 脉，边缘有粗大钝锯齿。花蕾绿白色，呈圆锥形，花白色，头状花序生于分枝先端和茎先端，直径达 6mm，排成伞房花序或复伞房状。每株花序为 63~243 个，每个头状花序长约 5mm，宽约 5mm，含 41~75 朵小花；总苞宽钟形，紧抱小花，含 40~50 朵小花；总苞片线形或线状披针形，有褐色纵条纹。瘦果黑褐色，5 棱，长 15mm，冠毛白色，较花冠稍长。

生境：生于农田、牧草地、经济木林地，甚至荒山、荒地、沟边、路边、屋顶、岩石缝、沙砾堆。

国内分布：广西、贵州、四川、台湾、云南、重庆。

国外分布：原产中美洲；在世界热带地区广泛归化。

入侵历史及原因：1935 年在云南南部发现，可能经缅甸传入。无意引种，经由云南南部逐渐向北扩散蔓延至该省中部和北部，并分别向东、向北入侵广西、四川、贵州，再进一步随长江水流向东北

紫茎泽兰 *Ageratina adenophora* (Spreng.) R. M. King & H. Rob. 居群

紫茎泽兰 *Ageratina adenophora* (Spreng.) R. M. King & H. Rob. 植株

紫茎泽兰 *Ageratina adenophora* (Spreng.) R. M. King & H. Rob. 花枝

紫茎泽兰 *Ageratina adenophora* (Spreng.) R. M. King & H. Rob. 枝叶

紫茎泽兰 *Ageratina adenophora* (Spreng.) R. M. King & H. Rob. 叶

入侵三峡地区。由于其原产地处于热带和南亚热带地区，紫茎泽兰目前主要入侵区域还局限在亚热带地区，但是，其可以演化为耐冷种群可能适应冬季的寒冷，继续向东北方向扩散蔓延。

入侵危害：在其发生区常形成单优群落，排挤本地植物，影响天然林的恢复；侵入经济林地和农田，影响栽培植物生长；堵塞水渠，阻碍交通；全株有毒性，危害畜牧。

紫茎泽兰 *Ageratina adenophora* (Spreng.) R. M. King & H. Rob. 居群

藿香蓟 *Ageratum conyzoides* L.

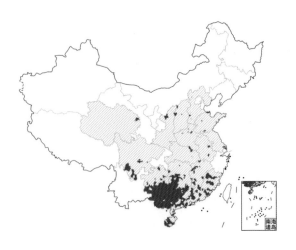

别名：胜红蓟

英文名：Winter Weed

分类地位：菊科 Asteraceae

拉丁异名：*Carelia conyzoides* Kuntze; *Ageratum ciliare* L.

危害程度：严重入侵。

性状描述：一年生草本，高 50~100cm。无明显主根；茎粗壮，或少有纤细的，不分枝或自基部或自中部以上分枝；全部茎枝淡红色，或上部绿色，被白色短柔毛或上部被稠密开展的长茸毛。叶对生，有时上部互生，常有腋生的不发育的叶芽；中部茎叶卵形或椭圆形或长圆形，长 3~8cm，宽 2~5cm；自中部叶向上向下及腋生小枝上的叶渐小或小；叶基部钝或宽楔形，基出 3 脉或不明显 5 出脉，先端急尖，边缘圆锯齿，两面被白色稀疏的短柔毛且有黄色腺点，上面沿脉处及叶下面的毛稍多有时下面

近无毛，上部叶的叶柄或腋生幼枝及腋生枝上的小叶的叶柄通常被白色稠密开展的长柔毛。头状花序 4~18 个通常在茎顶排成紧密的伞房状花序；花序直径 1.5~3cm，少有排成松散伞房花序式的；花梗长 0.5~1.5cm，被短柔毛；总苞钟状或半球形，宽 5mm；总苞片 2 层，长圆形或披针状长圆形，长 3~4mm，外面无毛，边缘撕裂。花淡紫色。瘦果黑褐色，5 棱。冠毛膜片状，5 个或 6 个，长圆形。花果期全年。

生境：生于山谷、山坡林下，或林缘、河边，或山坡草地、田边，或荒地上。

国内分布：安徽、福建、广东、广西、贵州、海南、河北、河南、湖北、湖南、江苏、江西、青海、山东、山西、陕西、四川。

国外分布：原产中南美洲；现在非洲、亚洲热带和亚热带地区归化。

藿香蓟 *Ageratum conyzoides* L. 植株

藿香蓟 *Ageratum conyzoides* L. 花序

藿香蓟 *Ageratum conyzoides* L. 花序

藿香蓟 *Ageratum conyzoides* L. 花枝

入侵历史及原因：19 世纪出现在香港，同时由中南半岛蔓延至云南南部。经周边地区自然传入。

入侵危害：常见于山谷、林缘、河边、茶园、农田、草地和荒地等生境，常侵入秋田作物，如在玉米、甘蔗和甘薯田中，发生量大，危害严重，是区域性的恶性杂草。能产生和释放多种化感物质，抑制本土植物的生长，常在入侵地形成单优群落，对入侵地生物多样性造成威胁，目前已入侵一些自然保护区。

藿香蓟 *Ageratum conyzoides* L. 植株

熊耳草 *Ageratum houstonianum* Mill.

别名：心叶藿香蓟

英文名：Mexican Ageratum，Flossflower

分类地位：菊科 Asteraceae

拉丁异名：*Ageratum mexicanum* Sims

危害程度：轻度入侵。

性状描述：一年生草本，高 30~70cm；茎直立，不分枝；茎基部直径达 6mm；全部茎枝淡红色或绿色或麦秆黄色，被白色茸毛或薄绵毛。叶对生，有时上部的叶近互生，宽或长卵形，或三角状卵形，中部茎叶长 2~6cm，宽 1.5~3.5cm，或长宽相等；自中部向上及向下和腋生的叶渐小或小；全部叶有叶柄，柄长 0.7~3cm，边缘有规则的圆锯齿，齿大或小，或密或稀，先端圆形或急尖，基部心形或平截，3 出基脉或不明显 5 出脉，两面被稀疏或稠密的白色柔毛，下面及脉上的毛较密，上部叶的叶柄、腋生幼枝及幼枝叶的叶柄通常被开展的白色长茸毛。头状花序 5~15 个或更多，在茎枝先端排成直径 2~4cm 的伞房或复伞房花序；花序梗被密柔毛或柔毛；总苞钟状，直径 6~7mm，总苞片 2 层，狭披针形，长 4~5mm，全缘，先端长渐尖，外面被较多的腺质柔毛；花冠长 2.5~3.5mm，檐部淡紫色，5 裂，裂片外面被柔毛；瘦果黑色，有 5 纵棱。冠毛膜片状，5 个，分离，膜片长圆形或披针形。花果期全年。

熊耳草 *Ageratum houstonianum* Mill. 居群

熊耳草 *Ageratum houstonianum* Mill. 居群

熊耳草 *Ageratum houstonianum* Mill. 花序

熊耳草 *Ageratum houstonianum* Mill. 居群

生境：生于路边、农田、果园、桑园、茶园。

国内分布：安徽、福建、广东、广西、贵州、海南、河北、黑龙江、湖南、江西、山东、陕西、四川、台湾、西藏、云南、浙江。

国外分布：原产墨西哥及危地马拉；现非洲、亚洲（南部）和欧洲等地广泛归化。

入侵历史及原因：1911年从日本引入中国台湾。有意引进，引种栽培后逸生。

入侵危害：常危害旱田作物，对甘蔗、花生、大豆危害较大，对果园及橡胶园也能产生危害，在荒地及路边也常见到。

熊耳草 *Ageratum houstonianum* Mill. 花序

豚草 *Ambrosia artemisiifolia* L.

别名：艾叶破布草

英文名：Short Ragweed, Bittereed

分类地位：菊科 Asteraceae

拉丁异名：*Ambrosia elatior* L.; *Ambrosia artemisiifolia* var. *elatior* (L.) Descourt.

危害程度：恶性入侵。

性状描述：一年生草本，高 20~150cm；茎直立，上部有圆锥状分枝，有棱，被疏生密糙毛。下部叶对生，具短叶柄，二次羽状分裂，裂片狭小，长圆形至倒披针形，全缘，有明显的中脉，上面深绿色，被细短伏毛或近无毛；背面灰绿色，被密短糙毛；上部叶互生，无柄，羽状分裂。雄头状花序半球形或卵形，直径 4~5mm，具短梗，下垂，在枝端密集成总状花序；总苞宽半球形或碟形；总苞片全部结合，无肋，边缘具波状圆齿，稍被糙伏毛；花托具刚毛状托片；每个头状花序有 10~15 个不育小花；花冠淡黄色，长 2mm，有短管部，上部钟状，有宽裂片；花药卵圆形；花柱不分裂，先端膨大呈画笔状；雌头状花序无花序梗，在雄头状花序下面或在下部叶腋单生，或 2~3 个密集成团伞状，有 1 个无被能育的雌花，总苞闭合，具结合的总苞片，倒卵形或卵状长圆形，长 4~5mm，宽约 2mm，先端有围裹花柱的圆锥状嘴部，在顶部以下有 4~6 枚尖刺，稍被糙毛；花柱 2 深裂，丝状，伸出总苞的嘴部。瘦果倒卵形，无毛，藏于坚硬的总苞中。花期 8~9 月，果期 9~10 月。

豚草 *Ambrosia artemisiifolia* L. 居群

豚草 *Ambrosia artemisiifolia* L. 花序

豚草 *Ambrosia artemisiifolia* L. 叶

豚草 *Ambrosia artemisiifolia* L. 花枝

豚草 *Ambrosia artemisiifolia* L. 花序

生境：生于荒地、路边、水沟旁、田块周围或农田中。

国内分布：安徽、北京、福建、广东、河北、湖北、湖南、内蒙古、吉林、江苏、江西、辽宁、山东、上海、台湾、天津、新疆、云南、浙江。

国外分布：原产北美洲；在世界各地区归化。

入侵历史及原因：1935 年发现于杭州。无意引种，从苏联借经济交往传入东北，但是华东地区也可能由进口粮食和货物裹挟带入。

入侵危害：是一种恶性杂草，其花粉是人类花粉病的主要病原之一，侵入农田，导致作物减产；还释放多种化感物质，对禾本科、菊科等植物有抑制、排斥作用。

豚草 *Ambrosia artemisiifolia* L. 种子

豚草 *Ambrosia artemisiifolia* L. 果实

多年生豚草 *Ambrosia psilostachya* DC.

别名：裸穗猪草、裸穗豚草

英文名：Western Ragweed

分类地位：菊科 Asteraceae

危害程度：轻度入侵。

性状描述：多年生草本，高达 75（~100）cm。茎多叶，下面无毛，简单或从中部以上具斜升的分枝。下面叶对生，枝生叶互生，下部叶具柄，上部叶近无柄；叶柄 1~3cm；叶片卵形，长 4~10cm，宽（2~）4~9cm，一或二回羽状全裂，大裂片 2~4cm，发散或斜升，线形或椭圆形、长圆形，中轴 2~6mm 宽。合生花序顶生，穗状，长 10~20cm，宽约 10mm，通常被次级腋生枝花序包围，穗状花序一般由 50~100 个头状花序组成；雄性头状花序：总苞杯状或者鼻甲，直径 3~5mm；苞片丝状，先端膨大被短柔毛；小花 15~25 朵；花冠淡黄色或绿黄色，2~2.5mm；花药白色，内折，基部钝；雌性头状花序少且不明显，单生或 2~5 枚簇生在雄穗下部无梗的叶状苞的腋下；小花 1 朵。刺果多少倒卵球形，长 3~4mm（包括喙），宽 2~3mm（包括钝刺）刺长 0.5~0.8mm。

生境：生于荒地、路边、沟边等地。

国内分布：北京、台湾。

国外分布：原产温带北美洲和南美洲部分地区。

入侵历史及原因：种子随进口作物进入我国。

入侵危害：危害禾谷类作物、中耕作物、牧草。生长繁茂，消耗水、肥，严重影响作物生长。叶有苦味，牲畜不食。花粉能引起人患皮炎和枯草高热病。

多年生豚草 *Ambrosia psilostachya* DC. 居群

多年生豚草 *Ambrosia psilostachya* DC. 植株

多年生豚草　*Ambrosia psilostachya* DC. 花序

多年生豚草　*Ambrosia psilostachya* DC. 花果枝

多年生豚草　*Ambrosia psilostachya* DC. 植株

三裂叶豚草 *Ambrosia trifida* L.

别名：豚草、大破布草

英文名：Giant Ragweed

分类地位：菊科 Asteraceae

危害程度：恶性入侵。

性状描述：一年生粗壮草本，高 50~120cm，有时可达 2m 以上；有分枝，被短糙毛，有时近无毛。叶对生，有时互生，具叶柄，下部叶 3~5 裂，上部叶 3 裂或有时不裂，裂片卵状披针形或披针形，先端急尖或渐尖，边缘有锐锯齿，有 3 基出脉，粗糙，上面深绿色，背面灰绿色，两面被短糙伏毛；叶柄长 2~3.5cm，被短糙毛，基部膨大，边缘有窄翅，被长缘毛。雄头状花序多数，圆形，直径约 5mm，有长 2~3mm 的细花序梗，下垂，在枝端密集成总状花序；总苞浅碟形，绿色；总苞片结合，外面有 3 肋，边缘有圆齿，被疏短糙毛；花托无托

片，具白色长柔毛，每个头状花序有 20~25 朵不育的小花；小花黄色，长 1~2mm，花冠钟形，上端 5 裂，外面有 5 条紫色条纹；花药离生，卵圆形；花柱不分裂，先端膨大呈画笔状；雌头状花序在雄头状花序下面上部的叶状苞叶的腋部聚作团伞状，具 1 个无被能育的雌花；总苞倒卵形，长 6~8mm，宽 4~5mm，先端具圆锥状短嘴，嘴部以下有 5~7 肋，

三裂叶豚草 *Ambrosia trifida* L. 居群

三裂叶豚草 *Ambrosia trifida* L. 花序

三裂叶豚草 *Ambrosia trifida* L. 植株

三裂叶豚草 *Ambrosia trifida* L. 植株

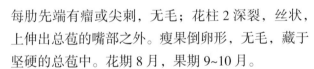

每肋先端有瘤或尖刺，无毛；花柱 2 深裂，丝状，上伸出总苞的嘴部之外。瘦果倒卵形，无毛，藏于坚硬的总苞中。花期 8 月，果期 9~10 月。

生境：生于荒地、路边、水沟旁、田块周围或农田中。

国内分布：北京、河北、黑龙江、吉林、江苏、江西、辽宁、山东、上海、天津、浙江。

国外分布：原产北美洲；现南美洲、欧洲、亚洲均有归化。

入侵历史及原因：20 世纪 30 年代在辽宁铁岭地区发现。无意引种。

入侵危害：危害小麦、大麦、大豆及各种园艺作物，遮盖和压制作物生长，阻碍农业生产，影响作物产量。其散播的花粉引起人体过敏，产生哮喘，严重时可致人死亡。

三裂叶豚草 *Ambrosia trifida* L. 花序

三裂叶豚草 *Ambrosia trifida* L. 果实

田春黄菊 *Anthemis arvensis* L.

别名：刺甘菊、野春黄菊

英文名：Scentless Chamomile

分类地位：菊科 Asteraceae

危害程度：潜在入侵。

性状描述：一年生草本。茎直立，丛生，多分枝，有蛛丝状短毛，先端龙骨状突起，绿色。叶互生，羽状半裂，基部叶细长，有小尖端，大部分叶长5cm，宽2cm，近轴处有稀疏的短毛和小点，叶背有蛛丝状短毛，叶柄有毛。花序单生于茎先端，直径1.2cm，高4~5mm，苞片1~2层，长5mm，宽2mm，干膜质，中脉绿色，外层有蛛丝状短毛，内层无毛，有规则地叠盖在一起；雌花舌状，白色，长1.5cm，宽5~6mm，尖端矩圆形，有2~3枚齿，管状花长2mm，绿色，基部半透明，先端黄色，5个裂片，随成熟而趋向圆形；雄蕊5枚，贴生于管状花基部，花丝短，花药黄色，内藏，长1.1mm，包围于花柱周围，柱头伸出于花药之上，半透明黄色，长5mm。瘦果长1.5mm，浅绿色，无毛，基部缩短，无冠毛；花序托圆锥形，有薄膜片，微叠，

线形，头尖。花果期6~7月。

生境：生于田间、路边和铁路边。

国内分布：东北铁路沿线偶见野生，我国各城市有栽培。

国外分布：原产欧洲中部和南部及亚洲西部地区。

入侵历史及原因：1918年记载在山东青岛栽培。后在东北地区吉林和辽宁发现逸生。有意引进，作为观赏植物引种而逸生。

入侵危害：路边杂草，有时危害田间作物。

田春黄菊 *Anthemis arvensis* L. 花序

春黄菊 *Anthemis tinctoria* L.

别名：洋甘菊、苹果菊

英文名：Yellow Chamomile

分类地位：菊科 Asteraceae

危害程度：轻度入侵。

性状描述：多年生草本。茎直立，高 30~60cm，有条棱，带红色，上部常有伞房状开展的分枝，被白色疏绵毛。叶全形矩圆形，羽状全裂，裂片矩圆形，有三角状披针形、先端具小硬尖的篦齿状小裂片，叶轴有锯齿，下面被白色长柔毛。头状花序单生枝端，大，直径达 3(~4)cm，有长梗；总苞半球形；总苞片被柔毛或渐脱毛，外层披针形，先端尖，内层矩圆状条形，先端钝，边缘干膜质；雌花舌片金黄色；两性花花冠管状，5 齿裂。瘦果四棱形，稍扁，有沟纹；冠状冠毛极短。花果期 7~10 月。

生境：生于路边、灌丛、荒地。

国内分布：安徽、北京、福建、河南、吉林、辽宁、山东、陕西、新疆。

国外分布：原产欧洲。

入侵历史及原因：20 世纪 50 年代引入。有意引种。

入侵危害：逸生地块影响本地植物。

春黄菊 *Anthemis tinctoria* L. 植株

春黄菊 *Anthemis tinctoria* L. 叶

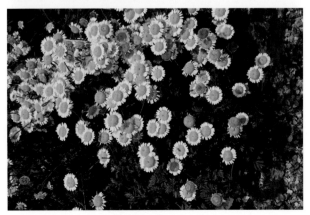

春黄菊 *Anthemis tinctoria* L. 花序

钻形紫菀 *Aster subulatus* **Michx.**

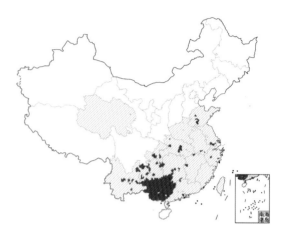

别名：钻叶紫菀、窄叶紫菀

英文名：Sactmarsh Aster

分类地位：菊科 Asteraceae

危害程度：中度入侵。

性状描述：茎高 25~100cm，无毛。茎直立，有条棱，稍肉质，上部略分枝。基生叶倒披针形，花后凋落；茎中部叶线状披针形，长 6~10cm，宽 5~10mm，主脉明显，侧脉不显著，无柄；上部叶渐狭窄，全缘，无柄，无毛。头状花序，多数在茎先端排成圆锥状；总苞钟状，总苞片 3~4 层，外层较短，内层较长，线状钻形，边缘膜质，无毛，背面绿色，先端略带红色；舌状花细狭、小，红色，长与冠毛相等或稍长；管状花多数，短于冠毛。瘦果长圆形或椭圆形，长 1.5~2.5mm，有 5 纵棱，冠毛淡褐色，长 3~4mm。花期 9~11 月。

生境：喜生于潮湿土壤，沼泽或含盐土壤中也可以生长，常沿河岸、沟边、洼地、路边、海岸蔓延。

国内分布：安徽、福建、广东、广西、贵州、河南、湖北、湖南、江苏、江西、青海、山东、云南、浙江、重庆、台湾。

国外分布：原产北美洲；现世界温暖地区广泛归化。

钻形紫菀 *Aster subulatus* Michx. 居群

钻形紫菀 *Aster subulatus* Michx. 居群

钻形紫菀 *Aster subulatus* Michx. 花序

钻形紫菀 *Aster subulatus* Michx. 花序

钻形紫菀 *Aster subulatus* Michx. 植株

入侵历史及原因：1921 年在浙江采到标本，1947 年发现于湖北武昌。可能通过作物或旅行等无意引进到华东地区，再扩散蔓延到其他省区。

入侵危害：侵入农田危害棉花、花生、大豆、甘薯、水稻等作物，也常侵入浅水湿地，影响湿地生态系统及其景观。

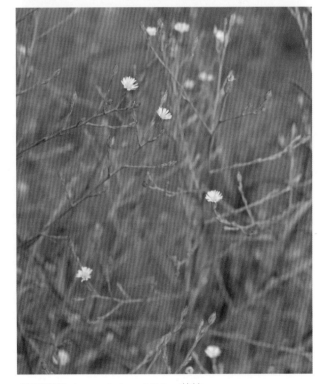

钻形紫菀 *Aster subulatus* Michx. 花枝

白花鬼针草 *Bidens alba* (L.) DC.

别名：鬼针草、金杯银盏、金盏银盆

英文名：Spanish Needle

分类地位：菊科 Asteraceae

危害程度：恶性入侵。

性状描述：一年生直立草本，高 30~100cm。茎钝四棱形，无毛或上部被极稀的柔毛。茎下部叶较小，3 裂或不分裂，通常在开花前枯萎；中部叶具长 1.5~5cm 无翅的柄，3 出；小叶常为 3 枚，很少为具 5（~7）枚小叶的羽状复叶，两侧小叶椭圆形或卵状椭圆形，长 2~4.5cm，宽 1.5~2.5cm，先端锐尖，基部近圆形或阔楔形，有时偏斜，不对称，边缘有锯齿；顶生小叶较短，长椭圆形或卵状长圆形，长 3.5~7cm，先端渐尖，基部渐狭或近圆形，具长 1~2cm 的柄，边缘锯齿，上部叶小，3 裂或不分裂，条状披针形。头状花序有长 1~6cm（果时长 3~10cm）的花序梗；总苞苞片 7~8 枚，条状匙形，外层托片披针形，内层条状披针形；舌状花（4~）5~7 枚，舌片椭圆状倒卵形，白色，长 5~8mm，宽 3.5~5mm，先端钝或有缺刻，3 浅裂，中裂片较狭；盘花筒状，长约 4.5mm，冠檐 5 齿裂。瘦果黑色，条形，长 7~13mm，先端芒刺 3~4 枚，长 1.5~2.5mm，具倒刺毛。

生境：生于村旁、路边及旷野。

国内分布：安徽、福建、广东、广西、贵州、

白花鬼针草 *Bidens alba* (L.) DC. 居群

白花鬼针草 *Bidens alba* (L.) DC. 植株

白花鬼针草 *Bidens alba* (L.) DC. 花

江西、海南、香港、湖南、台湾、重庆。

国外分布：原产热带美洲、佛罗里达州到南美洲和西印度群岛；亚洲和美洲的热带和亚热带地区广泛归化。

入侵历史及原因：1992 年 12 月 10 日采自香港九龙。多年来在华南地区形成大面积入侵。无意引入。

入侵危害：为入侵性杂草，常入侵荒地、山坡，排挤当地物种，危害生态系统，影响生态景观。

白花鬼针草 *Bidens alba* (L.) DC. 瘦果

白花鬼针草 *Bidens alba* (L.) DC. 花

婆婆针 *Bidens bipinnata* L.

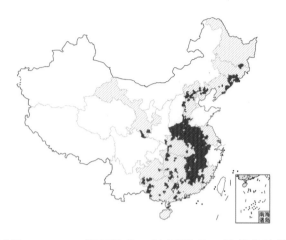

别名：刺针草、鬼针草

英文名：Spanish Needle

分类地位：菊科 Asteraceae

危害程度：中度入侵。

性状描述：一年生草本，茎直立，高 30~120cm，下部略具四棱，无毛或上部被稀疏柔毛，基部直径 2~7cm。叶对生，具柄，柄长 2~6cm，背面微凸或扁平，腹面沟槽，槽内及边缘具疏柔毛，叶片长 5~14cm，二回羽状分裂，第一次分裂深达中肋，裂片再次羽状分裂，小裂片三角状或菱状披针形，具 1~2 对缺刻或深裂，顶生裂片狭，先端渐尖，边缘有稀疏不规整的粗齿，两面均被疏柔毛。头状花序直径 6~10mm；花序梗长 1~5cm（果时长 2~10cm）。总苞杯形，基部有柔毛；外层苞片 5~7 枚，条形，开花时长 2.5mm，果时长达 5mm，草质，先端钝，被稍密的短柔毛，内层苞片膜质，椭圆形，长 3.5~4mm，花后伸长为狭披针形，及果时长 6~8mm，背面褐色，被短柔毛，具黄色边缘；托片狭披针形，长约 5mm，果时长可达 12mm；舌状花通常 1~3 朵，不育，舌片黄色，椭圆形或倒卵状披针形，长 4~5mm，宽 2.5~3.2mm，先端全缘或具 2~3 齿；盘花筒状，黄色，长约 4.5mm，冠檐 5 齿裂。瘦果条形，略扁，具 3~4 棱，长 12~18mm，宽约 1mm，具瘤状凸起及小刚毛，先端芒刺 3~4 枚，很少 2 枚，长 3~4mm，具倒刺毛。

生境：生于路边荒地、山坡及田间。

婆婆针 *Bidens bipinnata* L. 居群

婆婆针 *Bidens bipinnata* L. 花序

婆婆针 *Bidens bipinnata* L. 瘦果

婆婆针 *Bidens bipinnata* L. 叶

国内分布：安徽、北京、福建、甘肃、广东、广西、贵州、海南、河北、河南、黑龙江、湖北、湖南、吉林、江苏、江西、辽宁、香港。

国外分布：原产热带美洲；现美洲、亚洲、欧洲和非洲东部广泛归化。

入侵历史及原因：《本草拾遗》（739 年）记载的"鬼针草"可能是国产的小花鬼针草 *Bidens parviflora* Willd.；婆婆针由 Champion 采自香港，Flora of Hong Kong (1861 年) 已有记载。无意引入。

入侵危害：主要于果园、桑园及茶园中危害，稀少侵入农田及菜地，但发生量小，危害轻，是常见杂草。

婆婆针 *Bidens bipinnata* L. 植株

大狼杷草 *Bidens frondosa* L.

别名：接力草、外国脱力草

英文名：Devil's Beggarticks

分类地位：菊科 Asteraceae

危害程度：恶性入侵。

性状描述：一年生草本。茎直立，分枝，高20~120cm，被疏毛或无毛，常带紫色。叶对生，具柄，为一回羽状复叶，小叶 3~5 枚，披针形至卵状披针形，长 (1.5~)3.5~6(~12)cm，宽 (0.5~)1~2(~3)cm，先端渐尖，边缘有粗锯齿，通常背面被稀疏短柔毛，至少顶生者具明显的柄。头状花序单生茎端和枝端，连同总苞苞片直径 12~25mm，高约 12mm；总苞钟状或半球形，外层苞片 5~10 枚，通常 8 枚，披针形或匙状倒披针形，叶状，边缘有缘毛，内层苞片长圆形，长 5~9mm，膜质，具淡黄色边缘；无舌状花或舌状花不发育，极不明显，筒状花两性，花

冠长约 3mm，冠檐 5 裂。瘦果扁平，狭楔形，长5~10mm，近无毛或被糙伏毛，先端芒刺 2 枚，长2~5mm，有倒刺毛。花期 8~9 月。

生境：常生长在荒地、路边和沟边、低洼的水湿处和稻田田埂上。

国内分布：安徽、北京、广东、广西、黑龙江、湖北、湖南、吉林、江苏、江西、辽宁、山东、四川、浙江、重庆。

国外分布：原产北美洲；现广泛归化。

入侵历史及原因：1926 年 9 月 23 日在江苏采到标本，标本存于中国科学院植物研究所标本馆。通过旅行或农产品贸易裹挟无意引到沿海地区。

入侵危害：适应性强，具有较强的繁殖能力，

大狼杷草 *Bidens frondosa* L. 居群

大狼杷草 *Bidens frondosa* L. 花序

大狼杷草 Bidens frondosa L. 花序

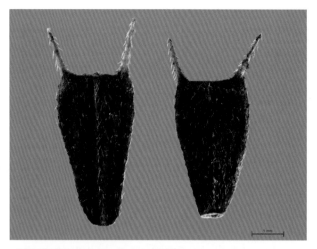

大狼杷草 Bidens frondosa L. 瘦果

多苞狼杷草 Bidens vulgata Greene 花枝

多苞狼杷草 Bidens vulgata Greene 花序

发生量大，易形成优势群落，排挤本地植物；在低洼的水湿处及稻田的田埂上生长较多，在稻田缺水的条件下，可大量侵入田中，与农作物竞争养分，降低作物产量。

近似种：多苞狼杷草 Bidens vulgata Greene 与大狼杷草 B. frondosa L. 的区别在于头状花序的外层苞片 10~12 枚（后者外层苞片 5~10 枚，通常 8 枚），此外，本种更粗壮，较大狼杷草的成熟期更早。

多苞狼杷草 Bidens vulgata Greene 植株

三叶鬼针草 *Bidens pilosa* L.

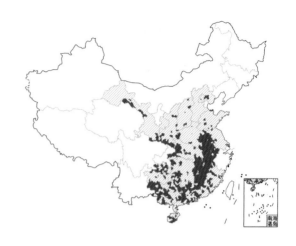

别名：黏人草、蟹钳草、对叉草

英文名：Spanish Needle

分类地位：菊科 Asteraceae

危害程度：恶性入侵。

性状描述：一年生草本，茎直立，高 30~ 100cm，钝四棱形，无毛或上部被极稀疏的柔毛，基部直径可达 6mm。茎下部叶较小，3 裂或不分裂，通常在开花前枯萎，中部叶具长 1.5~5cm 无翅的柄，3 出，小叶 3 枚，很少为具 5(~7) 枚小叶的羽状复叶，两侧小叶椭圆形或卵状椭圆形，长 2~4.5cm，宽 1.5~2.5cm，先端锐尖，基部近圆形或阔楔形，有时偏斜，不对称，具短柄，边缘有锯齿；顶生小叶较大，长椭圆形或卵状长圆形，长 3.5~7cm，先端渐尖，基部渐狭或近圆形，具长 1~2cm 的柄，边缘有锯齿，无毛或被极稀疏的短柔毛，上部叶小，3 裂或不分裂，条状披针形。头状花序直径

8~9mm，有长 1~6cm（果时长 3~10cm）的花序梗。总苞基部被短柔毛，苞片 7~8 枚，条状匙形，上部稍宽，开花时长 3~4mm，果时长至 5mm，草质，边缘疏被短柔毛或几无毛，外层托片披针形，果时长 5~6mm，干膜质，背面褐色，具黄色边缘，内层较狭，条状披针形；无舌状花，盘花筒状，长约 4.5mm，冠檐 5 齿裂。瘦果黑色，条形，略扁，具棱，长 7~13mm，宽约 1mm，上部具稀疏瘤状突起及刚毛，先端芒刺 3~4 枚，长 1.5~2.5mm，具倒刺毛。

生境：常生于农田、村边、路旁及荒地。

国内分布：北京、安徽、福建、甘肃、广东、广西、贵州、海南、河北、河南、湖北、湖南、江苏、江西、山东、山西、陕西、香港。

国外分布：原产热带美洲；现亚洲和美洲的热带及亚热带地区广泛归化。

入侵历史及原因：1857 年在香港被报道。无意

三叶鬼针草 *Bidens pilosa* L. 花序

三叶鬼针草 *Bidens pilosa* L. 花序

三叶鬼针草 *Bidens pilosa* L. 植株

三叶鬼针草 *Bidens pilosa* L. 果序

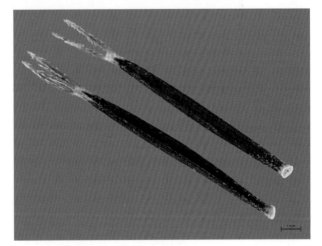

三叶鬼针草 *Bidens pilosa* L. 瘦果

引种，可能由美洲无意引进香港，再到广东等华南地区，然后扩散到中国其他地区。

入侵危害： 是常见的旱田、桑园、茶园和果园的杂草，影响作物产量。该植物是棉蚜等病虫的中间寄主。

紫花松果菊 *Brauneria purpurea* (L.) Britt.

别名：紫松果菊、紫锥菊

英文名：Purple Coneflower

分类地位：菊科 Asteraceae

拉丁异名：*Echinacea purpurea* (L.) Moench

危害程度：潜在入侵。

性状描述：多年生草本，株高 0.6~1m，丛生，茎自基部生出，2~3 分枝，每枝着花 1 朵；基生叶长椭圆形，长约 20cm，宽约 9cm，粗糙，叶缘有锯齿，先端长锐尖，叶柄长约 2.5cm；茎生叶较小，长约 9cm，宽 3~4cm，近先端愈小，柄短或无柄。管状花棕色泛黄，集成圆锥状；舌状花花瓣状，长约 4.5cm，宽约 1.8cm，约 21 枚，常 1~2 层排列。

生境：生于路边荒地、山坡、村旁、路边。

国内分布：北京、江西。

国外分布：原产北美洲。

入侵历史及原因：有意引种。

入侵危害：一般性杂草，排挤当地物种。

紫花松果菊 *Brauneria purpurea* (L.) Britt. 花序

紫花松果菊 *Brauneria purpurea* (L.) Britt. 居群

紫花松果菊 *Brauneria purpurea* (L.) Britt. 居群

矢车菊 *Centaurea cyanus* L.

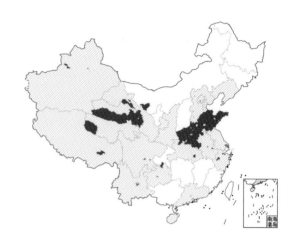

别名：蓝芙蓉、翠兰、荔枝菊

英文名：Cornflower

分类地位：菊科 Asteraceae

危害程度：中度入侵。

性状描述：一年生或二年生草本，高 30~70cm 或更高，直立，自中部分枝，极少不分枝；全部茎枝灰白色，被薄蛛丝状卷毛。基生叶及下部茎叶长椭圆状倒披针形或披针形，不分裂，边缘全缘无锯齿或边缘疏锯齿至大头羽状分裂；侧裂片 1~3 对，长椭圆状披针形、线状披针形或线形，边缘全缘无锯齿，顶裂片较大，长椭圆状倒披针形或披针形，边缘有小锯齿；中部茎叶线形、宽线形或线状披针形，长 4~9cm，宽 4~8mm，先端渐尖，基部楔状，无叶柄，边缘全缘无锯齿，上部茎叶与中部茎叶同形，但渐小；全部茎叶两面异色或近异色，上面绿色或灰绿色，被稀疏蛛丝毛或脱毛，下面灰白色，被薄茸毛。头状花序多数或少数在茎枝先端排成伞房花序或圆锥花序；总苞椭圆状，直径 1~1.5cm，有稀疏蛛丝毛；总苞片约 7 层，全部总苞片由外向内椭圆形、长椭圆形，外层与中层苞片包括先端附属物长 3~6mm，宽 2~4mm，内层苞片包括先端附属物长 1~11cm，宽 3~4mm；全部苞片先端有浅褐色或白色的附属物，中外层苞片的附属物较大，内层苞片的附属物较大，全部附属物沿苞片端下延，边缘流苏状锯齿。边花大，超长于中央盘花，蓝色、白色、红色或紫色，檐部 5~8 裂，盘花浅蓝色或红色。瘦果椭圆形，长 3mm，宽 1.5mm，有细条纹，被稀疏的白色柔毛；冠毛白色或浅土红色，2 列，外列多层，向内层渐长，长达 3mm，内列 1 层，极短；全部冠毛刚毛状。花果期 2~8 月。

生境：生于草原、荒地、路边。

矢车菊 *Centaurea cyanus* L. 居群

矢车菊 *Centaurea cyanus* L. 花序

矢车菊 *Centaurea cyanus* L. 植株

矢车菊 *Centaurea cyanus* L. 花序

矢车菊 *Centaurea cyanus* L. 花序

国内分布：安徽、北京、甘肃、广东、贵州、海南、河北、河南、湖北、江苏、辽宁、青海、山东、上海、陕西、四川、天津、西藏、新疆、云南、浙江。

国外分布：原产欧洲东南部。

入侵历史及原因：1918 年记载山东青岛有栽培。有意引进，作为观赏植物引种栽培后逸生。

入侵危害：一般性杂草发生量少，危害轻。

飞机草
Chromolaena odorata (L.) R. M. King & H. Rob.

别名：香泽兰

英文名：Triffid Weed

分类地位：菊科 Asteraceae

拉丁异名：*Eupatorium odoratum* L.

危害程度：恶性入侵。

性状描述：多年生草本，根茎粗壮，横走。茎直立，高 1~3m，苍白色，有细条纹，分枝粗壮，常对生，水平射出，与主茎成直角，少有分枝互生而与主茎成锐角的，全部茎枝被稠密黄色茸毛或短柔毛。叶对生，卵形、三角形或卵状三角形，长 4~10cm，宽 1.5~5cm，质地稍厚，有叶柄；柄长 1~2cm，上面绿色，下面色淡，两面粗涩，被长柔毛及红棕色腺点，下面及沿脉的毛和腺点稠密，基部平截或浅心形或宽楔形，先端急尖，基出 3 脉，侧面纤细，在叶下面稍凸起，边缘有稀疏的粗大而不规则的圆锯齿，或全缘，或仅一侧有锯齿或每侧各有 1 个粗大的圆锯齿或 3 浅裂状，花序下部的叶小，常全缘。头状花序多数或少数在茎顶或枝端排成伞房状或复伞房状花序，花序直径常 3~6cm，少有 13cm 的；花序梗粗壮，密被稠密的短柔毛；总苞圆柱形，长 1cm，宽 4~5mm，约含 20 朵小花，总苞片 3~4 层，覆瓦状排列，外层苞片卵形，长 2mm，外面被短柔毛，先端钝，向内渐长，中层及

飞机草 *Chromolaena odorata* (L.) R. M. King & H. Rob. 居群

飞机草 *Chromolaena odorata* (L.) R. M. King & H. Rob. 居群

飞机草 *Chromolaena odorata* (L.) R. M. King & H. Rob. 叶

飞机草 *Chromolaena odorata* (L.) R. M. King & H. Rob. 植株

飞机草 *Chromolaena odorata* (L.) R. M. King & H. Rob. 花序

内层苞片长圆形，长 7~8mm，先端渐尖；全部苞片有 3 条宽中脉，麦秆黄色，无腺点；花白色或粉红色，花冠长 5mm。瘦果黑褐色，长 4mm，5 棱，无腺点，沿棱有稀疏的贴紧的顺向白色短柔毛。花果期 4~12 月。

生境：生于田埂、河边、路边、林缘、林内旷地或荒地。

国内分布：台湾、广东、福建、香港、澳门、海南、广西、云南、贵州（西南部）。

国外分布：原产中美洲；在南美洲、亚洲、非洲热带地区广泛归化。

入侵历史及原因：1934 年在云南南部被发现。有意引种，20 世纪 20 年代作香料引入泰国，经由越南、缅甸等自然传入云南。

入侵危害：危害多种作物，并侵犯牧场。当高度达 15cm 或更高时，就能明显地影响其他草本植物的生长，能产生化感物质，抑制邻近植物的生长，还能使昆虫拒食。叶有毒，含香豆素；用叶擦皮肤会引起红肿、起泡，误食嫩叶会引起头晕、呕吐，还能引起家畜和鱼类中毒。该植物是叶斑病原 *Cercospora* sp. 的中间寄主。

香丝草 *Conyza bonariensis* (L.) Cronquist

别名：野塘蒿、野地黄菊、蓑衣草
英文名：Wavy-Leaf Fleabane
分类地位：菊科 Asteraceae
拉丁异名：*Erigeron bonariensis* L.
危害程度：恶性入侵。

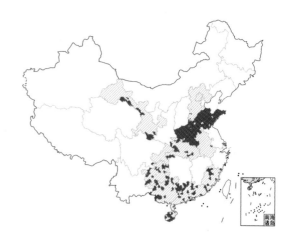

性状描述：一年生或二年生草本，根纺锤状，常斜升，具纤维状根。茎直立或斜升，高20~50cm，稀更高，中部以上常分枝，常有斜上不育的侧枝，密被贴短毛，杂有开展的疏长毛。叶密集，基部叶花期常枯萎，下部叶倒披针形或长圆状披针形，长3~5cm，宽0.3~1cm，先端尖或稍钝，基部渐狭成长柄，通常具粗齿或羽状浅裂，中部和上部叶具短柄或无柄，狭披针形或线形，长3~7cm，宽0.3~0.5cm，中部叶具齿，上部叶全缘，两面均密被贴糙毛。头状花序多数，直径8~10mm，在茎端排列成总状或总状圆锥花序，花序梗长10~15mm；总苞椭圆状卵形，长约5mm，宽约8mm；总苞片2~3层，线形，先端尖，背面密被灰白色短糙毛，外层稍短或短于内层之半，内层长约4mm，宽0.7mm，具干膜质边缘；花托稍平，有明显的蜂窝孔，直径3~4mm；雌花多层，白色，花冠细管状，长3~3.5mm，无舌片或先端仅有3~4枚细齿；两性花淡黄色，花冠管状，长约3mm，管部上部被疏微毛，上端具5齿裂。瘦果线状披针形，长1.5mm，扁压，被疏短毛，冠毛1层，淡红褐色，长约4mm。花期5~10月。

生境：生于荒地、田边、河畔、路旁及山坡草地。

国内分布：安徽、北京、山东、福建、甘肃、广东、广西、贵州、海南、河北、河南、湖北、香港、上海、重庆。

国外分布：原产南美洲；现热带和亚热带地区广泛归化。

香丝草 *Conyza bonariensis* (L.) Cronquist 花枝

香丝草 *Conyza bonariensis* (L.) Cronquist 花枝

香丝草 *Conyza bonariensis* (L.) Cronquist 花枝

入侵历史及原因：最早于1857年在香港采到标本，不久扩散到广东、上海，1887年在重庆采到标本。无意引种。

入侵危害：常对桑园、茶园及果园产生危害，发生量大，危害重，是路旁、宅边及荒地发生数量较多的杂草之一。

香丝草 *Conyza bonariensis* (L.) Cronquist 花枝

香丝草 *Conyza bonariensis* (L.) Cronquist 居群

小蓬草 *Conyza canadensis* (L.) Cronquist

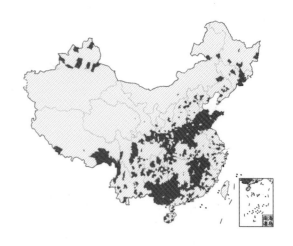

别名：加拿大飞蓬、小飞蓬、小白酒草

英文名：Small-Leaf Horseweed

分类地位：菊科 Asteraceae

拉丁异名：*Erigeron canadensis* L.

危害程度：恶性入侵。

性状描述：一年生草本。茎直立，高 2m 或更高，圆柱状，多少具棱，有条纹，被疏长硬毛，上部多分枝。叶密集，基部叶花期常枯萎；下部叶倒披针形，长 6~10cm，宽 1~1.5cm，先端尖或渐尖，基部渐狭成柄，边缘具疏锯齿或全缘；中部和上部叶较小，线状披针形或线形，近无柄或无柄，全缘或少有具 1~2 枚齿，两面或仅上面被疏短毛；边缘常被上弯的硬缘毛。头状花序多数，小，直径 3~4mm，排列成顶生多分枝的大圆锥花序；花序梗细，长 5~10mm，总苞近圆柱状，长 2.5~4mm；总苞片 2~3 层，淡绿色，线状披针形或线形，先端渐尖，外层约短于内层之半，背面被疏毛，内层长 3~3.5mm，宽约 0.3mm，边缘干膜质，无毛；花托平，直径 2~2.5mm，具不明显的凸起；雌花多数，舌状，白色，长 2.5~3.5mm，舌片小，稍超出花盘，线形，先端具 2 枚钝小齿；两性花淡黄色，花冠管状，长 2.5~3mm，上端具 4 或 5 个齿裂，管部上部被疏微毛；瘦果线状披针形，长 1.2~1.5mm，稍扁压，被贴微毛；冠毛污白色，1 层，糙毛状，长 2.5~3mm。花期 5~9 月。

生境：生于路边、田野、牧场、草原、河滩。

国内分布：我国各地均有分布，是我国分布最广的入侵物种之一。

国外分布：原产北美洲；现在各地广泛归化。

入侵历史及原因：1860 年在山东烟台被发现，

小蓬草 *Conyza canadensis* (L.) Cronquist 植株

小蓬草 *Conyza canadensis* (L.) Cronquist 居群

小蓬草 *Conyza canadensis* (L.) Cronquist 居群

小蓬草 *Conyza canadensis* (L.) Cronquist 居群

小蓬草 *Conyza canadensis* (L.) Cronquist 居群

1886 年分别在浙江宁波和湖北宜昌采到，1887 年到达四川南溪。无意引进或从邻国自然扩散进入。

入侵危害：该植物可产生大量瘦果，蔓延极快，对秋收作物、果园和茶园危害严重，为一种常见杂草，通过分泌化感物质抑制邻近其他植物的生长。该植物是棉铃虫和棉椿象的中间宿主。其叶汁和捣碎的叶对皮肤有刺激作用。

小蓬草 *Conyza canadensis* (L.) Cronquist 花枝

苏门白酒草 *Conyza sumatrensis* (Retz.) E. Walker

别名：野蒿蒿、野桐蒿

英文名：Tall Fleabane

分类地位：菊科 Asteraceae

拉丁异名：*Erigeron sumatrensis* Retz.

危害程度：恶性入侵。

性状描述：一年生或二年生草本，根纺锤状，直或弯，具纤维状根。茎粗壮，直立，高80~150cm，基部直径4~6mm，具条棱，绿色或下部红紫色，中部或中部以上有长分枝，被较密灰白色上弯糙短毛，杂有开展的疏柔毛。叶密集，基部叶花期凋落；下部叶倒披针形或披针形，长6~10cm，宽1~3cm，先端尖或渐尖，基部渐狭成柄，边缘上部每边常有4~8枚粗齿，基部全缘；中部和上部叶渐小，狭披针形或近线形，具齿或全缘，两面特别下面被密糙短毛。头状花序多数，直径

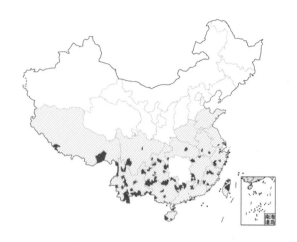

5~8mm，在茎枝端排列成大而长的圆锥花序；花序梗长3~5mm；总苞卵状短圆柱状，长4mm，宽3~4mm，总苞片3层，灰绿色，线状披针形或线形，先端渐尖，背面被糙短毛，外层稍短或短于内层之半，内层长约4mm，边缘干膜质，花托稍平，具明显小窝孔，径2~2.5mm；雌花多层，长4~4.5mm，管部细长，舌片淡黄色或淡紫色，极短细，丝状，先端具2细裂；两性花6~11朵，花冠淡黄色，长约4mm，檐部狭漏斗形，上端具5齿裂，管部上部被疏微毛。瘦果线状披针形，长1.2~1.5mm，扁压，被贴微毛；冠毛1层，初时白色，后变黄褐色。花期5~10月。

生境：常生于山坡草地、旷野、荒地、田边、河谷、沟边和路旁。

国内分布：河南、山东、江苏、安徽、云南、四川、重庆、湖北、贵州、广西、广东、海南、江

苏门白酒草 *Conyza sumatrensis* (Retz.) E.Walker 植株

苏门白酒草 *Conyza sumatrensis* (Retz.) E.Walker 花序

苏门白酒草 *Conyza sumatrensis* (Retz.) E.Walker 花

苏门白酒草 *Conyza sumatrensis* (Retz.) E.Walker 花

西、浙江、福建、台湾、西藏（吉隆）。

国外分布：原产南美洲；现在已成为一种热带和亚热带地区广泛分布的杂草。

入侵历史及原因：19世纪中期引入中国，现为常见的区域性恶性杂草。无意引种，可能裹挟在货物、粮食中传入。

入侵危害：扩散方式及危害性同小蓬草 *C. canadensis* (L.) Cronq.，但主要入侵黄河以南温暖地区。

苏门白酒草 *Conyza sumatrensis* (Retz.) E.Walker 植株

苏门白酒草 *Conyza sumatrensis* (Retz.) E.Walker 植株

大花金鸡菊 *Coreopsis grandiflora* Hogg ex Sweet

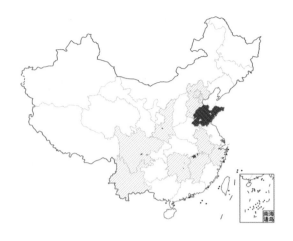

别名：大花波斯菊

英文名：Large-Flowered Tickseed

分类地位：菊科 Asteraceae

危害程度：中度入侵。

性状描述：多年生草本，高 20~100cm。茎直立，下部常有稀疏的糙毛，上部有分枝。叶对生；基部叶有长柄，披针形或匙形；下部叶羽状全裂，裂片长圆形；中部及上部叶 3~5 深裂，裂片线形或披针形，中裂片较大，两面及边缘有细毛。头状花序单生于枝端，直径 4~5cm，具长花序梗；总苞片外层较短，披针形，长 6~8mm，先端尖，有缘毛；内层卵形或卵状披针形，长 10~13mm；托片线状钻形；舌状花 6~10 朵，舌片宽大，黄色，长 1.5~2.5cm；管状花长 5mm，两性。瘦果广椭圆形或近圆形，长 2.5~3mm，边缘具膜质宽翅，先端具 2 枚短鳞片。花期 5~9 月。

生境：生于路边、荒野。

国内分布：安徽、北京、河北、湖南、江西、山东、陕西、四川、天津、云南、浙江。

国外分布：原产美洲。

大花金鸡菊 *Coreopsis grandiflora* Hogg ex Sweet 居群

大花金鸡菊 *Coreopsis grandiflora* Hogg ex Sweet 花序

大花金鸡菊 *Coreopsis grandiflora* Hogg ex Sweet 花序

大花金鸡菊 *Coreopsis grandiflora* Hogg ex Sweet 花枝

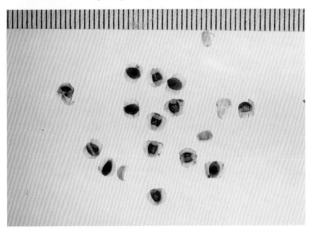

大花金鸡菊 *Coreopsis grandiflora* Hogg ex Sweet 瘦果

大花金鸡菊 *Coreopsis grandiflora* Hogg ex Sweet 瘦果

入侵历史及原因：最早标本为 1932 年采自山东青岛李村的栽培植株，存于中国科学院植物研究所标本馆。首先在云南发现逸生。有意引进，栽培作花卉后逸生。

入侵危害：路边、荒野杂草，对景观、森林等有负面影响。

剑叶金鸡菊 *Coreopsis lanceolata* L.

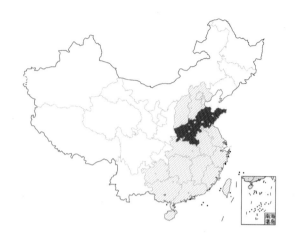

别名：大金鸡菊、线叶金鸡菊

英文名：Tickseed

分类地位：菊科 Asteraceae

危害程度：严重入侵。

性状描述：多年生草本，高 30~70cm，有纺锤状根。茎直立，无毛或基部被软毛，上部有分枝。叶较少数，在茎基部成对簇生，有长柄，叶片匙形或线状倒披针形，基部楔形，先端钝或圆形，长 3.5~7cm，宽 1.3~1.7cm；茎上部叶少数，全缘或 3 深裂，裂片长圆形或线状披针形，顶裂片较大，长 6~8cm，宽 1.5~2cm，基部窄，先端钝，叶柄通常长 6~7cm，基部膨大，有缘毛；上部叶无柄，线形或线状披针形。头状花序在茎端单生，直径 4~5cm；总苞片内外层近等长，披针形，长 6~10mm，先端尖；舌状花黄色，舌片倒卵形或楔形；管状花狭钟形。瘦果圆形或椭圆形，长 2.5~3mm，边缘有宽翅，先端有 2 枚短鳞片。花期 5~9 月。

生境：生于荒野、草坡。

国内分布：安徽、北京、福建、广东、广西、贵州、海南、河北、河南、湖北、湖南、江苏、江西、山东、山西、天津、浙江、台湾。

国外分布：原产北美洲。

入侵历史及原因：1911 年从日本引入我国台湾。后引种到华东地区而逸生。有意引进，栽培作花卉。

入侵危害：影响景观和森林恢复。

剑叶金鸡菊 *Coreopsis lanceolata* L. 居群

剑叶金鸡菊 *Coreopsis lanceolata* L. 花序

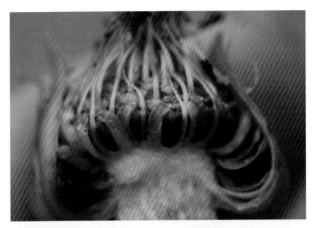

剑叶金鸡菊 *Coreopsis lanceolata* L. 瘦果

剑叶金鸡菊 *Coreopsis lanceolata* L. 瘦果

剑叶金鸡菊 *Coreopsis lanceolata* L. 花序

剑叶金鸡菊 *Coreopsis lanceolata* L. 居群

两色金鸡菊 *Coreopsis tinctoria* Nutt.

别名：蛇目菊

英文名：Plains Coreopsis; Calliopsis

分类地位：菊科 Asteraceae

危害程度：中度入侵。

性状描述：一年生或多年生草本，高30~100cm，茎直立，无毛，上部有分枝。叶对生，多簇生基部，向上渐小，二回羽状分裂，披针形或线形，先端稍钝，全缘或基部每侧有1~2枚小侧裂片，裂片线状披针形或线状，先端裂片长5~8cm，宽1~1.5cm，先端圆钝，基部狭窄，柄长5~9cm。头状花序生于枝端，直径4~6cm，有长梗，排成伞房状花序；总苞半球形，外层总苞片较内层总苞片短，椭圆状披针形，内层总苞片边缘略带白色；舌状花上半部黄色，基部棕红色，长1.5~2.5mm，先端有4~5枚齿；管状花红褐色，狭钟形；瘦果长圆形或椭圆形，长2.5~3mm，两面光滑或有瘤状突起，边缘无翅，先端有两细芒，无冠毛。

生境：生于路边、田间、田边。

国内分布：安徽、江苏、浙江、北京、广东、广西、海南、江西、西藏、台湾。

国外分布：原产美国。

入侵历史及原因：1911年从日本引入我国台湾。后引种到华东地区而逸生。有意引进，购花卉种子传入。

入侵危害：危害秋收作物和果树，有时也在路边生长。

两色金鸡菊 *Coreopsis tinctoria* Nutt. 居群

两色金鸡菊 *Coreopsis tinctoria* Nutt. 花序

两色金鸡菊 *Coreopsis tinctoria* Nutt. 瘦果

两色金鸡菊 *Coreopsis tinctoria* Nutt. 植株

两色金鸡菊 *Coreopsis tinctoria* Nutt. 花序

秋英 *Cosmos bipinnatus* Cav.

别名：大波斯菊

英文名：Cosmos

分类地位：菊科 Asteraceae

危害程度：轻度入侵。

性状描述：一年生或多年生草本，高 1~2m。根纺锤状，多须根，或近茎基部有不定根。茎无毛或稍被柔毛。叶 2 次羽状深裂，裂片线形或丝状线形。头状花序单生，直径 3~6cm；花序梗长 6~18cm；总苞片外层披针形或线状披针形，近革质，淡绿色，具深紫色条纹，上端长狭尖，较内层与内层等长，长 10~15mm，内层椭圆状卵形，膜质；托片平展，上端呈丝状，与瘦果近等长；舌状花紫红色，粉红色或白色；舌片椭圆状倒卵形，长 2~3cm，宽 1.2~1.8cm，有 3~5 枚钝齿；管状花黄色，长 6~8mm，管部短，上部圆柱形，有披针状裂片；

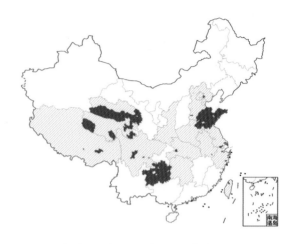

花柱具短突尖的附器。瘦果黑紫色，长 8~12mm，无毛，上端具长喙，有 2~3 枚尖刺。花期 6~8 月，果期 9~10 月。

生境：常逸生于路旁、田埂和溪边。

国内分布：安徽、北京、贵州、河北、河南、湖北、湖南、江苏、青海、山东、陕西、四川、台湾、天津、西藏、浙江。

秋英 *Cosmos bipinnatus* Cav. 居群

秋英 *Cosmos bipinnatus* Cav. 叶

秋英 *Cosmos bipinnatus* Cav. 瘦果

国外分布：原产墨西哥；南美洲其他地区也有分布。

入侵历史及原因：1911 年从日本引入我国台湾；后引入东北和云南等温带地区栽培而扩散。有意引进，栽培作为观赏花卉而逸生。

入侵危害：对森林恢复和植物多样性有一定的影响，但危害不大。

秋英 *Cosmos bipinnatus* Cav. 居群

秋英 *Cosmos bipinnatus* Cav. 花序

野茼蒿
Crassocephalum crepidioides (Benth.) S. Moore

别名：革命菜

英文名：Thickhead

分类地位：菊科 Asteraceae

拉丁异名：*Gynura crepidioides* Benth.

危害程度：中度入侵。

性状描述：直立草本，高 20~120cm；茎有纵条棱，无毛。叶膜质，椭圆形或长圆状椭圆形，长 7~12cm，宽 4~5cm，先端渐尖，基部楔形，边缘有不规则锯齿或重锯齿，或有时基部羽状裂，两面无或近无毛；叶柄长 2~2.5cm。头状花序数个在茎端排成伞房状，直径约 3cm；总苞钟状，长 1~1.2cm，基部截形，有数枚不等长的线形小苞片；总苞片 1 层，线状披针形，等长，宽约 1.5mm，具狭膜质边缘，先端有簇状毛；小花全部管状，两性，

花冠红褐色或橙红色，檐部 5 齿裂，花柱基部呈小球状，分枝，先端尖，被乳头状毛。瘦果狭圆柱形，赤红色，有肋，被毛；冠毛极多数，白色，绢毛状，易脱落。花期 7~12 月。

生境：常生于荒地、路旁、林下和水沟边，为荒地上的极常见杂草。

国内分布：安徽、北京、广东、甘肃、香港、澳门、广西、江西、浙江、湖北、湖南、福建、台湾、海南、云南、西藏、贵州、四川、重庆、江苏、青海、山东、陕西。

国外分布：原产热带非洲；在世界温暖地区归化。

入侵历史及原因：20 世纪 30 年代初从中南半岛蔓延入境，在广西被称为"安南草"。无意引入。

入侵危害：为荒地上极常见的杂草，常危害果园及蔬菜园，多沿道路及河岸蔓延，还常侵入火烧迹地或砍伐迹地。

野茼蒿 *Crassocephalum crepidioides* (Benth.) S. Moore 植株

野茼蒿 *Crassocephalum crepidioides* (Benth.) S. Moore 瘦果

野苘蒿 *Crassocephalum crepidioides* (Benth.) S. Moore 植株

野苘蒿 *Crassocephalum crepidioides* (Benth.) S. Moore 花枝

野苘蒿 *Crassocephalum crepidioides* (Benth.) S. Moore 居群

近似种：菊芹 *Erechtites valerianifolia* (Wolf) DC. 与野苘蒿 *C. crepidioides* 的区别在于叶片长圆形至椭圆形，边缘有不规则的重锯齿或羽状裂片，裂片 6~8 对（后者叶片卵形或长圆状倒卵形，边缘有不规则的锯齿或重锯齿，或有时基部羽状裂）；头状花序小，花冠黄紫色（后者头状花序大，花冠红褐色或橙红色）等。

菊芹 *Erechtites valerianifolia* (Wolf) DC. 植株

蓝花野茼蒿
Crassocephalum rubens (B. Juss. ex Jacq.) S. Moore

英文名：Yoruban bologi

分类地位：菊科 Asteraceae

危害程度：中度入侵。

性状描述：多年生直立草本,茎基部通常匍匐,生出许多不定根,茎高达 1m,不分枝或有少数分枝,被疏柔毛。叶互生,被疏柔毛,倒卵形、倒卵状披针形、椭圆形或披针形,有时卵形,不分裂、琴状分裂或羽状 2~5 裂(尤其是上部的叶),叶片被疏柔毛,长 5~15cm,宽 2~5cm,基部楔形或渐狭,并形成耳状基部或无柄(尤其是上部的叶),叶片边缘有细齿,先端圆形、钝形或锐尖。头状花序通常少数或单生,直径 1~2cm,高约 1.5cm,总花梗细长,有 3~5 枚披针形小苞片,顶生或生于叶腋;总苞宽钟形,总苞片 1 层,绿色,13~15 枚,线状披针形,通常无毛,长 9~12mm,宽约 1.5mm,先端渐尖;小花全部为管状花,通常蓝色;花冠长 9~11mm,裂片长 0.4~1.5mm。瘦果圆筒状,长 2~2.5mm,有纵棱;冠毛白色,丝状,长 7~12mm。在云南的花期为 12 月至翌年 4 月。

生境：常生于路边荒地上。

国内分布：云南。

国外分布：原产非洲中部和南部、马达加斯加以及毛里求斯等地。

入侵历史及原因：2007 年在云南首次记录。无意引种。

入侵危害：入侵路边或荒地,排挤当地物种。

蓝花野茼蒿 *Crassocephalum rubens* (B. Juss. ex Jacq.) S. Moore 花枝

蓝花野茼蒿 *Crassocephalum rubens* (B. Juss. ex Jacq.) S. Moore 瘦果

蓝花野茼蒿 *Crassocephalum rubens* (B. Juss. ex Jacq.) S. Moore 花序

一年蓬 *Erigeron annuus* (L.) Pers.

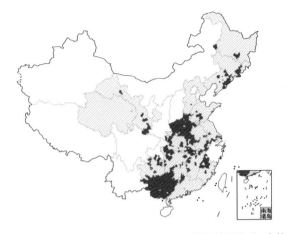

别名：千层塔、治疟草、野蒿

英文名：Daisy Fleabane; Annual Fleabane

分类地位：菊科 Asteraceae

危害程度：恶性入侵。

性状描述：一年生或二年生草本，茎粗壮，高30~100cm，基部直径 6mm，直立，上部有分枝，绿色，下部被开展的长硬毛，上部被较密的上弯的短硬毛。基部叶花期枯萎，长圆形或宽卵形，少有近圆形，长 4~17cm，宽 1.5~4cm，或更宽，先端尖或钝，基部狭成具翅的长柄，边缘具粗齿；下部叶与基部叶同形，但叶柄较短，中部和上部叶较小，长圆状披针形或披针形，长 1~9cm，宽 0.5~2cm，先端尖，具短柄或无柄，边缘有不规则的齿或近全缘；最上部叶线形，全部叶边缘被短硬毛，两面被疏短硬毛，或有时近无毛。头状花序数个或多数，排列成疏圆锥花序，长 6~8mm，宽 10~15mm，总苞半球形，总苞片 3 层，草质，披针形，长 3~5mm，宽 0.5~1mm，近等长或外层稍短，淡绿色或多少褐色，背面密被腺毛和疏长节毛；外围的雌花舌状，2 层，长 6~8mm，管部长 1~1.5mm，上部被疏微毛，舌片平展，白色，或有时淡天蓝色，线形，宽 0.6mm，先端具 2 枚小齿，花柱分枝线形；中央的两性花管状，黄色，管部长约 0.5mm，檐部近倒锥形，裂片无毛。瘦果披针形，长约 1.2mm，扁压，被疏贴柔毛；冠毛异形，雌花瘦果的冠毛极短，膜片状连成小冠，两性花瘦果的冠毛 2 层，外层鳞片状，内层为 10~15 条长约 2mm 的刚毛。花期 6~9 月。

生境：生于山坡湿草地、农田、旷野、路旁、

一年蓬 *Erigeron annuus* (L.) Pers. 居群

一年蓬 *Erigeron annuus* (L.) Pers. 花序

一年蓬 *Erigeron annuus* (L.) Pers. 居群

一年蓬 *Erigeron annuus* (L.) Pers. 居群

河谷或疏林下。

国内分布：安徽、福建、甘肃、广东、广西、贵州、河北、河南、黑龙江、湖北、湖南、吉林、江苏、江西、辽宁、青海、山东、上海。

国外分布：原产北美洲；现北半球温带和亚热带地区广泛归化。

入侵历史及原因：1886 年在上海郊区山地发现。无意引种，通过旅行或交通无意引进或从邻国自然扩散引进，在上海定植。

入侵危害：本种可产生大量具冠毛的瘦果，瘦果可借冠毛随风扩散，蔓延极快，对秋收作物、桑园、果园和茶园危害严重，亦可入侵草原、牧场、苗圃造成危害，排挤本土植物。该植物还是害虫地老虎的寄主。

一年蓬 *Erigeron annuus* (L.) Pers. 居群

春飞蓬 *Erigeron philadelphicus* L.

别名：费城飞蓬

英文名：Philadelphia Fleabane

分类地位：菊科 Asteraceae

危害程度：潜在入侵。

性状描述：草本，成株高 30~90cm，茎直立，较粗壮，绿色，上部有分枝，全体被开展长硬毛及短硬毛。叶互生；基生叶莲座状，卵形或卵状倒披针形，长 5~12cm，宽 2~4cm，先端急尖或钝，基部楔形下延成具翅长柄，叶柄基部常带紫红色，两面被倒伏的硬毛，叶缘具粗齿，花期不枯萎，匙形；茎生叶半抱茎；中上部叶披针形或条状线形，长 3~6cm，宽 5~16mm，先端尖，基部渐狭无柄，边缘有疏齿，被硬毛。头状花序数个，直径 1~1.5cm，排成伞房或圆锥状花序；总苞半球形，直径 6~8mm；总苞片 3 层，草质，披针形，长

3~5mm，淡绿色，边缘半透明，中脉褐色，背面被毛；舌状花 2 层，雌性，舌片线形，长约 6mm，平展，蕾期下垂或倾斜，花期仍斜举，舌状花白色略带粉红色；管状花两性，黄色。瘦果披针形，长约 1.5mm，压扁，被疏柔毛；雌花瘦果冠毛 1 层，极短而连接成环状膜质小冠；两性花瘦果冠毛 2 层，外层鳞片状，内层糙毛状，长约 2mm，10~15 条。

生境：生于路旁、旷野、山坡、果园、林缘及林下。

国内分布：安徽、江苏、浙江、上海。

国外分布：原产北美洲。

入侵历史及原因：19 世纪末在华东地区定植。国际交往无意引进带入或从邻国扩散自然传入。

入侵危害：常见杂草，影响景观。

春飞蓬 *Erigeron philadelphicus* L. 植株

春飞蓬 *Erigeron philadelphicus* L. 花序

春飞蓬 *Erigeron philadelphicus* L. 花序

春飞蓬 *Erigeron philadelphicus* L. 叶

春飞蓬 *Erigeron philadelphicus* L. 植株

春飞蓬 *Erigeron philadelphicus* L. 花序

黄顶菊 *Flaveria bidentis* (L.) Kuntze

别名：二齿黄菊

英文名：Coastal Plain Yellowtops

分类地位：菊科 Asteraceae

拉丁异名：*Ethulia bidentis* L.

危害程度：恶性入侵。

性状描述：一年生草本，株高 50~200cm。茎直立，具纵棱。叶对生，披针状椭圆形，长 5~18cm，宽 2.5~4cm，基生 3 出脉，叶缘具锯齿，叶柄基部近于合生。头状花序密集成蝎尾状聚伞花序；总苞长圆形，长约 5mm；总苞片 3~4 枚，内凹，先端圆或钝，小苞片 1~2 枚；边缘小花花冠长 1~2mm，黄白色，舌片不凸出或微凸出于闭合的小苞片外，直立，斜卵形，先端尖，长约 1mm；盘花 2~8 朵，花冠长约 2.3mm，冠筒长约 0.8mm，檐部长约 0.8mm，漏斗状，裂片长 0.5mm，先端尖；花药长 1mm。盘花的瘦果长约 2mm，边缘花的瘦果长约 2.5mm，倒披针形或近棒状，无冠毛。花果期 6~10 月。

生境：生境范围广，河边、溪旁、弃耕地、村旁、道旁、渠旁、堤旁以及废弃的矿厂、工地和滨海等。

国内分布：河北、天津、河南、山东。

国外分布：原产南美洲；后扩散到印度、美国（夏威夷）及中东地区和非洲。

入侵历史及原因：于 2000 年发现于天津南开大学校园，目前主要分布于天津、河北等地，有继续扩散蔓延的趋势。有意引进，首先在天津引种后逃逸扩散。

入侵危害：世界著名入侵种之一，恶性杂草，植株高大。种子 4~6 月陆续发芽，生长极快，适应性极强。严重消耗土壤肥力，导致农作物减产，其根系能产生化感物质，抑制其他生物生长，并最终导致其他植物死亡，从而降低生物多样性。

黄顶菊 *Flaveria bidentis* (L.) Kuntze 植株

黄顶菊 *Flaveria bidentis* (L.) Kuntze 植株

宿根天人菊 *Gaillardia aristata* **Pursh.**

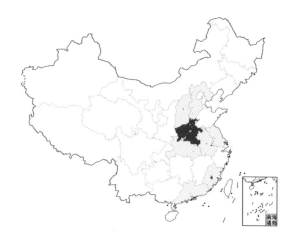

别名：车轮菊、大天人菊、荔枝菊

英文名：Perennial Gaillardia

分类地位：菊科 Asteraceae

危害程度：中度入侵。

性状描述：多年生草本，高 60~100cm，全株被粗节毛。茎不分枝或稍有分枝。基生叶和下部茎叶长椭圆形或匙形，长 3~6cm，宽 1~2cm，全缘或羽状缺裂，两面被尖状柔毛；叶有长叶柄；中部茎叶披针形、长椭圆形或匙形，长 4~8cm，基部无柄或心形抱茎。头状花序直径 5~7cm；总苞片披针形，长约 1cm，外面有腺点及密柔毛。舌状花黄色；管状花外面有腺点，裂片长三角形，先端芒状渐尖，被节毛。瘦果长 2mm，被毛；冠毛长 2mm。花果期 7~8 月。

生境：生于花坛、林缘、草地。

国内分布：安徽、福建、广东、河北、河南、湖北、江苏、山西、香港。

国外分布：原产北美洲。

入侵历史及原因：有意引种。

入侵危害：入侵荒地，排挤当地物种。

宿根天人菊 *Gaillardia aristata* Pursh. 花序

宿根天人菊 *Gaillardia aristata* Pursh. 居群

天人菊 *Gaillardia pulchella* Foug.

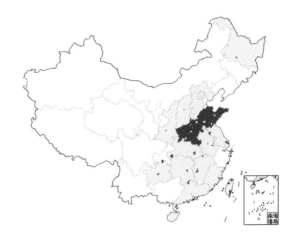

别名: 虎皮菊、忠心菊

英文名: Spurrey

分类地位: 菊科 Asteraceae

危害程度: 轻度入侵。

性状描述: 一年生草本,高 20~60cm。茎中部以上多分枝,分枝斜升,被短柔毛或锈色毛。下部叶匙形或倒披针形,长 5~10cm,宽 1~2cm,边缘波状钝齿、浅裂至琴状分裂,先端急尖,近无柄;上部叶长椭圆形,倒披针形或匙形,长 3~9cm,全缘或上部有疏锯齿或中部以上 3 浅裂,基部无柄或心形半抱茎,叶两面被伏毛。头状花序直径 5cm;总苞片披针形,长 1.5cm,边缘有长缘毛,背面有腺点,基部密被长柔毛;舌状花黄色,基部带紫色,舌片宽楔形,长 1cm,先端 2~3 裂;管状花裂片三角形,先端渐尖成芒状,被节毛。瘦果长 2mm,基部被长柔毛;冠毛长 5mm。花果期 6~8 月。

生境: 生于海滨。

国内分布: 安徽、北京、福建、广东、贵州、海南、河北、河南、黑龙江、湖北、湖南、江苏、江西、山东、山西、陕西、台湾。

国外分布: 北美洲。

入侵历史及原因: 1911 年被引进我国台湾作为观赏植物。有意引种。

入侵危害: 常以绝对优势占据一大片土地,排挤本土植物。

天人菊 *Gaillardia pulchella* Foug. 居群

天人菊 *Gaillardia pulchella* Foug. 花序

天人菊 *Gaillardia pulchella* Foug. 瘦果

牛膝菊 *Galinsoga parviflora* Cav.

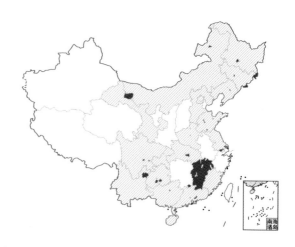

别名：辣子草、向阳花、珍珠草、小米菊

英文名：Yellow Weed

分类地位：菊科 Asteraceae

拉丁异名：*Wiborgia parviflora* (Cav.) Kunth

危害程度：恶性入侵。

性状描述：一年生草本，高 10~80cm。茎纤细，基部直径不足 1mm，或粗壮，基部直径约 4mm，不分枝或自基部分枝，分枝斜升，全部茎枝被疏散或上部被稠密的贴伏短柔毛和少量腺毛，茎基部和中部花期脱毛或稀毛。叶对生，卵形或长椭圆状卵形，长 (1.5~)2.5~5.5cm，宽 (0.6~)1.2~3.5cm，基部圆形、宽或狭楔形，先端渐尖或钝，基出 3 脉或不明显 5 出脉，在叶下面稍凸起，在上面平，有叶柄，柄长 1~2cm；向上及花序下部的叶渐小，通常披针形；全部茎叶两面粗涩，被白色稀疏贴伏的短柔毛，沿脉和叶柄上的毛较密，边缘浅或钝锯齿或波状浅

锯齿，在花序下部的叶有时全缘或近全缘。头状花序半球形，有长花梗，多数在茎枝先端排成疏松的伞房花序，花序直径约 3cm；总苞半球形或宽钟状，宽 3~6mm；总苞片 1~2 层，约 5 枚，外层短，内层卵形或卵圆形，长 3mm，先端圆钝，白色，膜质；舌状花 4~5 朵，舌片白色，先端 3 齿裂，筒部细管状，外面被稠密白色短柔毛；管状花花冠长约 1mm，黄色，下部被稠密的白色短柔毛；托片倒披针形或长倒披针形，纸质，先端 3 裂或不裂或侧裂。瘦果长 1~1.5mm，3 棱或中央的瘦果 4~5 棱，黑色或黑褐色，常压扁，被白色微毛，舌状花瘦果冠毛状，脱落；管状花瘦果冠毛膜片状，白色，披针形，边缘流苏状，固结于冠毛环上，整体脱落。花果期 7~10 月。

生境：生于山坡草地、河谷、疏林、旷野、河岸旁、果园或宅旁。

国内分布：北京、福建、甘肃、广东、广西、贵州、海南、河北、河南、黑龙江、湖北、吉林、江苏、江西、辽宁、内蒙古、山东、云南、四川、重庆。

国外分布：原产南美洲；现世界大部分地区广泛归化。

入侵历史及原因：1915 年在云南宁蒗和四川木里采到标本。无意引进，随人或动物活动传播，或随园艺植物引种裹挟等传入。

入侵危害：是一种难以去除的杂草，适应能力强，发生量大，对农田作物、蔬菜、果树等都有严重影响。易随带土苗木传播。

牛膝菊 *Galinsoga parviflora* Cav. 居群

牛膝菊 *Galinsoga parviflora* Cav. 花枝

牛膝菊 *Galinsoga parviflora* Cav. 植株

牛膝菊 *Galinsoga parviflora* Cav. 花枝

牛膝菊 *Galinsoga parviflora* Cav. 花枝

粗毛牛膝菊
Galinsoga quadriradiata Ruiz & Pav.

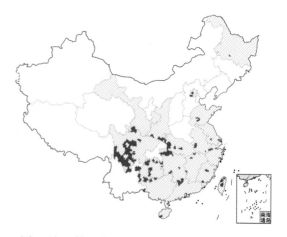

别名：睫毛牛膝菊

英文名：Shaggy-Soldier

分类地位：菊科 Asteraceae

危害程度：中度入侵。

性状描述：一年生草本，高 10~80cm。茎纤细，基部直径不足 1mm，或粗壮，基部直径约 4mm，不分枝或自基部分枝，分枝斜升，全部茎枝被开展稠密的长柔毛。叶对生，卵形或长椭圆状卵形，长（1.5~）2.5~5.5cm，宽（0.6~）1.2~3.5cm，基部圆形、宽或狭楔形，先端渐尖或钝，基出 3 脉或不明显 5 出脉，在叶下面稍凸起，在上面平，有叶柄，柄长 1~2cm；向上及花序下部的叶渐小，通常披针形；全部茎叶两面粗涩，被开展稠密的长柔毛，叶边缘有粗锯齿或犬齿。头状花序半球形，有长花梗，多数在茎枝先端排成疏松的伞房花序，花序径约 3cm；总苞半球形或宽钟状，宽 3~6mm；总苞片

1~2 层，约 5 枚，外层短，内层卵形或卵圆形，长 3mm，先端圆钝，白色，膜质。舌状花 4~5 朵，舌片白色，先端 3 齿裂，筒部细管状，外面被稠密白色长柔毛；管状花花冠长约 1mm，黄色，下部被稠密的白色短柔毛；托片倒披针形或长倒披针形，纸质，先端 3 裂或不裂或侧裂。瘦果长 1~1.5mm，3 棱或中央的瘦果 4~5 棱，黑色或黑褐色，常压扁，被白色微毛，舌状花瘦果冠毛毛状，脱落；管状花瘦果冠毛膜片状，白色，披针形，边缘流苏状，固

粗毛牛膝菊 *Galinsoga quadriradiata* Ruiz & Pav. 居群

粗毛牛膝菊 *Galinsoga quadriradiata* Ruiz & Pav. 花序

粗毛牛膝菊 *Galinsoga quadriradiata* Ruiz & Pav. 花序

粗毛牛膝菊 *Galinsoga quadriradiata* Ruiz & Pav. 植株

结于冠毛环上，整体脱落。花果期 7~10 月。

生境：生于林下路旁。

国内分布：上海、浙江、安徽、北京、福建、甘肃、广东、广西、贵州、海南、黑龙江、湖北、湖南、江苏、江西、山东、陕西、四川、台湾。

国外分布：原产中南美洲。

入侵历史及原因：20 世纪中叶随园艺植物引种，1943 年 11 月 18 日在四川成都采到标本。无意引进。

入侵危害：危害秋收作物（玉米、大豆、甘薯、甘蔗）、蔬菜、观赏花卉、果树及茶树，发生量大，危害重。能产生大量种子，在适宜的环境条件下快速扩增，排挤本土植物，形成大面积的单优势种群落。入侵和危害草坪、绿地，造成草坪的荒废，给城市绿化和生物多样性带来巨大威胁。

粗毛牛膝菊 *Galinsoga quadriradiata* Ruiz & Pav. 植株

匙叶鼠麴草
Gnaphalium pensylvanicum Willd.

别名：匙叶合冠鼠麴草

英文名：Wandering Cudweed

分类地位：菊科 Asteraceae

拉丁异名：*Gnaphalium pensylvanica* (Willd.) Cabrera; *Gnaphalium spathulatum* Lam. non N. L. Burman; *Gnaphalium chinense* Gandoger

危害程度：中度入侵。

性状描述：一年生草本植物。茎直立，常从基部分枝，少数单生，高 10~50cm，具浅灰色绒毛。基生叶在花期凋落，茎生叶远离，向上叶片大小几乎不变，无柄，倒披针形至匙形，长 2.5~8cm，宽 0.4~1.8cm，背面灰绿色，被绵毛，上面淡绿色，无光泽，具松散的蛛丝状毛，全缘或微波状，先端圆形至圆钝，中脉细狭，不变白。头状花序多数，簇生于叶腋处，形成多少与叶 (叶长 1.5~5.5 cm) 相

间的穗状圆锥花序，当干燥时叶片长约 3mm，宽 1~1.5mm，从基部开始的 2/3 部位密被绵毛、较低的枝条通常蔓延。外层总苞片卵状披针形或披针形，长 2~2.5mm，先端较长且尖锐；内层总苞片长椭圆形，长约 3mm，先端圆形至急尖。外部小花大约 100 朵，花冠长约 2.25mm。中央小花 2 朵或 3 朵，花冠长约 2.25mm。瘦果褐色，椭圆形，长约 0.5mm，其上具有腺点，冠毛污白色，长约 2.3mm，基部连

匙叶鼠麴草 *Gnaphalium pensylvanicum* Willd. 植株

匙叶鼠麴草 *Gnaphalium pensylvanicum* Willd. 花序

合成环,易脱落。花期 12 月至翌年 5 月。

生境:荒地、路边、农田、茶园、果园、草地等。海拔 1 500m 以下。

国内分布:福建、广东、广西、贵州、海南、湖南、江西、四川、台湾、西藏、云南、浙江。

国外分布:原产美洲;在非洲、亚洲、澳大利亚和欧洲归化。

入侵历史及原因:《香港植物志》(1861 年)误将该种定为 *Gnaphalium purpureum* L.,匙叶鼠麴草一名出自《中国植物志》75 卷(1979 年),Flora of China vol. 20~21(2011 年)改称匙叶合冠鼠麴草。无意引入。

入侵危害:南方常见杂草,潜在扩散能力较强,入侵农田、草地和果园,与作物争夺养分,滋生病虫害,危害夏收作物(麦类、油菜、马铃薯)、蔬菜、果树及茶树,但发生量小,危害较轻,为一般性杂草。

匙叶鼠麴草 *Gnaphalium pensylvanicum* Willd. 植株

裸冠菊
Gymnocoronis spilanthoides (D. Don ex Hook. & Arn.) DC.

别名：光冠水菊

英文名：Temple Plant

分类地位：菊科 Asteraceae

危害程度：中度入侵。

性状描述：多年生水生或湿生草本，株高60~120cm。茎直立或基部横卧，多对生的分枝；茎具6棱，较粗大的茎中空，近无毛。叶对生，中部或中部以下的叶片较大；叶片披针形至卵形，长4.5~20cm，宽2.2~7cm，先端急尖或钝，基部宽或狭楔形，边缘有锯齿，两面近无毛，羽状脉；叶柄长0.8~5cm，上面具沟槽，下面圆形，茎先端的叶几乎无柄。头状花序大，直径20~24mm，排成顶生疏松伞房状，总花梗被毛；总苞半球形，直径约9mm，总苞片2层，近等长，条形，外层被毛；管状花多数，花冠狭漏斗形，长3.5~3.9mm，白色，外被腺体；花冠先端裂片三角形，长宽近相等；雄蕊白色，花丝先端略扩大，圆筒形，花药先端附属物小；雌蕊柱头黄色，花柱分枝细长，白色，先端略肥厚，狭长卵形。瘦果黑色棱柱状，长约1.3mm，具5肋，肋间具腺点；冠毛缺如。花果期8~9月。

生境：通常生于湿地环境中。

国内分布：台湾、广西、云南、浙江。

国外分布：原产南美洲的热带和亚热带地区，包括智利、秘鲁、阿根廷、玻利维亚、巴拉圭、乌拉圭、墨西哥、澳大利亚、新西兰、匈牙利、印度、日本等地。

入侵历史及原因：2006年11月在广西阳朔县漓江岸边发现。作为水族馆植物引种栽培而传入。

入侵危害：一般性杂草，排挤当地物种。

裸冠菊 *Gymnocoronis spilanthoides* (D. Don ex Hook. & Arn.) DC. 居群

裸冠菊 *Gymnocoronis spilanthoides* (D.Don ex Hook. & Arn.) DC. 花序

裸冠菊 *Gymnocoronis spilanthoides* (D. Don ex Hook. & Arn.) DC. 花序

裸冠菊 *Gymnocoronis spilanthoides* (D. Don ex Hook. & Arn.) DC. 花序

裸冠菊 *Gymnocoronis spilanthoides* (D. Don ex Hook. & Arn.) DC. 花序

堆心菊 *Helenium autumnale* L.

别名：翼锦鸡菊

英文名：Common Sneezeweed

分类地位：菊科 Asteraceae

拉丁异名：*Helenium grandiflorum* Nutt.

危害程度：潜在入侵。

性状描述：多年生草本。茎直立或基部稍弯曲，高 50~90cm，有纵棱，具稀疏长柔毛。基生叶丛生，叶片线状披针形，长 6~10cm，宽 0.5~1.5cm，全缘或有锯齿，具叶柄，花后凋落；茎叶叶片线状披针形，长 5~12cm，宽 1~2cm，先端急尖或钝，基部沿茎下呈翼状，翼的边缘全缘或波状或有疏锯齿，两面近无毛或具稀疏柔毛，下面散生暗褐色斑点，具离基 3 出脉，无叶柄。头状花序直径 1~1.5cm，有长柄，单生于茎顶或排列呈松散的伞房状；花序托圆锥状，有小凹点，无托片；总苞片草质，2~3 层，外 2 层等长，披针形，绿色，开花后向下反卷，内层短；缘花舌状，黄色，舌片宽倒卵形，先端 3 齿裂，雌性；盘花管状，多数，先端 4 齿裂，绿色，上部棕褐色，两性，结实。瘦果长圆形，有粗毛；冠毛鳞片状，先端长尖，白色。花果期 7~8 月。

生境：生于路边。

国内分布：安徽、江苏、浙江、江西、湖北、湖南、福建、广东、广西、贵州。

国外分布：原产北美洲。

入侵历史及原因：1946 年在江西采到标本。栽培观赏。有意引种。

入侵危害：逸生为杂草。

堆心菊 *Helenium autumnale* L. 居群

堆心菊 *Helenium autumnale* L. 花序

堆心菊 *Helenium autumnale* L. 花序

弯曲堆心菊 *Helenium flexuosum* Raf.

别名：紫心菊

英文名：Purple-head Sneezeweed

分类地位：菊科 Asteraceae

危害程度：潜在入侵。

性状描述：多年生草本，株高 30~100cm，通常上部分枝，具明显的棱翅，茎光滑或下部具疏毛，上部具中等密毛。叶片光滑或者具稀疏至中等密毛，基部叶倒披针形至倒卵形或匙形，全缘或具锯齿；近中部叶倒披针形至披针形，全缘或具锯齿；端部叶披针形至披针状线形，全缘。头状花序 5~50，圆锥状排列；花梗长 3~10cm，具疏至中等密毛；总苞球形至卵形，长 8~17cm，宽 9~17mm，具中等至密毛；舌状花中性，通常 8~13 朵，有时无，花冠黄色或红棕色、紫色，长 10~20mm，宽 5~10mm；盘心花 250~700 朵，基部黄色，端部紫色，或者全部紫色，长 2.3~3.7mm，端部 4(5) 裂。连萼

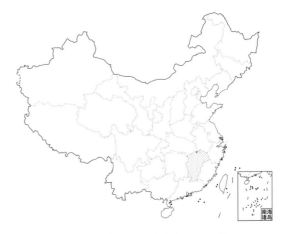

瘦果 1~1.2mm，通常具毛，冠毛 5~6，芒 0.6~1(~1.7) mm。

生境：生于田野、沟渠、河岸、牧场等。

国内分布：上海、江西。

国外分布：原产北美洲至墨西哥。

入侵历史及原因：20 世纪 40 年代庐山植物园栽培。有意引种。

入侵危害：杂草丛生，大量食用有毒性。

弯曲堆心菊 *Helenium flexuosum* Raf. 花序

菊芋 *Helianthus tuberosus* L.

别名：洋姜、洋生姜

英文名：Jerusalem Artichoke

分类地位：菊科 Asteraceae

危害程度：恶性入侵。

性状描述：多年生草本，高 1~3m，有块状地下茎及纤维状根。茎直立，有分枝，被白色短糙毛或刚毛。叶通常对生，有叶柄，但上部叶互生；下部叶卵圆形或卵状椭圆形，有长柄，长 10~16cm，宽 3~6cm，基部宽楔形或圆形，有时微心形，先端渐细尖，边缘有粗锯齿，有离基 3 出脉，上面被白色短粗毛，下面被柔毛，叶脉上有短硬毛，上部叶长椭圆形至阔披针形，基部渐狭，下延成短翅状，先端渐尖，短尾状。头状花序较大，少数或多数，单生于枝端，有 1~2 个线状披针形的苞叶，直立，直径 2~5cm，总苞片多层，披针形，长 14~17mm，

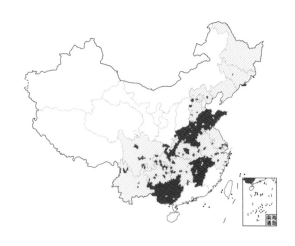

宽 2~3mm，先端长渐尖，背面被短伏毛，边缘被开展的缘毛；托片长圆形，长 8mm，背面有肋、上端不等 3 浅裂；舌状花通常 12~20 朵,舌片黄色，开展，长椭圆形，长 1.7~3cm；管状花花冠黄色，长 6mm。瘦果小，楔形，上端有 2~4 个有毛的锥状扁芒。花期 8~9 月。

生境：逸生于宅边、路边、池塘、河滩、荒山、沙丘等地。

国内分布：黑龙江、吉林、辽宁、北京、河北、河南、山东、安徽、江苏、上海、浙江、江西、湖北、湖南、广西、四川、重庆、贵州、云南。

国外分布：原产北美洲；现世界各地有栽培。

入侵历史及原因：1918 年记载山东青岛栽培。有意引种。

入侵危害：常见的路边杂草。

菊芋 *Helianthus tuberosus* L. 居群

菊芋 *Helianthus tuberosus* L. 花序

菊芋 *Helianthus tuberosus* L. 叶

菊芋 *Helianthus tuberosus* L. 块状地下茎

菊芋 *Helianthus tuberosus* L. 花枝

菊芋 *Helianthus tuberosus* L. 居群

毒莴苣 *Lactuca serriola* L.

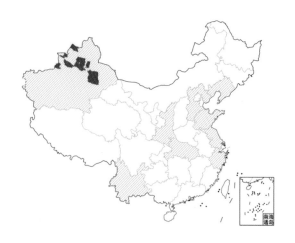

别名：野莴苣、黄花莴苣、锯齿莴苣

英文名：Rickly Lettuce

分类地位：菊科 Asteraceae

危害程度：轻度入侵。

性状描述：一年生草本，株高 50~80cm。茎单生，直立，无毛或有时有白色茎刺，上部圆锥状花序分枝或自基部分枝。中下部茎叶倒披针形或长椭圆形，长 3~7.5cm，宽 1~4.5cm，倒向羽状或羽状浅裂、半裂或深裂、有时茎叶不裂，宽线形，无柄，基部箭头状抱茎，顶裂片与侧裂片等大，三角状卵形或菱形，或侧裂片集中在叶的下部或基部，顶裂片较长，宽线形，侧裂片 3~6 对，镰刀形、三角状

镰刀形或卵状镰刀形，最下部茎叶及接圆锥花序下部的叶与中下部茎叶同形或披针形、线状披针形或线形，全部叶或裂片边缘有细齿或刺齿或细刺或全缘，下面沿中脉有刺毛，刺毛黄色。头状花序多数，在茎枝先端排成圆锥状花序；总苞果期卵球形，长 1.2cm，宽约 6mm；总苞片约 5 层，外层及最外层小，长 1~2mm，宽 1mm 或不足 1mm，中内层披针形，长 7~12mm，宽至 2mm，全部总苞片先端急尖，外面无毛；舌状小花 15~25 枚，黄色。瘦果倒披针形，长 3.5mm，宽 1.3mm，压扁，浅褐色，上部有稀疏的上指的短糙毛，每面有 8~10 条高起的细肋，先端急尖成细丝状的喙，喙长 5mm；冠毛白色，微锯齿状，长 6mm。花果期 6~8 月。

生境：生于荒地、路旁、河滩砾石地、山坡石缝中及草地。

毒莴苣 *Lactuca serriola* L. 植株

毒莴苣 *Lactuca serriola* L. 花序

毒莴苣 *Lactuca serriola* L. 茎

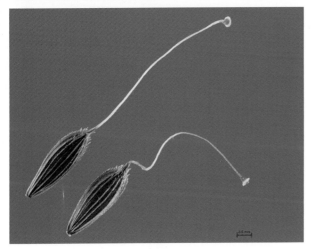

毒莴苣 *Lactuca serriola* L. 瘦果

毒莴苣 *Lactuca serriola* L. 叶

毒莴苣 *Lactuca serriola* L. 居群

国内分布：河北、湖北、辽宁、江苏、山东、陕西、云南、浙江、新疆。

国外分布：原产欧洲至中亚；模式标本采自南欧。

入侵历史及原因：进境夹带进入，据 H. von Handel‑Mazzettii (Sym. Sin. 7：1181，1936) 记载在云南昆明有分布。

入侵危害：常于旱田（玉米及豆类作物田）、果园（主要为葡萄园）和菜园内危害，由于毒莴苣对一些常用的除草剂有抗性，因此成为广布性的杂草，加上其种子往往混杂于谷物中，从而降低食物的品质。在我国发生量小，危害轻。

糙毛狮齿菊 *Leontodon hispidus* L.

英文名： Rough Hawkbit

分类地位： 菊科 Asteraceae

危害程度： 中度入侵。

性状描述： 多年生草本，株高 10~60cm。主根不很明显，侧根相对发达。叶莲座状基生，叶片倒披针形或倒卵状披针形，长 5~15cm，宽 0.5~4cm，边缘粗糙齿状，羽状深裂，先端裂片略大，呈三角形或三角状戟形，每侧裂片 4~10 片，基部渐狭成叶柄；叶表面通常具较多的粗糙硬毛，毛先端常 2~3 裂。花葶多个，高 20~30cm，基部无毛或密被长硬毛，每个花葶上端具一个头状花序；头状花序 1~2cm；总苞钟状，长 7~13mm，绿色；苞片上无毛或有毛，可分为无毛型、疏毛型和多毛型；总苞上具内外两轮苞片，差异显著；外轮苞片分为不明显的两层，10~12 枚，长 1~3mm，基部淡绿色，先端紫红色；内轮苞片近等长，排成 1 轮，13 枚左右，披针形，长 6~10mm；头状花序具 30~50 朵舌状花，舌片长约 8mm，宽约 3mm，黄色，边缘花舌片背面具紫黑色条纹；聚药雄蕊及柱头黄色。菊果纺锤形，先端密布短喙状突起，长 3~5mm，宽 1~1.5mm，纤细；萼片特化成冠毛，冠毛具两型，外部冠毛鬃状鳞型，呈王冠状；内部为长羽状冠毛，长约 6mm，浅褐色。花果期 3~10 月。

生境： 常见于草坪地上。

国内分布： 山东。

国外分布： 原产欧洲的大部分地区、小亚细亚、高加索地区和伊朗。

糙毛狮齿菊 *Leontodon hispidus* L. 植株

糙毛狮齿菊 *Leontodon hispidus* L. 植株

糙毛狮齿菊 *Leontodon hispidus* L. 居群

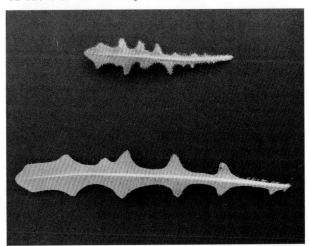

糙毛狮齿菊 *Leontodon hispidus* L. 叶

糙毛狮齿菊 *Leontodon hispidus* L. 花序

糙毛狮齿菊 *Leontodon hispidus* L. 瘦果

入侵历史及原因：2015 年首次发现于山东威海校园内的草坪上，可能随草坪种子无意传入。

入侵危害：本种与蒲公英的生境相似，因此极易挤占蒲公英的生境而入侵。由于其花期长，果实小，产量高，质轻，且具有羽状冠毛，易随着人类的活动和风力进行传播形成入侵，近年来其种群呈现明显的扩张态势。

薇甘菊 *Mikania micrantha* Kunth

别名：假泽兰、薇金菊

英文名：Mile–A–Minute

分类地位：菊科 Asteraceae

拉丁异名：*Willoughbya micrantha* (Kunth) Rusby

危害程度：恶性入侵。

性状描述：为多年生草质或木质藤本，茎细长，匍匐或攀缘，多分枝，被短柔毛或近无毛，幼时绿色，近圆柱形，老茎淡褐色，具多条肋纹。茎中部叶三角状卵形至卵形，长 4~13cm，宽 2~9cm，基部心形，偶近戟形，先端渐尖，边缘具数个粗齿或浅波状圆锯齿，两面无毛，基出 3~7 脉；叶柄长 2~8cm；上部的叶渐小，叶柄亦短。头状花序多数，在枝端常排成复伞房花序状，花序渐纤细，顶部的头状花序花先开放，依次向下逐渐开放，头状花序长 4.5~6mm，含小花 4 朵，全为结实的两性花；总苞片 4 枚，狭长椭圆形，先端渐尖，部分急尖，绿色，长 2~4.5mm，总苞基部有 1 枚线状椭圆形的小苞叶（外苞片），长 1~2mm，花有香气；花冠白色，脊状，长 3~3.5(~4)mm，檐部钟状，5 齿裂。瘦果长 1.5~2mm，黑色，被毛，具 5 棱，被腺体，冠毛由 32~38(~40) 条刺毛组成，白色，长 2~3.5(~4)mm。

生境：常见于被破坏的林地边缘、荒弃农田、疏于管理的果园及水库、沟渠和河道两侧。

国内分布：香港、澳门、广东、贵州、台湾、云南。

国外分布：原产中美洲；现已亚洲和大洋洲的热带地区广泛归化。

入侵历史及原因：1919 年曾在香港出现，1984 年在深圳发现。无意引种。香港渔农自然护理署香港植物标本室收藏的标本表明，1884 年香港动植物公园就已栽培薇甘菊。1919 年在哥赋山采到逸

薇甘菊 *Mikania micrantha* Kunth 居群

薇甘菊 *Mikania micrantha* Kunth 花序

薇甘菊 *Mikania micrantha* Kunth 居群

薇甘菊 *Mikania micrantha* Kunth 植株

薇甘菊 *Mikania micrantha* Kunth 居群

生标本。于1984年在深圳出现，现已在珠江三角洲广泛扩散，并有进一步蔓延的趋势。云南种群可能源自缅甸的自然扩散。

入侵危害：是一种具有超强繁殖能力的藤本植物，攀上灌木和乔木后，能迅速形成整株覆盖之势，使植物因光合作用受到破坏窒息而死。也可通过产生化感物质来抑制其他植物的生长。

薇甘菊 *Mikania micrantha* Kunth 居群

银胶菊 *Parthenium hysterophorus* L.

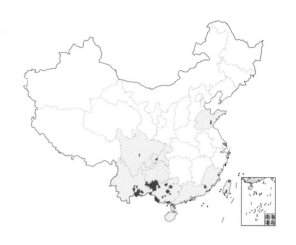

别名：西南银胶菊、野益母艾、野益母岩、野银胶菊

英文名：Whitetop

分类地位：菊科 Asteraceae

危害程度：恶性入侵。

性状描述：一年生草本，茎直立，高 0.6~1m，基部直径约 5mm，多分枝，具条纹，被短柔毛，节间长 2.5~5cm。下部和中部叶二回羽状深裂，全形卵形或椭圆形，连叶柄长 10~19cm，宽 6~11cm，羽片 3~4 对，卵形，长 3.5~7cm，小羽片卵状或长圆状，常具齿，先端略钝，上面被基部为疣状的疏糙毛，下面的毛较密而柔软；上部叶无柄，羽裂，裂片线状长圆形，全缘或具齿，或有时指状 3 裂，中裂片较大，通常长于侧裂片的 3 倍。头状花序多数，直径 3~4mm，在茎枝先端排成开展的伞房花序，花序柄长 3~8mm，被粗毛；总苞宽钟形或近半球形，直径约 5mm，长约 3mm；总苞片 2 层，各 5 枚，外层较硬，卵形，长 2.2mm，先端叶质，钝，背面被短柔毛，内层较薄，几近圆形，长宽近相等，先端钝，下凹，边缘近膜质，透明，上部被短柔毛；舌状花 1 层，5 朵，白色，长约 1.3mm，舌片卵形或卵圆形，先端 2 裂；管状花多数，长约 2mm，檐部 4 浅裂，裂片短尖或短渐尖，具乳头状凸起；雄蕊 4 枚。雌花瘦果倒卵形，基部渐尖，干时黑色、长约 2.5mm，被疏腺点；冠毛 2，鳞片状，长圆形，长约 0.5mm，先端截平或有时具细齿。花期 4~10 月。

生境：生于旷地、路旁、河边、荒地，从海岸附近到海拔 1 500m 都有分布。

国内分布：山东、云南、贵州、广西、广东、海南、福建、四川、台湾、重庆、香港。

国外分布：原产美国得克萨斯州及墨西哥北部；现分布全球热带地区广泛归化。

银胶菊 *Parthenium hysterophorus* L. 植株

银胶菊 *Parthenium hysterophorus* L. 花序

银胶菊 *Parthenium hysterophorus* L. 居群

银胶菊 *Parthenium hysterophorus* L. 居群

银胶菊 *Parthenium hysterophorus* L. 居群

入侵历史及原因：1924 年在越南北部被报道，1926 年在云南采到标本，从周边国家蔓延入境，还可通过土壤、种子库的搬运传播。

入侵危害：恶性杂草，对其他植物有化感作用，吸入其具毒性的花粉会产生过敏，直接接触还可引起人和家畜的过敏性皮炎和皮肤红肿。

假臭草 *Praxelis clematidea* R. M. King & H. Rob.

别名：猫腥菊

英文名：Praxelis

分类地位：菊科 Asteraceae

拉丁异名：*Eupatorium clematideum* Griseb.

危害程度：恶性入侵。

性状描述：多年生草本，高 0.7~1.2m。茎、枝、叶柄、叶片两面、花序梗和花序的分枝均被白色多细胞的长柔毛。叶对生；叶柄长 0.5~1.5cm；茎基部叶花期萎谢，茎中部叶片卵形或宽卵形，长 2.5~4.5cm，宽 3~5cm，基部楔形，边缘有规则的圆锯齿，先端渐尖，具 3 出脉，侧脉每边 1~2 条；茎上部叶小，与茎中部叶近同形。头状花序少数至多数，在茎及枝端排成伞房花序状的聚伞花序；花序梗长 2~4cm，总苞片 3 层，外层总苞片长管形，卵形或卵状披针形，长约 4mm，宽约 1mm，中层

总苞片长椭圆形或长椭圆状披针形，长 5~6mm，宽约 1.5mm，内层总苞片条状披针形，全部总苞片的上端及边缘均膜质，宽约 1mm，长 3.5~4mm，无毛；花 10 朵，花冠紫蓝色，檐部具 5 裂齿。瘦果长椭圆形，长 2~2.5mm，褐色，具 5 棱；冠毛白色，长约 4mm，宿存。花果期 6~11 月。

生境：生于荒地、荒坡、滩涂、林地、果园。

国内分布：香港、广东、广西、贵州、澳门、福建、台湾。

国外分布：原产南美洲；现散布于东半球热带地区。

入侵历史及原因：早在 20 世纪 80 年代于香港被发现，但曾被误认为熊耳草 *Ageratum houstonianum* Mill.，直到 1995 年才被鉴定，此时，在香港的荒地、路边及市区很常见。

入侵危害：该植物所到之处，其他低矮草本逐

假臭草 *Praxelis clematidea* R. M. Rob. 植株

假臭草 *Praxelis clematidea* R. M. King & H. Rob. 花序

假臭草 *Praxelis clematidea* R. M. King & H. Rob. 居群

假臭草 *Praxelis clematidea* R. M. King & H. Rob. 花序

渐被排挤，在华南果园中，它能迅速覆盖整个果园地面。由于其对土壤肥力吸收能力强，能极大地消耗土壤中的养分，对土壤的可耕性破坏严重，严重影响作物的生长，同时能分泌一种有毒恶臭物质，影响家畜觅食。

假臭草 *Praxelis clematidea* R. M. King & H. Rob. 花枝

假地胆草
Pseudelephantopus spicatus (B. Juss. ex Aubl.) C. F. Baker

英文名：Yasawa Tobacco Weed

分类地位：菊科 Asteraceae

危害程度：轻度入侵。

异名：*Elephantopus spicatus* Tuss ex Aubl.

性状描述：多年生草本，高 (40~)60~100cm。茎直立，基部直径 3~10mm，有分枝，具条纹，被疏硬毛或近无毛。叶近无柄，稍抱茎，全缘或具疏锯齿，侧脉 8~11 对，上面粗糙，被疏糙毛或近无毛，具腺点，下面特别脉上被糙毛，具密腺点；下部叶长圆状倒卵形或长圆状匙形，长 7~20cm，宽 1~5cm，基部渐狭，先端稍钝或短尖；上部叶长圆状披针形，长 2.5~11.5cm，宽 0.5~1.5cm，两端渐狭。头状花序 1~6 个聚集成团球状，束生于茎枝上端叶腋，无花序梗，穗状花序排列顶生；总苞长圆形，长 10~12mm，宽约 4mm；总苞片椭圆状长圆形，先端渐尖或急尖，长 10mm，宽 2mm，暗绿色，具 1 条凸出的中肋，具腺点；花冠近管状，白色，长 7mm，上部有 5 枚披针形的裂片，檐部渐狭成细管。瘦果线状长圆形，长约 6mm，具 10 条肋，被密茸毛，肋间有腺点；冠毛长 4mm，少数，不等长，具 2

假地胆草 *Pseudelephantopus spicatus* (B. Juss. ex Aubl.) C. F. Baker 花枝

假地胆草 *Pseudelephantopus spicatus* (B. Juss. ex Aubl.) C. F. Baker 居群

假地胆草 *Pseudelephantopus spicatus* (B. Juss. ex Aubl.) C. F. Baker 花序

假地胆草 *Pseudelephantopus spicatus* (B. Juss. ex AubL.) C. F. Baker 植株

假地胆草 *Pseudelephantopus spicatus* (B. Juss. ex AubL.) C. F. Baker 花序

条先端常扭曲的长刚毛。

生境：生长在沙土、砾土至壤土上，耐旱、耐贫瘠。在草地、荒地及路边常见。

国内分布：台湾、广东、香港等地归化。

国外分布：热带美洲。

入侵历史及原因：北村四郎（S. Ktanmura）于1932年在台湾高雄采到标本。现代入侵。人类活动裹挟带入。

入侵危害：危害旱田作物，但发生量小，危害轻，属一般性杂草。

假地胆草 *Pseudelephantopus spicatus* (B. Juss. ex AubL.) C. F. Baker 植株

欧洲千里光 *Senecio vulgaris* L.

别名：白顶草、北千里光、欧洲狗舌草

英文名：Old-Man-In-The-Spring

分类地位：菊科 Asteraceae

危害程度：轻度入侵。

性状描述：一年生草本。茎单生，直立，高12~45cm，自基部或中部分枝；分枝斜升或略弯曲，被疏蛛丝状毛至无毛。叶无柄，全形倒披针状匙形或长圆形，长 3~11cm，宽 0.5~2cm，先端钝，羽状浅裂至深裂；侧生裂片 3~4 对，长圆形或长圆状披针形，通常具不规则齿，下部叶基部渐狭成柄状；中部叶基部扩大且半抱茎，两面尤其下面多少被蛛丝状毛至无毛；上部叶较小，线形，具齿。头状花序无舌状花，少数至多数，排列成顶生密集伞房花序；花序梗长 0.5~2cm，有疏柔毛或无毛，具数个线状钻形小苞片；总苞钟状，长 6~7mm，宽2~4mm，具外层苞片；苞片 7~11 枚，线状钻形，长 2~3mm，尖，通常具黑色长尖头；总苞片 18~22枚，线形，宽 0.5mm，尖，上端变黑色，草质，边缘狭膜质，背面无毛；舌状花缺如，管状花多数；花冠黄色，长 5~6mm，管部长 3~4mm，檐部漏斗状，略短于管部；裂片卵形，长 0.3mm，钝；花药长 0.7mm，基部具短钝耳；附片卵形；花药颈部细，向基部膨大；花柱分枝长 0.5mm，先端截形，有乳头状毛。瘦果圆柱形，长 2~2.5mm，沿肋有柔毛；冠毛白色，长 6~7mm。花期 4~10 月。

生境：生于海拔 300~2 300m 的山坡、草地、农田、果园及路旁潮湿处。

欧洲千里光 *Senecio vulgaris* L. 植株

欧洲千里光 *Senecio vulgaris* L. 花序

欧洲千里光 *Senecio vulgaris* L. 居群

国内分布：黑龙江、吉林、辽宁、内蒙古、河北、河南、山东、山西、四川、湖北、湖南、重庆、上海、贵州、云南、西藏、新疆、香港、台湾。

国外分布：欧洲；现广布欧亚、非洲北部和北美洲。

入侵历史及原因：19世纪侵入中国东北部，20世纪初在香港成为一种杂草。无意引种，经过货物或国际交往而无意引进。

入侵危害：瘦果混在作物种子或草皮种子中传播，定居后产生大量瘦果，藉冠毛随风扩散。由于对某些除草剂有抗性，在果园中迅速蔓延，同时也侵入农田中。危害夏收作物（麦类和油菜）、果园、茶园和草坪，在低纬度地区还入侵山地生态系统，其数量有不断增加的趋势。

欧洲千里光 *Senecio vulgaris* L. 居群

欧洲千里光 *Senecio vulgaris* L. 瘦果

串叶松香草 *Silphium perfoliatum* L.

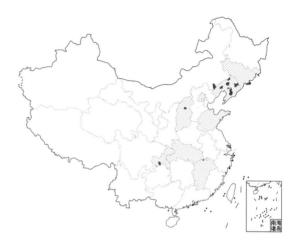

别名：菊花草、杯草

英文名：Cup Rosinweed

分类地位：菊科 Asteraceae

危害程度：轻度入侵。

性状描述：多年生宿根草本植物。因其茎上对生叶片的基部相连呈杯状,茎从两叶中间贯穿而出。当年植株呈丛叶莲座状,不抽茎,根圆形肥大,粗壮,具水平状多节的根茎和营养根；根茎处数个具有紫红色鳞片的根基芽。第二年每小根茎形成一个新枝。植株形略似菊芋,株高 1.5~2m。叶片大,长椭圆形,叶缘有疏锯齿,叶面有刚毛,基叶有叶柄,茎方,四棱茎,叶对生,无柄,茎叶基部叶片相连。茎顶或第 6~9 节叶腋间发生花序,头状花序边缘由舌状花数十朵组成；中间为管状雄花；雄花褐色,雌花黄色。种子瘦果扁心形,褐色,边缘具薄翅。花期 5~8 月,果期 8~10 月。

生境：生于草原、开阔的林地及溪边等处。

国内分布：北京、吉林、江西、辽宁、山东、山西、湖北、重庆。

国外分布：原产加拿大和美国南部、西部。

入侵历史及原因：中国科学院植物研究所北京植物园油料考察组于 1979 年 9 月访问朝鲜时由平壤中央植物园首次引入我国。有意引种。

入侵危害：易于引种,侵占旱秋作物耕地,在干燥地块会发生枯萎病。

串叶松香草 *Silphium perfoliatum* L. 居群

串叶松香草 *Silphium perfoliatum* L. 植株

串叶松香草 *Silphium perfoliatum* L. 花序

串叶松香草 *Silphium perfoliatum* L. 叶

串叶松香草 *Silphium perfoliatum* L. 居群

水飞蓟 *Silybum marianum* (L.) Gaertn.

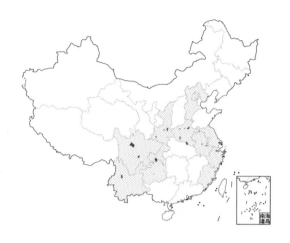

别名：白花水飞蓟、水飞雉、老鼠筋

英文名：Variegated Thistle

分类地位：菊科 Asteraceae

危害程度：轻度入侵。

性状描述：一年生或二年生草本，高 1.2m。茎直立，分枝，被稀疏的蛛丝毛或脱毛。莲座状基生叶与下部茎叶有叶柄，椭圆形或倒披针形，长达 50cm，宽达 30cm，羽状浅裂至全裂；中部叶与上部茎叶渐小，长卵形或披针形，羽状浅裂或边缘浅波状圆齿裂；全部叶两面同色，绿色，具大型白色花斑，无毛，质地薄，边缘或裂片边缘及先端有坚硬的黄色针刺，针刺长达 5mm。头状花序较大，生枝端，植株含多数头状花序，但不形成明显的花序式排列。总苞球形或卵球形，直径 3~5cm；小花红紫色，少有白色，长 3cm，细管部长 2.1cm，檐部 5 裂，裂片长 6mm；花丝短而宽，上部分离，下部由于被黏质柔毛而黏合。瘦果压扁，长椭圆形或长倒卵形，褐色；冠毛多层，刚毛状。花果期 5~10 月。

生境：多生于农田、荒地、路边、渠岸。

国内分布：安徽、北京、福建、贵州、河北、河南、江苏、陕西、四川、浙江、重庆、云南。

国外分布：原产南欧及北非。

入侵历史及原因：王汉臣于 1941 年 8 月采于云南大理，标本存于中国科学院植物研究所标本馆。有意引种。

入侵危害：危害不大的杂草。

水飞蓟 *Silybum marianum* (L.) Gaertn. 植株

水飞蓟 *Silybum marianum* (L.) Gaertn. 居群

水飞蓟 *Silybum marianum* (L.) Gaertn. 居群

水飞蓟 *Silybum marianum* (L.) Gaertn. 花序

水飞蓟 *Silybum marianum* (L.) Gaertn. 瘦果

水飞蓟 *Silybum marianum* (L.) Gaertn. 瘦果

水飞蓟 *Silybum marianum* (L.) Gaertn. 植株

加拿大一枝黄花 *Solidago canadensis* L.

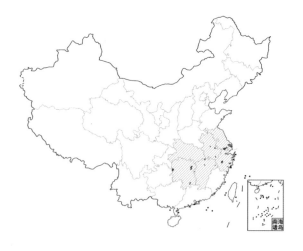

别名：金棒草、北美一枝黄花

英文名：Common Goldenrod, Canada Goldenrod

分类地位：菊科 Asteraceae

拉丁异名：*Solidago altissima* L.

危害程度：恶性入侵。

性状描述：多年生草本，株高 0.3~2.5m。具地下匍匐根状茎。茎直立，全部或仅上部被短柔毛及糙毛。叶互生，披针形或线状披针形，长 5~12cm，先端渐尖，基部渐狭，边缘有稀疏的锐齿，离基 3 出脉。头状花序小，长 4~6mm，单面着生，在花序分枝上排成蝎尾状，再组成大型的圆锥花序；总苞狭钟形，长 3~5mm，总苞片线状披针形，长 3~4mm；花黄色，边缘舌状花雌性，长 3~4mm，中央管状花两性，长 2.5~3mm。瘦果长圆形或椭圆形，基部楔形，长 2~3mm，褐色或浅褐色，常具 7 条纵棱，棱脊及棱间被糙毛；冠毛 1 层，长 2~3mm，白色。

生境：常入侵城镇庭园、郊野、荒地、河岸高速公路和铁路沿线等处，还入侵低山疏林湿地生态系统。

国内分布：各地作为花卉引种，在浙江、上海、安徽、湖北、湖南、江苏、江西等地已有逸生。

国外分布：原产北美洲；在北半球温带栽培和归化。

入侵历史及原因：国内最早记录为 1926 年采自浙江德清县莫干山的标本（PE）。作为观赏植物引进，20 世纪 80 年代扩散蔓延成杂草。有意引种，作为观赏花卉引入上海种植，后逸生，并随风传播种子，迅速扩散蔓延到整个华东地区，并逐渐向西、向北入侵。

加拿大一枝黄花 *Solidago canadensis* L. 植株

加拿大一枝黄花 *Solidago canadensis* L. 花序

加拿大一枝黄花 *Solidago canadensis* L. 居群

加拿大一枝黄花 *Solidago canadensis* L. 根状茎

加拿大一枝黄花 *Solidago canadensis* L. 居群

黄莺 *Solidago canadensis* 'Golden Wings' 花序

入侵危害： 以种子和根状茎繁殖，根状茎发达，繁殖力极强，传播速度快，生长迅速，生态适应性广阔，从山坡林地到沼泽地均可生长。严重消耗土壤肥力；花期长、花粉量大，可导致花粉过敏症。

近似种： 黄莺 *Solidago canadensis* 'Golden Wings' 为园艺杂种。其与加拿大一枝黄花 *S. canadensis* L. 的区别在于株高在 1.6m 以下，茎叶少被毛，髓部所占的比例较大，叶的侧脉在背面处向外隆起（后者叶的侧脉基本上是不隆起的），但本种不结果，常用作园林配置和生产切花等。

加拿大一枝黄花 *Solidago canadensis* L. 花序

三裂蟛蜞菊 *Sphagneticola trilobata* (L.) Pruski

别名：南美蟛蜞菊、三裂叶蟛蜞菊

英文名：Singapore Daisy

分类地位：菊科 Asteraceae

拉丁异名：*Wedelia trilobata* (L.) Hitchc.; *Thlechitonia trilobata* (L.) H.E. Robins. & Cuatrec.

危害程度：恶性入侵。

性状描述：多年生草本，茎平卧，无毛或被短柔毛，节上生根。叶对生，多汁，椭圆形至披针形，通常3裂，裂片三角形，具疏齿，先端急尖，基部楔形，无毛或散生短柔毛，有时粗糙；叶柄长不及5mm。头状花序腋生具长梗，苞片披针形，长10~15mm，具缘毛；舌状花4~8朵，黄色，先端具3~4枚齿，能育；盘花多数，黄色。瘦果棍棒状，具角，长约5mm，黑色。种子繁殖和营养繁殖。花期几全年，但以夏至秋季为盛。

生境：常生长成片，侵占草地和湿地。

国内分布：香港、广东、广西、贵州、四川、海南、台湾、福建、云南、浙江。

国外分布：原产热带美洲；在全球热带地区广泛归化。

入侵历史及原因：20世纪70年代作为地被植物引入栽培。有意引进，作为观赏植物，后逸生。

入侵危害：目前在华南一些地方已逸生成为园圃杂草。常生长成片，侵占草地和湿地，排挤本地植物。该种已被列为"世界上最有害的100种外来入侵物种"之一。

三裂蟛蜞菊 *Sphagneticola trilobata* (L.) Pruski 居群

三裂蟛蜞菊 *Sphagneticola trilobata* (L.) Pruski 花序

三裂蟛蜞菊 *Sphagneticola trilobata* (L.) Pruski 居群

三裂蟛蜞菊 *Sphagneticola trilobata* (L.) Pruski 居群

金腰箭 *Synedrella nodiflora* (L.) Gaertn.

别名：黑点旧

英文名：Synedrella

分类地位：菊科 Asteraceae

危害程度：中度入侵。

性状描述：一年生草本。茎直立，高 0.5~1m，基部直径约 5mm，二歧分枝，被贴生的粗毛或后脱毛，节间长 6~22cm，通常长约 10cm。下部和上部叶具柄，阔卵形至卵状披针形，连叶柄长 7~12cm，宽 3.5~6.5cm，基部下延成 2~5mm 宽的翅状宽柄，先端短，渐尖或有时钝，两面被贴生、基部为疣状的糙毛，在下面的毛较密，近基 3 出主脉，在上面明显，在下面稍凸起，有时两侧的 1 对基部外向分枝而似主脉，中脉中上部常有 1~4 对细弱的侧脉，网脉明显或仅在下面明显。头状花序直径 4~5mm，长约 10mm，无或有短花序梗，常 2~6 个簇生于叶腋，或在先端呈扁球状，稀单生；小花黄色；总苞卵形或长圆形；苞片数枚，外

层总苞片绿色，叶状，卵状长圆形或披针形，长 10~20mm，背面被贴生的糙毛，先端钝或稍尖，基部有时渐狭，内层总苞片干膜质，鳞片状，长圆形至线形，长 4~8mm，背面被疏糙毛或无毛；托片线形，长 6~8mm，宽 0.5~1mm；舌状花连管部长约 10mm，舌片椭圆形，先端 2 浅裂；管状花向上渐扩大，长约 10mm，檐部 4 浅裂，裂片卵状或三角状渐尖。雌花瘦果倒卵状长圆形，扁平，深黑色，长约 5mm，宽约 2.5mm，边缘有增厚、污白色宽翅，

金腰箭 *Synedrella nodiflora* (L.) Gaertn. 居群

金腰箭 *Synedrella nodiflora* (L.) Gaertn. 花枝

金腰箭 *Synedrella nodiflora* (L.) Gaertn. 花枝

金腰箭 *Synedrella nodiflora* (L.) Gaertn. 居群

翅缘各有 6~8 枚长硬尖刺；冠毛 2，挺直，刚刺状，长约 2mm，向基部粗厚，先端锐尖；两性花瘦果倒锥形或倒卵状圆柱形，长 4~5mm，宽约 1mm，黑色，有纵棱，腹面压扁，两面有疣状突起，腹面突起粗密；冠毛 2~5，叉开，刚刺状，等长或不等长，基部略粗肿，先端锐尖。花期 6~10 月。

生境：生于低海拔旷野、荒地、山坡、耕地、路旁及宅旁，适生湿润环境。

国内分布：云南（南部）、广西（南部）、广东（南部）、海南、香港、澳门、台湾、福建（南部）。

国外分布：原产热带美洲；现广布世界热带地区。

入侵历史及原因：1912 年在香港开始成为常见杂草。无意引种，经旅行或贸易无意引进。

入侵危害：如今是华南和西南地区常见农田杂草，减少农作物产量，并开始入侵一些经济园林。

金腰箭 *Synedrella nodiflora* (L.) Gaertn. 居群

万寿菊 *Tagetes erecta* L.

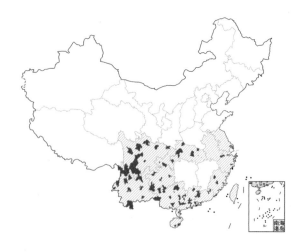

别名：臭芙蓉、臭菊花

英文名：Saffron Marigold

分类地位：菊科 Asteraceae

危害程度：严重入侵。

性状描述：一年生草本，高 50~150cm。茎直立，粗壮，具纵细条棱，分枝向上平展。叶羽状分裂，长 5~10cm，宽 4~8cm，裂片长椭圆形或披针形，边缘具锐锯齿，上部叶裂片的齿端有长细芒；沿叶缘有少数腺体。头状花序单生，直径 5~8cm，花序梗先端棍棒状膨大；总苞长 1.8~2cm，宽 1~1.5cm，杯状，先端具齿尖；舌状花黄色或暗橙色；长 2.9cm，舌片倒卵形，长 1.4cm，宽 1.2cm，基部收缩成长爪，先端微弯缺；管状花花冠黄色，长约 9mm，先端具 5 齿裂。瘦果线形，基部缩小，黑色或褐色，长 8~11mm，被短微毛；冠毛有 1~2 个长芒和 2~3 个短而钝的鳞片。花期 7~9 月。

生境：生于路旁、花坛。

国内分布：安徽、江苏、广东、海南、广西、台湾、福建、浙江、四川、贵州、重庆、湖北、云南。

国外分布：原产墨西哥；现世界许多国家引种。

入侵历史及原因：《植物名实图考》记载，我国各地均有栽培。在广东和云南南部、东南部已归化。有意引种，人工引种栽培，后逸生。

入侵危害：杂草，影响生物多样性和森林恢复。

万寿菊 *Tagetes erecta* L. 居群

印加孔雀草 *Tagetes minuta* L.

别名：细花万寿菊

英文名：Wild Marigold

分类地位：菊科 Asteraceae

危害程度：潜在入侵。

性状描述：一年生高大草本，株高 50~150cm，具有浓烈的芳香性气味。茎光滑无毛，有纵棱，基部近木质化。叶通常对生，上部叶偶互生，长 3~30cm，宽 0.7~8cm；叶片羽状深裂，裂片长椭圆形，长 1~11cm，宽 0.7~8cm，边缘有尖齿，叶缘和叶背疏生透明黄色油腺点，叶轴具狭翅；假托叶线形。头状花序，直径 3~4mm，单生或排列成总状花序；总苞片黄绿色，1 层，合生成管状，长 8~12mm，先端具 3~4 枚齿，无毛，被线形棕色或橙色油腺点；舌状花 2~3 朵，乳黄色，长 2~3.5mm；管状花 4~7 朵，黄色至深黄色，长 4~5mm。瘦果黑色，线状长圆形，长 6~7mm，被短毛，具棱，基部缩小；冠毛鳞片状，其中 1~2 个长芒状，长约 3mm，其余短而钝，长约 1mm。花果期 10~11 月。

　　生境：生于路边、田野、荒地。

　　国内分布：北京、山东、台湾、江苏、江西、西藏。

印加孔雀草 *Tagetes minuta* L. 居群

印加孔雀草 *Tagetes minuta* L. 花序

印加孔雀草 *Tagetes minuta* L. 花枝

印加孔雀草 *Tagetes minuta* L. 居群

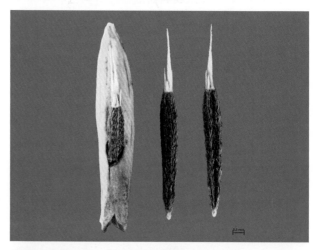

印加孔雀草 *Tagetes minuta* L. 瘦果

国外分布：原产热带美洲。

入侵历史及原因：1992 年出版的《北京植物志》将本种误认为是小花万寿菊，其中提到 1990 年 10 月在中国科学院植物研究所北京植物园草坪上采到标本。进境草种、花卉种子携带可能是印加孔雀草传入的主要途径。

入侵危害：与作物争夺空间、阳光、水分和养分；分泌化感物质，抑制作物生长；排挤本土其他植物。

印加孔雀草 *Tagetes minuta* L. 花枝

孔雀草 *Tagetes patula* L.

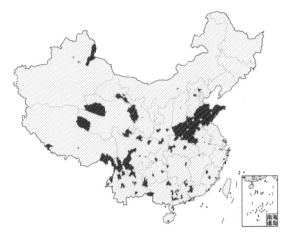

别名：小万寿菊、红黄草、西番菊、滕菊

英文名：Wild Marigold

分类地位：菊科 Asteraceae

危害程度：中度入侵。

性状描述：一年生草本，高 30~100cm；茎直立，通常近基部分枝，分枝斜开展。叶羽状分裂，长 2~9cm，宽 1.5~3cm，裂片线状披针形，边缘有锯齿，齿端常有长细芒，齿的基部通常有 1 个腺体。头状花序单生，直径 3.5~4cm，花序梗长 5~6.5cm，先端稍增粗；总苞长 1.5cm，宽 0.7cm，长椭圆形，上端具锐齿，有腺点；舌状花金黄色或橙色，带有红色斑，舌片近圆形长 8~10mm，宽 6~7mm，先端微凹；管状花花冠黄色，长 10~14mm，与冠毛等长，具 5 齿裂。瘦果线形，基部缩小，长 8~12mm，黑色，被短柔毛；冠毛鳞片状，其中 1~2 个长芒状，2~3 个短而钝。花期 7~9 月。

生境：生于路边、花坛、庭院、山坡。

国内分布：我国各地栽培，天津、四川、贵州、云南有归化。

国外分布：原产墨西哥；现世界许多国家引种。

入侵历史及原因：陈淏子《秘传花镜》（1688年）记载。有意引种。

入侵危害：西南地区大面积逸生，有时也侵入农田危害，危害山坡草地，影响林木恢复，影响植物多样性和森林恢复。

注：近年有些学者主张将本种并入万寿菊。

孔雀草 *Tagetes patula* L. 花序

孔雀草 *Tagetes patula* L. 居群

孔雀草 *Tagetes patula* L. 花序

肿柄菊
Tithonia diversifolia (Hemsl.) A. Gray

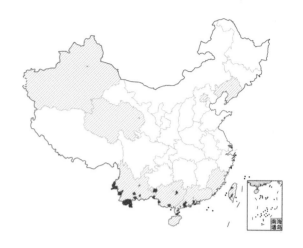

别名：假向日葵

英文名：Tree Marigold

分类地位：菊科 Asteraceae

危害程度：轻度入侵。

性状描述：一年生草本，高 2~5m。茎直立，有粗壮的分枝，被稠密的短柔毛或通常下部脱毛。叶卵形或卵状三角形或近圆形，长 7~20cm，3~5 深裂，有长叶柄，上部的叶有时不分裂，裂片卵形或披针形，边缘有细锯齿，下面被尖状短柔毛，沿脉的毛较密，基出 3 脉。头状花序大，宽 5~15cm，顶生于假轴分枝的长花序梗上。总苞片 4 层，外层椭圆形或椭圆状披针形，基部革质；内层苞片长披针形，上部叶质或膜质，先端钝。舌状花 1 层，黄色，舌片长卵形，先端有不明显的 3 齿；管状花黄色。瘦果长椭圆形，长约 4mm，扁平，被短柔毛。花果期 9~11 月。

生境：生于路边、荒地。

国内分布：海南、北京、福建、广东、广西、辽宁、青海、台湾、新疆、云南。

国外分布：原产墨西哥；现亚洲热带地区广泛归化。

入侵历史及原因：肿柄菊在云南最早逃逸的可能时间是 20 世纪 30 年代。有意引进，栽培作观赏植物而后逸生。

入侵危害：在广东、云南已逸生成路埂杂草，农田周围的群落可直接危害农业生产；通过植株密度的快速增加，排挤其他植物的生长，形成密集型的单优势种群落，严重威胁当地的植物多样性。

肿柄菊 *Tithonia diversifolia* (Hemsl.) A. Gray 居群

肿柄菊 *Tithonia diversifolia* (Hemsl.) A. Gray 花序

肿柄菊 *Tithonia diversifolia* (Hemsl.) A. Gray 叶

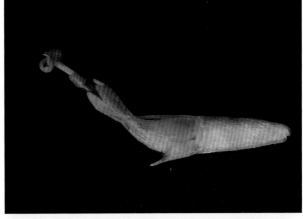

肿柄菊 *Tithonia diversifolia* (Hemsl.) A. Gray 管状花

肿柄菊 *Tithonia diversifolia* (Hemsl.) A. Gray 花序

肿柄菊 *Tithonia diversifolia* (Hemsl.) A. Gray 果实

肿柄菊 *Tithonia diversifolia* (Hemsl.) A. Gray 居群

肿柄菊 *Tithonia diversifolia* (Hemsl.) A. Gray 花序

羽芒菊 *Tridax procumbens* L.

别名：长柄菊、长梗菊

英文名：Wild Daisy

分类地位：菊科 Asteraceae

危害程度：轻度入侵。

性状描述：多年生铺地草本。茎纤细，平卧，节处常生多数不定根，长 30~100cm，基部直径约 3mm，略呈四方形，分枝，被倒向糙毛或脱毛，节间长 4~9mm。基部叶略小，花期凋萎；中部叶有长达 1cm 的柄，罕有长 2~3cm 的，叶片披针形或卵状披针形，长 4~8cm，宽 2~3cm，基部渐狭或几近楔形，先端披针状渐尖，边缘有不规则的粗齿和细齿，近基部常浅裂，裂片 1~2 对或有时仅存于叶缘之一侧，两面被基部为疣状的糙伏毛，基生 3 出脉，两侧的 1 对较细弱，有时不明显，中脉中上部间或有 1~2 对极不明显的侧脉，网脉无或

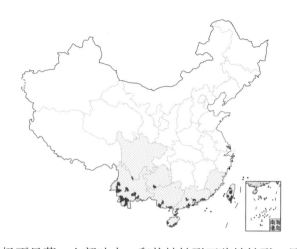

极不显著；上部叶小，卵状披针形至狭披针形，具短柄，长 2~3cm，宽 6~15mm，基部近楔形，先端短尖至渐尖，边缘有粗齿或基部近浅裂。头状花序少数，直径 1~1.4cm，单生于茎、枝先端；花序梗长 10~20cm，稀达 30cm，被白色疏毛，花序下方的毛稠密；总苞钟形，长 7~9mm；总苞片 2~3 层，外层绿色，叶质或边缘干膜质，卵形或卵状长圆形，长 6~7mm，先端短尖或凸尖，背面被密毛，内层长圆形，长 7~8mm，无毛，干膜质，先端凸尖，最内层线形，光亮，鳞片状；花托稍突起，托片长约 8mm，先端芒尖或近于凸尖。雌花 1 层，舌状，舌片长圆形，长约 4mm，宽约 3mm，先端 2~3 浅裂，管部长 3.5~4mm，被毛；两性花多数，花冠管状，长约 7mm，被短柔毛，上部稍大，檐部 5 浅裂，裂片长圆状或卵状渐尖，边缘有时带波浪状。瘦果陀螺形、倒圆锥形或稀圆柱状，干时黑色，长约 2.5mm，密被疏毛。冠毛上部污白色，下部黄褐

羽芒菊 *Tridax procumbens* L. 植株

羽芒菊 *Tridax procumbens* L. 居群

羽芒菊 *Tridax procumbens* L. 花序

羽芒菊 *Tridax procumbens* L. 叶

羽芒菊 *Tridax procumbens* L. 花序

羽芒菊 *Tridax procumbens* L. 瘦果

羽芒菊 *Tridax procumbens* L. 植株

色，长 5~7mm，羽毛状。花期 11 月至翌年 3 月。

生境：常生于沙土质土壤中，耐贫瘠、干旱，可适应酸性至碱性土壤，也见于海边、沙地荒地、坡地、椰林下和田边。

国内分布：云南、广东、广西、贵州、四川、香港、澳门、海南、福建、台湾。

原产地：美洲热带地区；现在东半球热带地区也有分布。

入侵历史及原因：1933 年在台湾高雄采到标本，1947 年在海南和广东南部沿海发现。随贸易、旅行等国际交往无意引进。

入侵危害：羽芒菊以种子及地下芽繁殖，易蔓延成片，危害农作物，降低生物多样性的丰富度。

465

北美苍耳 *Xanthium chinense* Mill.

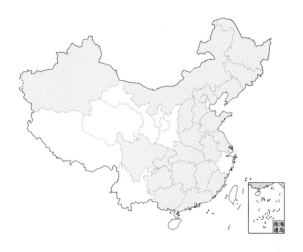

别名：平滑苍耳、蒙古苍耳

英文名：American Cocklebur

分类地位：菊科 Asteraceae

拉丁异名：*Xantjium glabratum* (DC.) Britt.; *Xanthium pungans* Wallr.; *Xanthium mongolicum* Kitag.

危害程度：严重入侵。

性状描述：一年生草本，主根多分枝，高0.3~1(~2)m。茎粗糙，具棱角，纵生紫色间断条纹及斑点，分枝或不分枝。叶具柄，连柄在内长10~30cm，宽25cm，叶片三角形至圆形，3~5锐裂，边缘具钝状牙齿，基部心形或肾形，两面同色，表面贴伏小刚毛，叶柄近与叶片等长。刺果纺锤形或矩圆形，中间不显著膨大，光滑，着生等长同形的苞刺，近无毛，只被少量腺点，长1.2~2cm(极少数再长些)，黄绿色、淡绿色或在干燥的标本呈红褐色；苞刺挺直，近无毛或基部散生极少量的短腺毛，与苞片同色，先端有小细钩，长约2mm；喙直立或弓形，基部无毛或被极少量短腺毛，先端弯曲或有较软的小钩，两喙靠合(直立)或叉开(弓形)生长，长3~6mm。

生境：生于旷野、草丛。

国内分布：安徽、北京、福建、广东、广西、贵州、河北、河南、黑龙江、湖北、湖南、吉林、内蒙古、江苏、江西、辽宁、山东、山西、四川、重庆、新疆。

国外分布：原产北美洲。1730年发现于墨西哥，但该种于1768年发表时产地误写成中国，后由作者（P. Miller, 1771年）本人将原产地纠正为墨西哥。

入侵历史及原因：1933年10月2日在内蒙古翁牛特旗采到标本，北川政夫（1936年）曾误当新种蒙古苍耳 *X. mongolicum* Kitag 发表。成熟时刺果的木质化总苞常和货物混杂，随货物调运、传播。由于总苞具刺和喙，因此也常常黏附在动物的皮毛以及人的衣物上进行远距离传播。

入侵危害：恶性杂草，排挤当地物种。

北美苍耳 *Xanthium chinense* Mill. 植株

北美苍耳 *Xanthium chinense* Mill. 植株

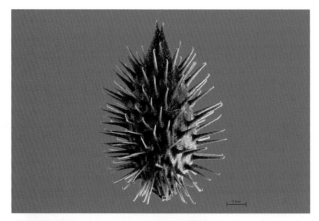

北美苍耳 *Xanthium chinense* Mill. 刺果

北美苍耳 *Xanthium chinense* Mill. 居群

北美苍耳 *Xanthium chinense* Mill. 果枝

北美苍耳 *Xanthium chinense* Mill. 植株

北美苍耳 *Xanthium chinense* Mill. 花果枝

意大利苍耳 *Xanthium italicum* Moretti

别名：大苍耳、洋苍耳

英文名：Italian Cocklebur; Common Cocklebur

分类地位：菊科 Asteraceae

危害程度：恶性入侵。

性状描述：一年生草本植物，侧根分枝很多，长达 2.1m；直根深入地下达 1.3m，在缺氧环境中可以发育成很大的气腔。高 20~150cm，子叶狭长，6~7.5mm，常宿存于成熟植物体上。茎直立，有脊，粗糙具毛，通常分枝较多，有紫色斑点。叶单生，低部叶常于节部近于对生，高位叶互生；三角状卵形到宽卵形，常呈现 3~5 枚圆裂片；3 主脉凸出，边缘锯齿状到浅裂；表面有粗糙软毛；叶柄长 3~10cm，几与叶片等长。花小，绿色，头状花序单性同株，单性雄蕊或雌蕊，生于近轴面叶柄基部或者小枝上；雄花聚成短的穗状或者总状花序，直径约 5mm；多毛的雌花序生于雄花序下方叶腋中，生 2 朵花；花粉平均直径 22~38μm，无黏性。总苞椭圆形，中部粗，棕色至棕褐色；总苞内含有 2 枚卵状长圆形扁、硬木质刺果，长 1~2cm，卵球形，表面覆盖棘刺，内含 2 个长 4~2.2mm 的瘦果；果实表面密布独特的毛、具柄腺体、直立粗大的倒钩刺，刺体表无毛或者具有稀少腺毛；先端具有 2 条内弯的喙状粗刺，基部具有收缩的总苞柄；果实长 5~8mm，宽 12~15mm。

生境：多生于田间、路旁、荒地、牧场、海滨、河岸、湿润草地、沙滩等处。

国内分布：安徽、北京、广东、广西、河北、黑龙江、辽宁、山东、台湾、新疆。

国外分布：北美洲；最早在南欧归化；现广泛分布于南美洲、欧洲、亚洲、非洲和大洋洲。

入侵历史及原因：1991 年在北京昌平县北祁家乡马坊桥发现。无意引种，随进口农产品特别是羊毛等裹挟输入。

意大利苍耳 *Xanthium italicum* Moretti 植株

意大利苍耳 *Xanthium italicum* Moretti 刺果

入侵危害： 在发生地区常能迅速蔓延，一旦进入玉米、棉花、大豆等农田，可与作物争夺生存空间而使作物受到损害，8%的覆盖率可使作物减产60%；它还能与茄科作物在成花临界期竞争阳光，造成减产。此外，其果实有刺，容易黏附在羊毛上，且较难清除，可显著减少羊毛产量。幼苗有毒，牲畜误食会造成中毒。

意大利苍耳 *Xanthium italicum* Moretti 花序

意大利苍耳 *Xanthium italicum* Moretti 果枝

意大利苍耳 *Xanthium italicum* Moretti 刺果

柱果苍耳 *Xanthium cylindricum* Millsp. & Sherff

别名：苍耳

英文名：Sheepbur

分类地位：菊科 Asteraceae

危害程度：潜在入侵。

性状描述：一年生草本，主根多分枝，高0.5~1.5m。茎粗糙，直立，有棱角，分枝或不分枝。叶互生，具柄，包括柄在内长 13~25cm，大型，像锦葵属植物叶的形状，近三角形至卵圆形，3~4 裂，3 基脉或羽状脉，边缘具牙齿，基部心形或近截平，膜质，被有贴伏的小刚毛，叶柄近与叶片等长。刺果圆柱状纺锤形，红褐色、深禾秆色，被点状腺体，近无毛，不算刺但含喙在内长 1.4~1.6cm，宽4~5mm；苞刺纤细，先端具小钩或渐尖，不被毛，长 2.5~3.5mm；喙挺直，不被毛，先端急尖或具小钩；略分叉，两喙成 30° 叉开生长，长 4~5mm。

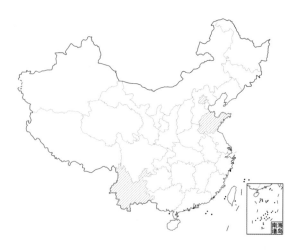

生境：生于旷野、草丛。

国内分布：云南、北京、山东。

国外分布：原产美国；零星分布于南美洲、亚洲、非洲和大洋洲。

入侵历史及原因：近几年随货物进口无意引进。常与货物混杂在一起，以粮谷类为主，随货物调运、传播，也可黏附在动物和人身上进行远距离传播。

入侵危害：恶性杂草。

近似种：假苍耳 *Iva xanthiifolia* Nutt. 与柱果苍耳 *X. cylindricum* Millsp. & Sherff 的区别在于叶片广卵形或近圆形（后者三角形至卵圆形），瘦果倒卵形，不具总苞（后者种子包被在坚硬木质化具刺的总苞内）等。

柱果苍耳 *Xanthium cylindricum* Millsp. & Sherff 植株

柱果苍耳 *Xanthium cylindricum* Millsp. & Sherff 果枝

假苍耳 *Iva xanthiifolia* Nutt. 植株

刺苍耳 *Xanthium spinosum* L.

别名：洋苍耳

英文名：Thorny Burweed

分类地位：菊科 Asteraceae

拉丁异名：*Acanthoxanthium spinosum* (L.) Fourr.

危害程度：恶性入侵。

性状描述：一年生草本，主根明显，多分枝，高 40~120cm。茎直立，上部多分枝，节上具三叉状棘刺。叶狭卵状披针形或阔披针形，长 3~8cm，宽 6~30mm，边缘 3~5 浅裂或不裂，全缘，中间裂片较长，长渐尖，基部楔形，下延至柄，背面密被灰白色毛；叶柄细，长 5~15mm，被茸毛。花单性，雌雄同株；雄花序球状，生于上部，总苞片 1 层，雄花管状，先端裂，雄蕊 5 枚；雌花序卵形，生于雄花序下部，总苞囊状，长 8~14mm，具钩刺，先端具 2 喙，内有 2 朵无花冠的花，花柱线形，柱头 2 深裂。总苞内有 2 个长椭圆形瘦果。

生境：常生长于空旷干旱山坡、旱田边盐碱地、干涸河床及路旁。

国内分布：北京、安徽、贵州、海南、河北、河南、湖南、吉林、辽宁、内蒙古、宁夏、新疆、云南。

国外分布：原产南美洲；在欧洲中、南部，亚洲和北美洲归化。

入侵历史及原因：1974 年在北京丰台区发现。无意引进，随进口农产品特别是羊毛等裹挟输入。

入侵危害：全株有毒，以果实最毒，鲜叶比干叶毒，嫩枝比老叶毒。其中毒症状出现较晚，常于食后两天发病，上腹胀闷，恶心呕吐、腹痛，有时腹泻、乏力、烦躁。重者肝损伤，出现黄疸，毛细血管渗透性增高而出血，甚至昏迷、惊厥、呼吸循环或肾功能衰竭而死亡。本种可入侵农田，危害白菜、小麦、大豆等旱地作物；对牧场危害也比较严重。

刺苍耳 *Xanthium spinosum* L. 植株

刺苍耳 *Xanthium spinosum* L. 花序

刺苍耳 *Xanthium spinosum* L. 果枝

刺苍耳 *Xanthium spinosum* L. 瘦果

刺苍耳 *Xanthium spinosum* L. 果枝

刺苍耳 *Xanthium spinosum* L. 居群

多花百日菊 *Zinnia peruviana* (L.) L.

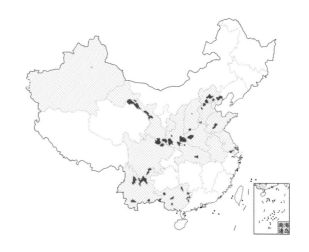

别名：五色梅、山菊花

英文名：Wild Zinnia

分类地位：菊科 Asteraceae

拉丁异名：*Zinnia pauciflora* L.; *Zinnia multiflora* L.

危害程度：轻度入侵。

性状描述：一年生草本，茎直立，有二歧状分枝，被粗糙毛或长柔毛。叶披针形或狭卵状披针形，长 2.5~6cm，宽 0.5~1.7cm，基部圆形半抱茎，两面被短糙毛，3 出基脉在下面稍高起。头状花序直径 2.5~3.8cm，生枝端，排列成伞房状圆锥花序，花序梗膨大中空圆柱状，长 2~6cm；总苞钟状，宽 1.2~1.5cm，长 1~1.6cm，总苞片多层，长圆形，先端钝圆形，边缘稍膜质；托片先端黑褐色，钝圆形，边缘稍膜质撕裂；舌状花黄色、紫红色或红色，舌片椭圆形，全缘或先端 2~3 齿裂；管状花红黄色，长约 5mm，先端 5 裂，裂片长圆形，上面被黄褐色密茸毛。舌状花瘦果狭楔形，长约 10mm，宽约 2mm，极扁，具 3 棱，被密毛；管状花瘦果长圆状楔形，长 8.5~10mm，极扁，有 1~2 枚芒刺，具缘毛。花期 6~10 月，果期 7~11 月。

生境：生于山坡、草地、河滩或路边。

国内分布：安徽、北京、甘肃、广西、河北、河南、湖北、江苏、山东、山西、陕西、四川、天津、新疆、云南。

国外分布：原产墨西哥。

入侵历史及原因：法国人 P.Lient 于 1919 年 9 月 19 日采自华北地区。有意引进，作为观赏植物栽培，有时逸生。

入侵危害：为旱地杂草。发生数量大时会破坏当地植物的群落结构，影响林木恢复。

多花百日菊 *Zinnia peruviana* (L.) L. 植株

多花百日菊 *Zinnia peruviana* (L.) L. 居群

46. 禾本科 Poaceae

节节麦 *Aegilops tauschii* Coss.

别名：粗山羊草

英文名：Goat Grass

分类地位：禾本科 Poaceae

危害程度：潜在入侵。

性状描述：越年生或一年生草本。幼苗基部淡紫红色，幼叶初出时卷为筒状，展开后为长条形，鞘口边缘有长纤毛。秆丛生，斜上或近直立，有时伏地，高 20~40(~90)cm。叶鞘紧抱茎，边缘具纤毛；叶舌薄膜质；叶片上面微粗糙，疏生柔毛。穗状花序长约 10cm；小穗圆柱形，含 3~4(~5) 朵花，紧贴穗轴的节间，成熟时逐节断落，颖扁平，先端截平，具 1~2 微齿；外稃先端略截平，具长芒，第一外稃长约 7mm；内稃与外稃等长，脊上具纤毛。颖果卵状长圆形，黄褐色，腹面具纵沟。种子繁殖。花果期 5~6 月。

生境：生于旱田、草地、麦田。

国内分布：河北、山东、新疆、河南、山西、陕西、江苏。

国外分布：原产西亚；欧洲等地归化。

入侵历史及原因：1955 年叶德娴在河南省新乡市采集到节节麦的标本，这一发现引起了国内学者的普遍重视。随后河南和陕西相继发现节节麦。20 世纪 70~80 年代在新疆伊犁河流域及其支流尼勒克、喀什河谷、巩乃斯河谷与特克斯河谷发现节节麦，并发现节节麦在这一地区有稳定的野生群落组成与一定的生态分布区。有意引进，人工引种在华北、西北地区栽培而扩散。

入侵危害：入侵农田及荒地，排挤当地物种。

节节麦 *Aegilops tauschii* Coss. 植株

节节麦 *Aegilops tauschii* Coss. 小穗

野燕麦 *Avena fatua* L.

别名：乌麦、燕麦草

英文名：Wild Oat

分类地位：禾本科 Poaceae

危害程度：中度入侵。

性状描述：一年生草本。须根较坚韧。秆直立，光滑无毛，高 60~120cm，具 2~4 节。叶鞘松弛，光滑或基部者被微毛；叶舌透明膜质，长 1~5mm；叶片扁平，长 10~30cm，宽 4~12mm，微粗糙，或上面和边缘疏生柔毛。圆锥花序开展，金字塔形，长 10~25cm，分枝具棱角，粗糙；小穗长 18~25mm，含 2~3 朵小花，其柄弯曲下垂，先端膨胀；小穗轴密生淡棕色或白色硬毛，其节脆硬易断落，第一节间长约 3mm；颖草质，几相等，通常具 9 条脉；外稃质地坚硬，第一外稃长 15~20mm，背面中部以下具淡棕色或白色硬毛，芒自稃体中部

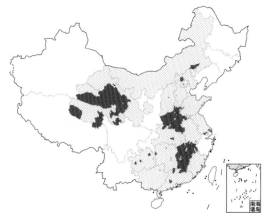

稍下处伸出，长 2~4cm，膝曲，芒柱棕色，扭转。颖果被淡棕色柔毛，腹面具纵沟，长 6~8mm。花果期 4~9 月。

生境：分布于荒野或田间。

国内分布：安徽、北京、福建、甘肃、广东、广西、贵州、河北、河南、湖北、湖南、江苏、江西、内蒙古、青海、山东、山西。

国外分布：原产南欧地中海地区；现世界各地广泛归化。

入侵历史及原因：是世界性的恶性农田杂草，19 世纪中叶曾先后在香港和福州采到标本。随进口麦种传入。首先传到西北地区，再传播扩散全国其他省区。

入侵危害：根系发达，分蘖能力强，为农田恶性杂草，可与农作物争水、争光、争肥，降低麦类、高粱、马铃薯、油菜、大豆、胡麻等作物产量；同时种子易混杂于作物中，降低作物产品质量。野燕

野燕麦 *Avena fatua* L. 居群

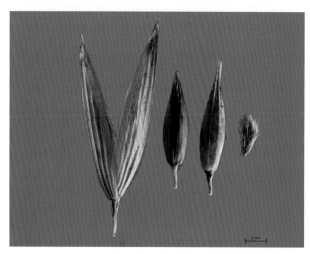

野燕麦 *Avena fatua* L. 颖果

野燕麦 *Avena fatua* L. 果序

野燕麦 *Avena fatua* L. 颖果

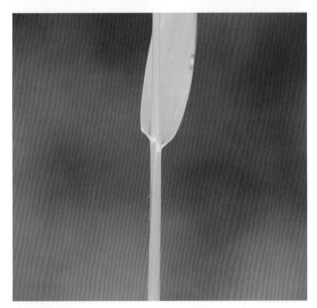

野燕麦 *Avena fatua* L. 叶

麦能传播小麦条锈病、叶锈病，同时是小麦黄矮病等病病毒和多种害虫的中间寄主和越冬越夏的栖息场所。

地毯草 *Axonopus compressus* (Sw.) P. Beauv.

别名：大叶油草

英文名：Wide-Leaved Carpet Grass

分类地位：禾本科 Poaceae

危害程度：轻度入侵。

性状描述：多年生草本。具长匍匐枝。秆压扁，高 8~60cm，节密生灰白色柔毛。叶鞘松弛，基部者互相跨复，压扁，呈脊，边缘质地较薄，近鞘口处常疏生毛；叶舌长约 0.5mm；叶片扁平，质地柔薄，长 5~10cm，宽 (2~)6~12mm，两面无毛或上面被柔毛，近基部边缘疏生纤毛。总状花序 2~5 个，长 4~8cm，最长 2 个成对而生，呈指状排列在主轴上；小穗长圆状披针形，长 2.2~2.5mm，疏生柔毛，单生；第一颖缺；第二颖与第一外稃等长或第二颖稍短；第一内稃缺；第二外稃革质，短于小穗，具细点状横皱纹，先端钝而疏生细毛，边缘稍厚，包着同质内稃；鳞片 2 枚，折叠，具细脉纹；花柱基分离，柱头羽状，白色。

生境：生于低山丘陵的沟边、湿润的缓坡、开阔草地、果园及林下。

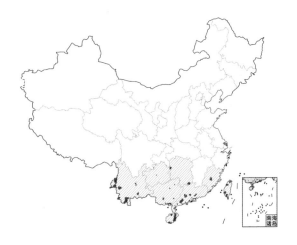

国内分布：福建、广东、广西、贵州、海南、湖南、台湾、云南。

国外分布：原产热带美洲；热带和亚热带地区广泛引种栽培作草坪和牧草，常逸为野生。

入侵历史及原因：1940 年引入我国台湾，常作草坪或作牧草栽培。有意引进，作为草坪草人工引种。

入侵危害：逸生后蔓延迅速，排挤本土草本植物，还成为农田和果园杂草。

地毯草 *Axonopus compressus* (Sw.) P. Beauv. 居群

地毯草 *Axonopus compressus* (Sw.) P. Beauv. 小穗

地毯草 *Axonopus compressus* (Sw.) P. Beauv. 植株

地毯草 *Axonopus compressus* (Sw.) P. Beauv. 居群

扁穗雀麦 *Bromus catharticus* Vahl

别名：大扁雀麦

英文名：Schrader's Brome

分类地位：禾本科 Poaceae

拉丁异名：*Bromus unioloides* Kunth

危害程度：轻度入侵。

性状描述：一年生。秆直立，高60~100cm，直径约5mm。叶鞘闭合，被柔毛；叶舌长约2mm，具缺刻；叶片长30~40cm，宽4~6mm，散生柔毛。圆锥花序开展，长约20cm；分枝长约10cm，粗糙，具1~3枚大型小穗；小穗两侧极压扁，含6~11朵小花，长15~30mm，宽8~10mm；小穗轴节间长约2mm，粗糙；颖窄披针形，第一颖长10~12mm，具7脉，第二颖稍长，具7~11脉；外稃长15~20mm，具11脉，沿脉粗糙，先端具芒尖，基部钝圆，无毛；内稃窄小，长约为外稃的1/2，两脊生纤毛；雄蕊3枚，花药长0.3~0.6mm。颖果

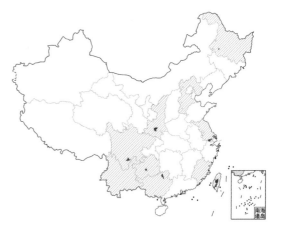

与内稃贴生，长7~8mm，先端具茸毛。花果期春季5月和秋季9月。

生境：通常生于农田、路边和草场。

国内分布：福建、广西、贵州、河北、黑龙江、江苏、陕西、四川、台湾、云南。

国外分布：原产南美洲；现各国引种作为牧草。

入侵历史及原因：我国最早于20世纪40年代

扁穗雀麦 *Bromus catharticus* Vahl 居群

扁穗雀麦 *Bromus catharticus* Vahl 小穗

扁穗雀麦 *Bromus catharticus* Vahl 花序

扁穗雀麦 *Bromus catharticus* Vahl 叶

扁穗雀麦 *Bromus catharticus* Vahl 居群

扁穗雀麦 *Bromus catharticus* Vahl 植株

末在南京种植，后传入内蒙古、新疆、甘肃、青海、北京栽种，表现为一年生。传入云南、四川、贵州、广西等地栽培，表现为短期多年生。作为牧草有意引入江苏等地栽培，后逐渐扩散开来。

入侵危害：有时侵入农田、果园、苗圃，一般危害较轻。竞争力强，抑制当地植物生长，影响景观，也是一些作物病虫的宿主。

野牛草 *Buchloe dactyloides* (Nutt.) Engelm.

别名：水牛草

英文名：Buffalo Grass

分类地位：禾本科 Poaceae

危害程度：轻度入侵。

性状描述：多年生低矮草本。具匍匐茎。秆纤细，高 5~20cm。叶鞘疏生柔毛；叶舌短，具细柔毛；叶片线形，粗糙或疏生白柔毛。雌雄同株或异株。雄穗状花序短，1~3 枚，排成总状，长 5~15mm；雌头状花序呈球形，长 7~9mm，宽 3~4mm，被上部有些膨大的叶鞘所包裹；雄性小穗含 2 朵小花，无柄，呈 2 行紧密覆瓦状排列于穗轴的一侧；颖较宽，不等长，具 1 脉；外稃白色，长于颖，先端稍钝，具 3 脉；内稃具 2 脊，约等长于外稃；雌性小穗含 1 朵小花，常 4~5 枚簇生成头状花序，此种花序又常两个并生于一隐藏在上部叶鞘内的同一短梗上，成熟时自梗上整个脱落；第一颖位于花序内侧，质薄，具小尖头，有时亦可退化，第二颖位于花序外

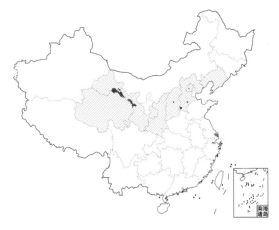

侧，硬革质，背部圆形，下部膨大，上部紧缩，先端具 3 个绿色裂片，脉不明显，边缘内卷；外稃厚膜质，卵状披针形，背腹压扁，具 3 脉，下部宽而上部窄，先端具 3 裂绿色裂片；中裂片特大；内稃约与外稃等长，下部宽广而上部卷折，具 2 脉。

生境：生于路边、草场、草坪、旱地。

国内分布：北京、甘肃、河北、辽宁、青海、山西、陕西。

国外分布：原产北美洲。

入侵历史及原因：20 世纪 50 年代引入北京等地栽培。有意引进，人工引种到北京等地栽培，再引种到其他地区。

入侵危害：为路边、草场、草坪杂草。

野牛草 *Buchloe dactyloides* (Nutt.) Engelm. 居群

野牛草 *Buchloe dactyloides* (Nutt.) Engelm. 居群

蒺藜草 *Cenchrus echinatus* L.

别名：野巴夫草、刺蒺藜草

英文名：Southern Sandbur

分类地位：禾本科 Poaceae

危害程度：轻度入侵。

性状描述：一年生草本，高 15~50cm，秆扁圆形，基部屈膝或横卧地面而于节上生根，下部各节常分枝。叶鞘具脊；叶舌短，具纤毛。总状花序顶生，穗轴粗糙；小穗 2~6 个，包藏在由多数不育小枝形成的球形刺苞内，椭圆状披针形，含 2 朵小花，第一颖具 1 脉，第二颖具 5 脉，第一朵小花雄性或中性，第二朵小花两性；刺苞具多数微小的倒刺，总梗密被短毛。在潮湿的热带地区终年可开花结实。

生境：常生于低海拔的耕地、荒地、牧场、路旁、草地、沙丘、河岸和海滨沙地。

国内分布：福建、广东、广西、海南、台湾、云南。

国外分布：热带美洲；广布于南纬 33° 的热带和亚热带地区。

入侵历史及原因：1934 年在我国台湾兰屿采到标本。通过国际交往随农产品贸易及牧草引种时无意传入。

入侵危害：刺苞倒刺可附着在衣服、动物皮毛和货物上传播；为花生、甘薯等多种作物田地和果园中的一种危害严重的杂草，入侵后能很快扩充占领空地，降低生物多样性；还可成为热带牧场中的有害杂草，其刺苞可刺伤人和动物的皮肤，混在饲料或牧草里能刺伤动物的眼睛、口和舌头。

蒺藜草 *Cenchrus echinatus* L. 居群

蒺藜草 *Cenchrus echinatus* L. 花

蒺藜草 *Cenchrus echinatus* L. 小穗

蒺藜草 *Cenchrus echinatus* L. 叶

蒺藜草 *Cenchrus echinatus* L. 小穗

蒺藜草 *Cenchrus echinatus* L. 刺苞

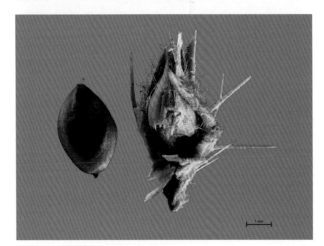

蒺藜草 *Cenchrus echinatus* L. 种子

少花蒺藜草 *Cenchrus incertus M. A. Curtis*

别名：光梗蒺藜草

英文名：Coast Sandbur, Field Sandbur

分类地位：禾本科 Poaceae

拉丁异名：*Cenchrus pauciflorus* Benth.

危害程度：恶性入侵。

性状描述：一年生草本。须根较短粗，秆高40~60cm，基部分蘖成丛，茎横向匍匐后直立生长，近地面数节具根，茎节处稍有膝曲。叶鞘具脊，基部包茎，上部松弛，近边缘疏生细长柔毛，下部边缘无毛，膜质；叶舌具一圈短纤毛；叶片线形或狭长披针形，干后常对折，两面无毛。总状花序自叶鞘中部伸出，长1.5~6.5cm，宽约1cm，花序轴具棱，稍粗糙；刺苞稍长圆球形，长近1cm，宽稍小于长（都包括刚毛长），刺苞的近基部有1~2圈较细刚毛，长2~3.5mm，具极疏的不明显的倒向糙毛（几乎无毛），上部刚毛粗壮，其基部较宽，呈尖三角形，长约3mm，与刺苞裂片近等长，直立、开展或向内弯曲，刺苞外面具白色短毛或长绵毛，裂片在中部或2/3以下连合，近基部边缘具平展的白色纤毛或无毛，刺苞基部楔形，总梗光滑无毛，每刺苞内具小穗2~3个，小穗椭圆形，先端渐尖，含2朵小花，颖片膜质，第一颖三角状披针形，先端渐尖，具1脉，第二颖长为小穗的3/4，先端钝，具5脉，背部具疏毛；第一小花中性，第一外稃纸质，与第二小花等长，先端尖，具5脉；第二外稃纸质，成熟后质地渐变硬。颖果椭圆状扁球形，背腹压扁。花果期8月。

生境：生于高燥、干旱沙质土壤的丘陵、沙岗、沙坨、堤坝、坟地、道路两旁、撂荒地、林间空地，甚至农田里也有分布。

国内分布：山东、江苏。

国外分布：原产美洲；现非洲、欧洲、亚洲、大洋洲等地归化。

入侵历史及原因：1942年由日本传入我国东北。随牧草籽实或羊毛等传入。

少花蒺藜草 *Cenchrus incertus* M. A. Curtis 植株

少花蒺藜草 *Cenchrus incertus* M. A. Curtis 居群

少花蒺藜草 *Cenchrus incertus* M. A. Curtis 居群

少花蒺藜草 *Cenchrus incertus* M. A. Curtis 刺苞

少花蒺藜草 *Cenchrus incertus* M. A. Curtis 刺苞

入侵危害： 分蘖力极强，主要以成熟的刺苞给农民的生产、生活、出行带来不便，特别是秋收的农事操作，刺苞极易着身，一旦被扎，皮肤红肿瘙痒、疼痛难忍。侵入草场则对牲畜危害大，羊食后易刺伤口腔形成溃疡，刺破肠胃黏膜结缔组织包被形成草结，影响正常的消化，严重时造成肠胃穿孔而死亡。刺苞粘在羊毛上极难取下，造成羊毛损失。

少花蒺藜草 *Cenchrus incertus* M. A. Curtis 花序

长刺蒺藜草 *Cenchrus longispinus* (Hack.) Fernald

英文名：Spiny Burr Grass, Gentle Annie

分类地位：禾本科 Poaceae

危害程度：恶性入侵。

性状描述：一年生草本植物，幼苗茎秆直立，基部略显紫色；成株多分枝，基部匍匐，茎高20~60cm。叶鞘较平直、平滑，先端及边缘长柔毛状纤毛；叶片平、光滑，长4~30cm、宽1~6.5mm，深绿色。总状花序顶生，长2~8cm，具有10~40个总苞。数个小穗生于刺状的总苞内，刺苞近球形，侧面有明显的裂口，总苞长8~12mm，宽3.5~6.0mm，表面具较长的、坚硬的刺10余枚，伸展或反折，长3~5mm；小穗披针形，含2朵花，第一朵花雄性，第二朵花两性；颖膜质，第一颖三角形，长约为小穗一半或更短，具1条脉，第二颖与小穗等长，具5条脉；第一朵花内外稃均膜质，外稃具5条脉，与小穗近等长，内稃具2条脉，短于外稃；第二朵花内外稃均革质，表面平滑，有光泽，外稃具5条脉，脉纹于近先端部不明显，边缘膜质，在基部中央有一窄"U"形凸起，内稃具2条脉。颖果卵圆形或近卵圆形，背面稍扁平，长2~3mm，宽约2mm，呈黄褐色，两端钝圆，或基部急尖；胚部大而明显，种脐凹陷，褐色。

生境：生长于耕田、草地、路边和荒地，最喜生长于沙质土壤或碎石地。

国内分布：北京、山东、河北、辽宁、吉林、内蒙古。

国外分布：原产美洲。

入侵历史及原因：20世纪70年代分别在辽宁和北京发现。无意引入，可能伴随进口粮谷、种子、饲料、运输工具以及包装物等传入。

入侵危害：分蘖力强，繁殖快，危害作物、牧草；同时，总苞外具刺，能刺伤动物表皮，并造成组织感染，危害性大，是我国进境植物检疫性有害生物。

长刺蒺藜草 *Cenchrus longispinus* (Hack.) Fernald 居群

长刺蒺藜草 *Cenchrus longispinus* (Hack.) Fernald 刺苞

香根草 *Chrysopogon zizanioides* (L.) Roberty

别名：岩兰草

英文名：Vetiver Grass

分类地位：禾本科 Poaceae

拉丁异名：*Vetiveria zizanioides* (L.) Nash

危害程度：中度入侵。

性状描述：多年生粗壮草本。须根含挥发性浓郁的香气。秆丛生，高 1~2.5m，直径约 5mm，中空。叶鞘无毛，具背脊；叶舌短，长约 0.5mm，边缘具纤毛；叶片线形，直伸，扁平，下部对折，与叶鞘相连而无明显的界线，长 30~70cm，宽 5~10mm，无毛，边缘粗糙，顶生叶片较小。圆锥花序大型顶生，长 20~30cm；主轴粗壮，各节具多数轮生的分枝，分枝细长上举，长 10~20cm，下部长裸露；总状花序轴节间与小穗柄无毛；无柄小穗线状披针形，长 4~5mm，基盘无毛；第一颖革质，背部圆形，边缘稍内折，近两侧压扁，5 条脉不明显，疏生纵行疣基刺毛；第二颖脊上粗糙或具刺毛；第一外稃边缘具丝状毛；第二外稃较短，具 1 条脉，先端 2 裂齿间伸出一小尖头；鳞被 2 枚，先端截平，具多脉；雄蕊 3 枚，柱头帚状，花期自小穗两侧伸出；有柄小穗背部扁平，等长或稍短于无柄小穗。花果期 8~10 月。

生境：生于平原、丘陵和山坡，在华南局部地区形成一定面积的野生单优群落。

国内分布：江苏、浙江、江西、福建、台湾、广东、广西、海南、四川、云南、重庆。

国外分布：原产地中海地区至印度；其他热带地区常作香料引种栽培。

入侵历史及原因：1936 年，在海南东方和广东西南部等地发现有小面积野生香根草群落；中国曾于 20 世纪 50 年代从印度与印度尼西亚等国家引进香根草。栽培引种。

入侵危害：植株高大，常形成密丛，还能分泌化感物质，排挤当地植物。

注：近年引种的香根草为无性繁殖的香料品种，入侵性较低。

香根草　*Chrysopogon zizanioides* (L.) Roberty 植株

香根草　*Chrysopogon zizanioides* (L.) Roberty 居群

芒颖大麦草 *Hordeum jubatum* L.

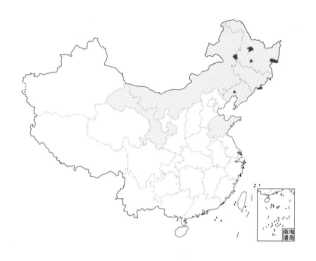

别名：芒麦草

英文名：Foxtail Barley

分类地位：禾本科 Poaceae

危害程度：潜在入侵。

性状描述：越年生草本。秆丛生，直立或基部稍倾斜，平滑无毛，高 30~45cm，直径约 2mm，具 3~5 节。叶鞘下部者长于节间，而中部以上者短于节间；叶舌干膜质，截平，长约 0.5mm；叶片扁平，粗糙，长 6~12cm，宽 1.5~3.5mm。穗状花序柔软，绿色或稍带紫色，长约 10cm（包括芒）；穗轴成熟时逐节断落，节间长约 1mm，棱边具短硬纤毛；三联小穗两侧者各具长约 1mm 的柄，两颖为长 5~6cm 弯软细芒状，其小花通常退化为芒状，稀为雄性；中间无柄小穗的颖长 4.5~6.5cm，细而弯；外稃披针形，具 5 条脉，长 5~6mm，先端具长达 7cm 的细芒；内稃与外稃等长。花果期 5~8 月。

生境：生长于路边、田野、旱作物地。

国内分布：黑龙江、吉林、辽宁、内蒙古、甘肃、山东以及北方农牧交错带地区等。

国外分布：原产北美洲及欧亚大陆的寒温带地区。

入侵历史及原因：《满蒙植物志》（1925 年）记载东北地区分布。生长于路旁或田野。有意引进。

入侵危害：具有很强的繁殖能力、适应性和竞争能力，容易在入侵生境中建植、扩繁、归化，进而发展成为入侵植物。在我国北方地区（尤其是东北地区），常见生长于田野或路旁，主要危害旱作物或影响到旁生境。随着时间的推移，芒颖大麦草逐渐扩展其入侵范围并逐步入侵到自然生态系统中。

芒颖大麦草 *Hordeum jubatum* L. 植株

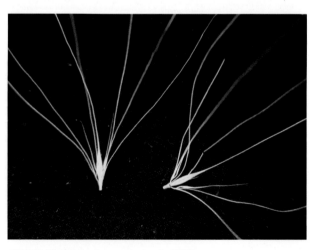

芒颖大麦草 *Hordeum jubatum* L. 颖果

芒颖大麦草 *Hordeum jubatum* L. 居群

芒颖大麦草 *Hordeum jubatum* L. 花序

芒颖大麦草 *Hordeum jubatum* L. 居群

芒颖大麦草 *Hordeum jubatum* L. 花序

芒颖大麦草 *Hordeum jubatum* L. 花序

多花黑麦草 *Lolium multiflorum* Lam.

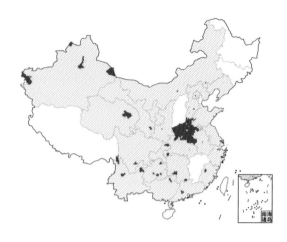

别名：意大利黑麦草

英文名：Italian Ryegrass

分类地位：禾本科 Poaceae

危害程度：轻度入侵。

性状描述：一年生，越年生或短期多年生草本。秆直立或基部偃卧节上生根，高 50~130cm，具 4~5 节，较细弱至粗壮。叶鞘疏松；叶舌长达 4mm，有时具叶耳；叶片扁平，长 10~20cm，宽 3~8mm，无毛，上面微粗糙。穗形总状花序直立或弯曲，长 15~30cm，宽 5~8mm；穗轴柔软，节间长 10~15mm，无毛，上面微粗糙；小穗含 10~15 朵小花，长 10~18mm，宽 3~5mm；小穗轴节间长约 1mm，平滑无毛；颖披针形，质地较硬，具 5~7 条脉，长 5~8mm，具狭膜质边缘，先端钝，通常与第一朵小花等长；外稃长圆状披针形，长约 6mm，具 5 条脉，基盘小，先端膜质透明，具长 5~15mm 细芒，或上部小花无芒；内稃约与外稃等长，脊上具纤毛。颖果长圆形，长为宽的 3 倍。花果期 7~8 月。

生境：生于农田、路边、草地。

国内分布：辽宁、内蒙古、河北、北京、陕西、福建、河南、山东、甘肃、宁夏、青海、新疆、江苏、安徽、上海、浙江、湖北、湖南、广东、广西、贵州、重庆、四川、云南。

国外分布：原产欧洲；引入世界各地种植。

入侵历史及原因：1930 年在山东采到标本。有意引进，作为牧草人工引种。

入侵危害：杂草，是赤霉病和冠锈病等病原菌的寄主。

多花黑麦草 *Lolium multiflorum* Lam. 植株

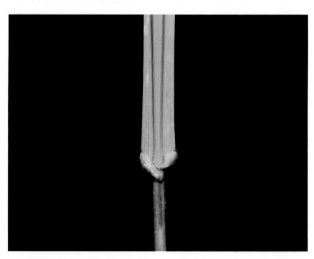

多花黑麦草 *Lolium multiflorum* Lam. 叶

多花黑麦草 *Lolium multiflorum* Lam. 小穗

多花黑麦草 *Lolium multiflorum* Lam. 小穗

多花黑麦草 *Lolium multiflorum* Lam. 植株

多花黑麦草 *Lolium multiflorum* Lam. 花序

黑麦草 *Lolium perenne* L.

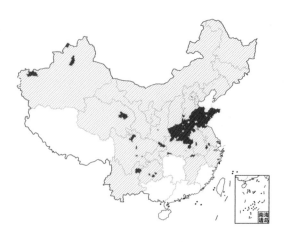

别名：多年黑麦草、麦草

英文名：Perennial Ryegrass

分类地位：禾本科 Poaceae

危害程度：轻度入侵。

性状描述：多年生草本，具细弱根状茎。秆丛生，高 30~90cm，具 3~4 节，质软，基部节上生根。叶舌长约 2mm；叶片线形，长 5~20cm，宽 3~6mm，柔软，具微毛，有时具叶耳。穗状花序直立或稍弯，长 10~20cm，宽 5~8mm；小穗轴节间长约 1mm，平滑无毛；颖披针形，为其小穗长的 1/3，具 5 条脉，边缘狭膜质；外稃长圆形，草质，长 5~9mm，具 5 条脉，平滑，基盘明显，先端无芒，或上部小穗具短芒，第一外稃长约 7mm；内稃与外稃等长，两脊生短纤毛。颖果长约为宽的 3 倍。花果期 5~7 月。

生境：生于农田、路边、草地。

国内分布：黑龙江、吉林、辽宁、内蒙古、北京、河北、天津、山西、陕西、河南、山东、甘肃、宁夏、青海、新疆、安徽、江苏、浙江、江西、湖北、重庆、四川、贵州、云南。

国外分布：原产欧洲；欧洲、亚洲暖温带、非洲北部等地广泛归化。

入侵历史及原因：1918 年在山东青岛采到标本。作为牧草有意引进，在北方栽培，再引种到其他省份。

入侵危害：是赤霉病和冠锈病等病病原菌的宿主。

黑麦草 *Lolium perenne* L. 植株

黑麦草 *Lolium perenne* L. 花

黑麦草 *Lolium perenne* L. 居群

黑麦草 *Lolium perenne* L. 花

黑麦草 *Lolium perenne* L. 小穗

毒麦 *Lolium temulentum* L.

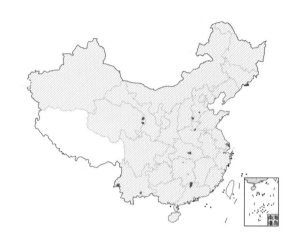

别名：黑麦子

英文名：Poison Ryegrass

分类地位：禾本科 (Poaceae)

危害程度：轻度入侵。

性状描述：一年生。秆成疏丛，高 20~120cm，具 3~5 节，无毛。叶鞘长于其节间，疏松；叶舌长 1~2mm；叶片扁平，质地较薄，长 10~25cm，宽 4~10mm，无毛，先端渐尖，边缘微粗糙。穗形总状花序长 10~15cm，宽 1~1.5cm；穗轴增厚，质硬，节间长 5~10mm，无毛；小穗含 4~10 朵小花，长 8~10mm，宽 3~8mm；小穗轴节间长 1~1.5mm，平滑无毛；颖较宽大，与其小穗近等长，质地硬，长 8~10mm，宽约 2mm，有 5~9 条脉，具狭膜质边缘；外稃长 5~8mm，椭圆形至卵形，成熟时肿胀，质

地较薄，具 5 条脉，先端膜质透明，基盘微小，芒近外稃先端伸出，长 1~2cm，粗糙；内稃约等长于外稃，脊上具微小纤毛。颖果长 4~7mm，为其宽的 2~3 倍，厚 1.5~2mm。花果期 6~7 月。

毒麦 *Lolium temulentum* L. 居群

毒麦 *Lolium temulentum* L. 果序

毒麦 *Lolium temulentum* L. 小穗

生境：混生于农田，特别是麦田。

国内分布：除西藏和台湾外，各省（区市）都曾有过报道。

国外分布：原产欧洲地中海地区；现世界各地广泛归化。

入侵历史及原因：1954年在从保加利亚进口的小麦中发现。小麦引种时无意引进。

入侵危害：可造成麦类作物严重减产。麦种受真菌 *Stromatinia temulenta* Prill. & Del. 侵染产生毒麦碱，能麻痹中枢神经。人食用含4%毒麦的面粉，就能引起中毒。毒麦做饲料时也可导致家畜、家禽中毒。

毒麦 *Lolium temulentum* L. 果序

红毛草 *Melinis repens* (Willd.) Zizka

别名：红茅草、金丝草、文笔草

英文名：Red Natal Grass

分类地位：禾本科 Poaceae

拉丁异名：*Rhynchelytrum repens* (Willd.) C. E. Hubb.

危害程度：轻度入侵。

性状描述：秆直立，常分枝，高 40~100cm，节间具疣毛，节具软毛。叶鞘松弛，下部散生疣毛；叶片线形，无毛，长达 20cm，宽 2~5mm。圆锥花序开展，长 10~15cm，分枝长达 8cm；小穗柄纤细，先端稍膨大，疏生长柔毛；小穗两侧压扁，长约 5mm，被粉红色长丝状毛；含 2 朵小花，仅第二朵小花结实；第一颖小，长为小穗的 1/5，具 1 条脉，被短硬毛；第二颖和第一外稃相似，具 5 条脉，被疣基长绢毛，先端微裂，裂齿间有 1mm 的细芒；第一内稃膜质，具两脊，脊上有睫毛；第二外稃厚纸质，包卷内稃；雄蕊 3 枚；花柱分离，柱头羽毛状；鳞被 2 枚，折叠，具 5 条脉。花果期 6~11 月。

生境：多生于河边、山坡草地。

红毛草 *Melinis repens* (Willd.) Zizka 居群

红毛草 *Melinis repens* (Willd.) Zizka 花序

红毛草 *Melinis repens* (Willd.) Zizka 颖果

红毛草 *Melinis repens* (Willd.) Zizka 叶

国内分布：台湾、福建、香港、广东、海南。

国外分布：原产南非；作为一种观赏植物和牧草被广泛引种，现在全世界热带地区有分布。

入侵历史及原因：根据 Bentham（1861 年）记载，该种最早入侵我国香港及广东沿海。有意引进，引种栽培。

入侵危害：20 世纪 50 年代作为牧草引种栽培，后逸为野生，在一些地区成为群落中的优势种。在我国台湾省沿着道路蔓延，已呈由北向南扩散趋势，对生态环境造成一定的危害。

红毛草 *Melinis repens* (Willd.) Zizka 花序

两耳草 *Paspalum conjugatum* P. J. Bergius

别名：叉仔草、八字草、大肚草

英文名：Yellow Grass

分类地位：禾本科 Poaceae

危害程度：轻度入侵。

性状描述：多年生草本，植株具长达 1m 的匍匐茎，秆直立部分高 30~60cm。叶鞘具脊，无毛或上部边缘及鞘口具柔毛；叶舌极短，与叶片交接处具长约 1mm 的一圈纤毛；叶片披针状线形，长 5~20cm，宽 5~10mm，质薄，无毛或边缘具疣柔毛。总状花序 2 个，纤细，长 6~12cm，开展；穗轴宽约 0.8mm，边缘有锯齿；小穗柄长约 0.5mm；小穗卵形，长 1.5~1.8mm，宽约 1.2mm，先端稍尖，覆瓦状排列成 2 行；第二颖与第一外稃质地较薄，无脉，第二颖边缘具长丝状柔毛，毛长与小穗近等；第二外稃变硬，背面略隆起，卵形，包卷同质的内稃；颖果长约 1.2mm，胚长为颖果的 1/3。花果期 5~9 月。

生境：生于田野潮湿之地，在海拔 2 000m 以下的林缘湿地常有成片生长。

国内分布：海南、广东、香港、福建、广西、云南、四川、贵州、西藏、江西、湖南、台湾、青海、重庆。

国外分布：原产热带美洲；现两半球热带地区广泛归化。

入侵历史及原因：1912 年在香港被报道。有意引进，引种到华南地区，再扩散到全国。

入侵危害：匍匐枝蔓延广，成片生长时大量消耗土壤养分；侵入农田和果园时，减少作物产量。

两耳草 *Paspalum conjugatum* P. J. Bergius 植株

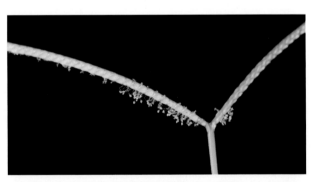

两耳草 *Paspalum conjugatum* P. J. Bergius 花序

两耳草 *Paspalum conjugatum* P. J. Bergius 茎

毛花雀稗 *Paspalum dilatatum* Poir.

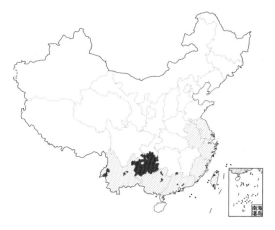

别名：宜安草

英文名：Water Paspalum

分类地位：禾本科 Poaceae

危害程度：中度入侵。

性状描述：多年生草本，具短根状茎。秆丛生，直立，粗壮，高 50~150cm，直径约 5mm。叶片长 10~40cm，宽 5~10mm，中脉明显，无毛。总状花序长 5~8cm，4~10 朵呈总状着生于长 4~10cm 的主轴上，形成大型圆锥花序，分枝腋间具长柔毛；小穗柄微粗糙，长 0.2mm 或 0.5mm；小穗卵形，长 3~3.5mm，宽约 2.5mm；第二颖等长于小穗，具 7~9 条脉，表面散生短毛，边缘具长纤毛；第一外稃相似于第二颖，但边缘不具纤毛。花果期 5~7 月。

生境：生于路旁。

国内分布：安徽、江苏、上海、浙江、福建、台湾、广东、广西、贵州、云南。

国外分布：原产南美洲；全球热带和温暖地区广泛归化。

入侵历史及原因：1953 年引进到华东地区种植。有意引进，作为牧草人工引种到华东地区，再进一步扩散。

入侵危害：草坪重要杂草。

毛花雀稗 *Paspalum dilatatum* Poir. 居群

毛花雀稗 *Paspalum dilatatum* Poir. 花序

毛花雀稗 *Paspalum dilatatum* Poir. 小穗

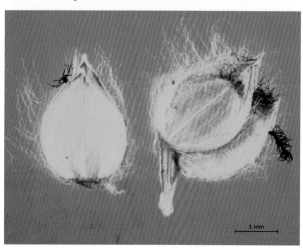

毛花雀稗 *Paspalum dilatatum* Poir. 果实

象草 *Pennisetum purpureum* Schumach.

别名：紫狼尾草

英文名：Napier Grass

分类地位：禾本科 Poaceae

危害程度：轻度入侵。

性状描述：多年生丛生大型草本，有时常具地下茎。秆直立，高 2~4m，节上光滑或具毛，在花序基部密生柔毛。叶鞘光滑或具疣毛；叶舌短小，具长 1.5~5mm 纤毛；叶片线形，扁平，质较硬，长 20~50cm，宽 1~2cm 或者更宽，上面疏生刺毛，近基部有小疣毛，下面无毛，边缘粗糙。圆锥花序长 10~30cm，宽 1~3cm；主轴密生长柔毛，直立或稍弯曲；刚毛金黄色、淡褐色或紫色，长 1~2cm，生长柔毛而呈羽毛状；小穗通常单生或 2~3 个簇生，披针形，长 5~8mm，近无柄，如 2~3 个簇生，则两侧小穗具长约 2mm 短柄，成熟时与主轴交成直角，呈近篦齿状排列；第一颖长约 0.5mm 或退化，先端钝或不等 2 裂，脉不明显；第二颖披针形，长约为小穗的 1/3，先端锐尖或钝，具 1 条脉或无脉；第一朵小花中性或雄性，第一外稃长约为小穗的 4/5，具 5~7 条脉；第二外稃与小穗等长，具 5 条脉；鳞被 2 枚，微小；雄蕊 3 枚，花药先端具毫毛；花柱基部连合。花果期 8~10 月。

生境：常见于山坡、草地。

国内分布：福建、江西、湖南、台湾、广东、广西、四川、贵州、云南等省（区）。

国外分布：原产非洲；引种栽培至印度、缅甸、大洋洲及美洲。

入侵历史及原因：中国在 20 世纪 30 年代从印度、缅甸等国有意引进，引种栽培。

入侵危害：为优良饲料，我国引种栽培普遍，变异较大，可逸为野生。

象草 *Pennisetum purpureum* Schumach. 居群

象草 *Pennisetum purpureum* Schumach. 居群

象草 *Pennisetum purpureum* Schumach. 居群

象草 *Pennisetum purpureum* Schumach. 居群

象草 *Pennisetum purpureum* Schumach. 居群

假高粱 *Sorghum halepense* (L.) Pers.

别名：石茅

英文名：Johnson Grass

分类地位：禾本科 Poaceae

危害程度：恶性入侵。

性状描述：多年生草本，根茎发达。秆高50~150cm，基部直径4~6mm，不分枝或有时自基部分枝。叶鞘无毛，或基部节上微有柔毛；叶舌硬膜质，先端近截平，无毛；叶片线形至线状披针形，长25~70cm，宽0.5~2.5cm，中部最宽，先端渐尖细，中部以下渐狭，两面无毛，中脉灰绿色，边缘软骨质，通常具微细小刺齿。圆锥花序长20~40cm，宽5~10cm，分枝细弱，斜升，一至数枚在主轴上轮生或一侧着生，基部腋间具灰白色柔毛；每一总状花序具2~5节，其下裸露部分长1~4cm，其节间易折断，与小穗柄均具柔毛或近无毛；无柄小穗椭圆形或卵状椭圆形，长4~5mm，宽1.7~2.2mm，具柔毛，成熟后灰黄色或淡棕黄色，基盘钝，被短柔毛；颖薄革质，第一颖具5~7条脉，脉在上部明显，横脉于腹面较清晰，先端两侧具脊，延伸成3小齿；第二颖上部具脊，略呈舟形；第一外稃披针形，透明膜质，具2条脉；第二外稃先端多少2裂或几不裂，有芒自裂齿间伸出或无芒而具小尖头；鳞被2枚，宽倒卵形，先端微凹；雄蕊3枚；花柱2枚，仅基部连合，柱头扫帚状；有柄小穗雄性，较无柄小穗狭窄，颜色较深，质地亦较薄。花果期夏秋季。

假高粱 *Sorghum halepense* (L.) Pers. 居群

假高粱 *Sorghum halepense* (L.) Pers. 花序

假高粱 *Sorghum halepense* (L.) Pers. 居群

生境：生于农田、果园、河岸、沟渠、山谷、湖岸湿处。

国内分布：山东、台湾、广东、广西、海南、香港、福建、湖南、安徽、江苏、上海、辽宁、北京、河北、河南、四川、重庆、云南。

国外分布：原产地中海地区；现广布于世界热带和亚热带地区，以及加拿大、阿根廷等高纬度国家。

入侵历史及原因：20 世纪初曾从日本引到我国台湾南部栽培，同一时期在香港和广东北部发现归化。从美国及阿根廷等国进口的粮食中常发现携带有假高粱种子，经由连云港、上海等口岸入侵，致使假高粱传入到中国华南、华中、华北及西南的局部地区。

入侵危害：是高粱、玉米、小麦、棉花、大豆、甘蔗、黄麻、洋麻、苜蓿等 30 多种作物地里的杂草，通过生态位竞争使作物减产，可能为多种致病微生物和害虫的寄主。此外，该种可与同属其他种杂交。

假高粱 *Sorghum halepense* (L.) Pers. 果实

假高粱 *Sorghum halepense* (L.) Pers. 花序

互花米草 *Spartina alterniflora* Loisel.

英文名：Smooth Cord-Grass

分类地位：禾本科 Poaceae

危害程度：恶性入侵。

性状描述：多年生。株高 1~2(~3)m。具柔软、肉质的根状茎。秆粗壮，呈大团状簇生，直立，直径约 1cm。多数的叶鞘长于节间，光滑；叶舌长约 1mm；叶片线形至披针形，扁平，长 10~90cm，宽 1~2cm，边缘光滑或稍粗糙，先端长渐尖。花序总状分枝排列，长 10~20cm，宽 5~20cm，纤细，直立或稍开展；小穗轴平滑，几乎重叠；末端为长达 3cm 的毛。小穗长约 10mm，无毛或近无毛。第一颖片线形，长为小穗 1/2~2/3，先端急尖；第二颖片卵形至披针形，等长于小穗，无毛或脊上具短毛。

外稃披针形、长圆形到狭卵形，无毛；内稃比外稃稍长。花药长 5~6mm。

生境：生于海滩高潮带下部至中潮带上部的广阔滩面。

国内分布：上海、浙江、福建、广东、香港、江苏、山东、广西。

国外分布：原产美国东南部海岸；在美国西部和欧洲海岸归化。

入侵历史及原因：1979 年引入上海（崇明岛）。人工引种到福建、江苏沿海种植，后再扩散到其他省区。

入侵危害：破坏近海生物栖息环境，影响滩涂养殖；堵塞航道，影响船只出港；影响海水交换能力，导致水质下降，并诱发赤潮；威胁本土海岸生态系统。

互花米草 *Spartina alterniflora* Loisel. 居群

互花米草 *Spartina alterniflora* Loisel. 居群

大米草 *Spartina anglica* C. E. Hubb.

英文名：Common Cordgrass

分类地位：禾本科 Poaceae

危害程度：严重入侵。

性状描述：株高 10~120cm，高度随生长环境条件而异。秆直立，分蘖多而密聚成丛，无毛。叶鞘大多长于节间，无毛，基部叶鞘常撕裂成纤维状而宿存；叶舌长约 1mm，具长约 1.5mm 的白色纤毛；叶片长约 20cm，宽 8~10mm，新鲜时扁平，干后内卷，先端渐尖，基部圆形，两面无毛，中脉在叶面不显著。穗状花序长 6~10cm，劲直而靠近主轴，先端常延伸成芒刺状；穗轴具 3 棱，无毛，2~6 枚总状着生于主轴上。小穗单生，长卵状披针形，疏生短柔毛，长 14~18mm，无柄，成熟时整个脱落。颖片及外稃先端钝，沿主脉有粗毛，背部质硬，边缘近膜质；第一颖片长约为小穗的 1/2，具 1 条脉；第二颖片与小穗等长。外稃草质，稍长于第一颖片，具 1 脉，但短于第二颖片；内稃膜质，具 2 条脉，几等长于第二颖片。颖果圆柱状，长约 1cm。花果期 8~10 月。

生境：生于潮水能经常到达的海滩。

国内分布：辽宁、河北、天津、山东、江苏、浙江、福建、广东、广西。

国外分布：欧洲（英国）；现在美国、澳大利亚和新西兰也有蔓延。

入侵历史及原因：1963~1964 年从英国、丹麦

引进，1964 年在江苏射阳育苗成功，1978 年推广。有意引进到江苏，再推广到沿海其他省区。

入侵危害：本身所具的各种特性使其成为保滩护岸、促淤造陆的先锋植物、优良的牧草饲料的同时，也正是由于其极强的抗逆性，蔓延的速度远超过人们的控制能力，以致原有的滩涂生态遭到严重破坏，致使航道被淤、滩涂被占，严重影响了沿海航运、滩涂养殖及海滩旅游。大米草在许多地区对护滩固岸曾起过积极的作用，但近年来，在原引种地以外地段，滋生蔓延，形成优势种群，排挤其他植物，对当地生物多样性构成威胁。强烈的促淤功能也使得大米草所在地的水文特征发生变化，潮汐流减弱，水体交换能力差，尤其在河口区，排水不畅。

大米草 *Spartina anglica* C. E. Hubb. 居群

大米草 *Spartina anglica* C. E. Hubb. 花序

47. 莎草科 Cyperaceae

风车草 *Cyperus alternifolius* L.

英文名：Windmill Cypressgrass

分类地位：莎草科 Cyperaceae

拉丁异名：*Cyperus involucratus* Poir.

危害程度：潜在入侵。

性状描述：根状茎短，粗大，须根坚硬。秆稍粗壮，高 30~150cm，近圆柱状，上部稍粗糙，基部包裹以无叶的鞘，鞘棕色。苞片 20 枚，长几相等，较花序长约 2 倍，宽 2~11mm，向四周展开，平展；多次复出长侧枝聚伞花序具多数第一次辐射枝，辐射枝最长达 7cm，每个第一次辐射枝具 4~10 个第二次辐射枝，最长达 15cm；小穗密集于第二次辐射枝上端，椭圆形或长圆状披针形，长 3~8mm，宽 1.5~3mm，压扁，具 6~26 朵花；小穗轴不具翅；鳞片紧密覆瓦状排列，膜质，卵形，先端渐尖，长约 2mm，苍白色，具锈色斑点，或为黄褐色，具 3~5 条脉；雄蕊 3 枚，花药线形，先端具刚毛状附属物；花柱短，柱头 3 个。小坚果椭圆形，近于三棱形，长为鳞片的 1/3，褐色。

生境：广泛分布于森林、草原地区的湖泊、河流边缘的沼泽中。

国内分布：广东、海南、山西、台湾。

国外分布：原产非洲。

入侵历史及原因：1916 年在广东采到标本。20 世纪 50 年代之后作为观赏植物引入。

入侵危害：常以单一群落生于低洼湿润沙土地及水边，影响本地植物。

风车草 *Cyperus alternifolius* L. 植株

风车草 *Cyperus alternifolius* L. 居群

风车草 *Cyperus alternifolius* L. 花序

风车草 *Cyperus alternifolius* L. 花序

48. 天南星科 Araceae

大薸 *Pistia stratiotes* L.

别名：天浮萍、水浮萍、水荷莲

英文名：Water Lily

分类地位：天南星科 Araceae

危害程度：恶性入侵。

性状描述：多年生水生漂浮草本。主茎短缩、有白色成束的须根；匍匐茎从叶腋间向四周分出，茎先端发出新植株，植株莲座状。叶簇生成莲座状，叶片因发育的不同阶段而不同，长 2~8cm，通常倒卵状楔形，先端浑圆或截形，两面被茸毛，叶鞘托叶状，干膜质。花序生叶腋间，有短的总花梗，佛焰苞小，腋生，白色，外被茸毛，下部管状，上部张开；肉穗花序背面 2/3 与佛焰苞合生，雄花 2~8 朵生于上部，雌花单生于下部。浆果小，圆卵形。

生境：生长于水塘、水田、沟渠等处，适宜生长在流动较少的静水和富营养化的水体中，尤其是水质肥沃的水面上。

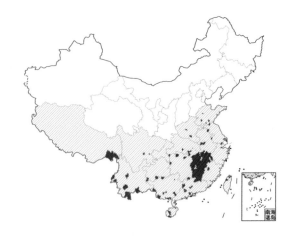

国内分布：山东、江苏、江西、浙江、安徽、湖北、湖南、福建、台湾、广东、广西、贵州、河南、海南、香港、四川、重庆、云南、西藏。

国外分布：原产巴西；热带和亚热带地区广泛归化。

入侵历史及原因：明末引入我国，《本草纲目》(1593 年) 记载。有意引进，20 世纪 50 年代作为猪饲料推广栽培。

入侵危害：在平静的淡水池塘和沟渠中极易通过匍匐茎快速繁殖，易被水流冲离栽培场所，带到下游湖泊、水库和静水河湾，引起扩散。常因大量生长而堵塞航道，影响水产养殖业，并导致沉水植物死亡和灭绝，危害水生生态系统。

大薸 *Pistia stratiotes* L. 居群

大薸 *Pistia stratiotes* L. 花

大藻 *Pistia stratiotes* L. 居群

大藻 *Pistia stratiotes* L. 花

大藻 *Pistia stratiotes* L. 居群

49. 雨久花科 Pontederiaceae

凤眼蓝 *Eichhornia crassipes* (Mart.) Solms

别名：凤眼莲、水浮莲、水葫芦

英文名：Water Hyacinth

分类地位：雨久花科 Pontederiaceae

危害程度：恶性入侵。

性状描述：浮水草本，高 30~60cm。须根发达，棕黑色，长达 30cm。茎极短，具长匍匐枝，匍匐枝淡绿色或带紫色，与母株分离后长成新植株。叶在基部丛生，莲座状排列，一般 5~10 片；叶片圆形、宽卵形或宽菱形，长 4.5~14.5cm，宽 5~14cm，先端钝圆或微尖，基部宽楔形或在幼时为浅心形，全缘，具弧形脉，表面深绿色，光亮，质地厚实，两边微向上卷，顶部略向下翻卷；叶柄长短不等，中部膨大呈囊状或纺锤形，内有许多多边形柱状细胞组成的气室，维管束散布其间，黄绿色至绿色，光滑；叶柄基部有鞘状苞片，长 8~11cm，黄绿色，薄而半透明。花葶从叶柄基部的鞘状苞片腋内伸出，长 34~46cm，多棱；穗状花序长 17~20cm，通常具 9~12 朵花；花被裂片 6 片，花瓣状，卵形、长圆形或倒卵形，紫蓝色，花冠略两侧对称，直

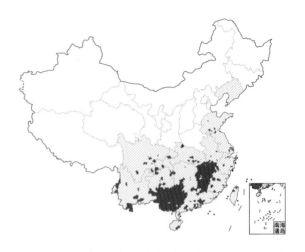

径 4~6cm，上方 1 片裂片较大，长约 3.5cm，宽约 2.4cm，三色，即四周淡紫红色，中间蓝色，在蓝色的中央有 1 个黄色圆斑，其余各片长约 3cm，宽 1.5~1.8cm，下方 1 片裂片较狭，宽 1.2~1.5cm，花被片基部合生成筒，外面近基部有腺毛；雄蕊 6 枚，贴生于花被筒上，3 长 3 短，长的从花被筒喉部伸出，长 1.6~2cm，短的生于近喉部，长 3~5mm；花丝上有腺毛，长约 0.5mm，3(2~4) 个细胞，先端膨大；花药箭形，基着，蓝灰色，2 室，纵裂；花粉粒长卵圆形，黄色；子房上位，长梨形，长 6mm，3 室，中轴胎座，胚珠多数；花柱 1 个，长约 2cm，伸出

凤眼蓝 *Eichhornia crassipes* (Mart.) Solms 居群

凤眼蓝 *Eichhornia crassipes* (Mart.) Solms 居群

凤眼蓝 *Eichhornia crassipes* (Mart.) Solms 花

凤眼蓝 *Eichhornia crassipes* (Mart.) Solms. 居群

凤眼蓝 *Eichhornia crassipes* (Mart.) Solms 植株

花被筒的部分有腺毛；柱头上密生腺毛。蒴果卵形。花期 7~10 月，果期 8~11 月。

生境：常生于水库、湖泊、池塘、沟渠、流速缓慢的河道、沼泽地和稻田中。

国内分布：安徽、江苏、上海、浙江、江西、湖北、湖南、福建、广东、广西、海南、台湾、重庆、四川、贵州、云南，辽宁南部及山东也有，但不能野外越冬。

国外分布：原产巴西东北部；现全世界温暖地区归化。

入侵历史及原因：1901 年从日本引入我国台湾作花卉，20 世纪 50 年代作为猪饲料推广。有意引进，人工引种。

入侵危害：大量逸生，堵塞河道，影响航运、排灌和水产品养殖；破坏水生态系统，威胁本地生物多样性；吸附重金属等有毒物质，死亡后沉入水底，构成对水质的二次污染；覆盖水面，影响生活用水，滋生蚊蝇。

50. 石蒜科 Amaryllidaceae

葱莲 *Zephyranthes candida* (Lindl.) Herb.

别名：玉帘、葱兰、白菖蒲莲

英文名：Rain Lily, Fairy Lily

分类地位：石蒜科 Amaryllidaceae

危害程度：中度入侵。

性状描述：多年生草本，鳞茎卵形，直径约2.5cm，具有明显的颈部，颈长2.5~5cm。叶狭线形，肥厚，亮绿色，长20~30cm，宽2~4mm。花茎中空；花单生于花茎先端，下有带褐红色的佛焰苞状总苞，总苞片先端2裂；花梗长约1cm；花白色，外面常带淡红色；几无花被管，花被片6片，长3~5cm，先端钝或具短尖头，宽约1cm，近喉部常有很小的鳞片；雄蕊6枚，长约为花被的1/2；花柱细长，柱头不明显3裂。蒴果近球形，直径约1.2cm，3瓣开裂。种子黑色，扁平。花期秋季。

生境：多生于花坛、路边、林下，喜肥沃黏性土壤。

国内分布：安徽、福建、广东、广西、贵州、海南、湖北、江苏、江西、山东、山西、天津、云南、浙江、重庆。

国外分布：原产南美洲。

入侵历史及原因：20世纪50年代引入。有意引入，作为观赏花卉。

入侵危害：易逸生为杂草。

葱莲 *Zephyranthes candida* (Lindl.) Herb. 居群

葱莲 *Zephyranthes candida* (Lindl.) Herb. 花

葱莲 *Zephyranthes candida* (Lindl.) Herb. 居群

葱莲 *Zephyranthes candida* (Lindl.) Herb. 居群

葱莲 *Zephyranthes candida* (Lindl.) Herb. 植株

韭莲 *Zephyranthes carinata* Herb.

别名：风雨兰、韭菜莲、韭菜兰

英 文 名：Rosepink Zephyr Lily, Rain Pink Rain Lily

分类地位：石蒜科 Amaryllidaceae

拉丁异名：*Zephyranthes grandiflora* Lindl.

危害程度：轻度入侵。

性状描述：多年生草本，鳞茎卵球形，直径 2~3cm。基生叶常数枚簇生，线形，扁平，长 15~30cm，宽 6~8mm。花单生于花茎先端，下有佛焰苞状总苞，总苞片常带淡紫红色，长 4~5cm，下部合生成管；花梗长 2~3cm；花玫瑰红色或粉红色；花被管长 1~2.5cm，花被裂片 6 枚，裂片倒卵形，先端略尖，长 3~6cm；雄蕊 6 枚，长约为花被的 2/3~4/5，花药"丁"字形着生；子房下位，3 室，胚珠多数，花柱细长，柱头深 3 裂。蒴果近球形。种子黑色。花期夏秋。

生境：逸生于草地、园圃和路边。

国内分布：福建、广东、广西、海南、河北、江西、云南。

国外分布：原产墨西哥。

入侵历史及原因：作为观赏植物引入。

入侵危害：排挤当地物种。

韭莲 *Zephyranthes carinata* Herb. 居群

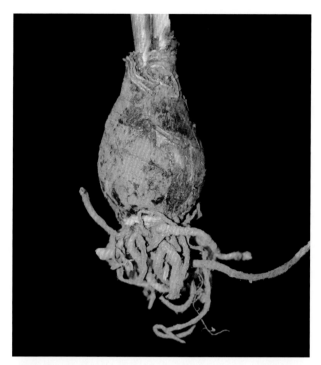

韭莲 *Zephyranthes carinata* Herb. 鳞茎

韭莲 *Zephyranthes carinata* Herb. 植株

韭莲 *Zephyranthes carinata* Herb. 蒴果

韭莲 *Zephyranthes carinata* Herb. 花

参考文献

[1] 安瑞军，王永忠，田迅 . 外来入侵植物——少花蒺藜草研究进展 [J]. 杂草科学，2015, 33(1): 27–31.

[2] 毕玉科，田旗，卢钟玲，等 . 舟山岛外来植物及其入侵性分析 [J]. 福建林业科技，2015, 42(1): 151–159+172.

[3] 陈又生 . 蓝花野茼蒿，中国菊科一新记录归化种 [J]. 热带亚热带植物学报，2010, 18(1): 47–48.

[4] 单家林 . 海南岛种子植物分布新记录 [J]. 福建林业科技，2009, 36(3): 256–259.

[5] 范晓虹 . 口岸外来杂草监测图谱 [M]. 北京 . 中国科学技术出版社，2016.

[6] 付增娟，张川红，郑勇奇，等 . 黑荆和银荆的繁殖扩散与入侵潜力 [J]. 林业科学，2006, 42(10): 48–53.

[7] 付增娟 . 黑荆和银荆的生物入侵研究 [D]. 北京 : 中国林业科学研究院，2005.

[8] 高文远，李志亮，肖培根 . 红花种子萌发初期的生理生化研究 [J]. 中国中药杂志，1996, 21(6): 338–382.

[9] 高颜 . 影响双穗雀稗生长发育的因素与化除药剂筛选研究 [D]. 扬州大学，2015.

[10] 郭琼霞 . 长刺蒺藜草 (Cenchrus longispinus) 传入中国的风险性研究 [J]. 江西农业学报，2011, 23(12): 68–70.

[11] 李长看，张云霞，贾元翔，等 . 河南省生物入侵种调查及对策研究 [J]. 河南农业大学学报，2011, 45(6): 672–677.

[12] 李福祥 . 采取果断措施根除毒麦 [M]. 植物检疫，1993, 7(6): 461.

[13] 李宏，陈锋 . 警惕外来物种入侵 [M]. 重庆 : 重庆出版社，2017.

[14] 李惠茹，闫小玲，严靖，等 . 浙江归化植物新记录 [J]. 杂草学报，2016, 34(1): 31–35.

[15] 李文靖，张堰铭 . 海北站周围 3 种外来物种入侵状况的初步研究 [J]. 草业科学，2007, (11): 22–25.

[16] 李扬汉 . 中国杂草志 [M]. 北京 : 中国农业出版社，1998.

[17] 李振宇，解焱 . 中国外来入侵种 [M]. 北京 : 中国林业出版社，2002.

[18] 李振宇 . 中国一种新归化植物——菱叶苋 [J]. 植物研究，2004, 24(3): 265–266.

[19] 梁维敏 . 少花蒺藜草的特征、危害及防控措施 [J]. 园艺与种苗，2012 (02): 53–55.

[20] 林春华，唐赛春，韦春强，等 . 广西来宾市外来入侵植物的调查研究 [J]. 杂草科学，2015, 33(1): 38–44.

[21] 林春蕊，沈晓琳，黄俞淞，等 . 广西外来种子植物新记录 [J]. 广西植物，2012, 32(4): 446–449.

[22] 刘长生，郭怀龙，滕建轮，等 . 日照口岸进境矿物携带有害生物调查研究 [J]. 植物检疫，2013, 27(5): 81–84.

[23] 刘雷，段林东，周建成，等 . 湖南省 4 种新记录外来植物及其入侵性分析 [J]. 生命科学研究，2017, 21(1): 31–34.

[24] 刘莉娜 . 引种无瓣海桑对深圳湾滩涂环境的影响 [D]. 中山大学，2017.

[25] 刘全儒，车晋滇，贾潞生，等 . 北京及河北植物新记录 (Ⅲ) [J]. 北京师范大学学报 (自然科学版)，2005, 41(5): 510–512.

[26] 刘全儒, 于明, 周云龙. 北京地区外来入侵植物的初步研究 [J]. 北京师范大学学报 (自然科学版), 2002, 38(3): 399–404.

[27] 刘全儒, 张劲林. 北京植物区系新资料 [J]. 北京师范大学学报 (自然科学版), 2014, 50(2): 166–168.

[28] 吕林有, 赵艳, 王海新, 等. 刈割对入侵植物少花蒺藜草再生生长及繁殖特性的影响 [J]. 草业科学, 2011,28(1): 100–104.

[29] 莫训强, 孟伟庆, 李洪远. 天津 3种外来植物新记录——长芒苋、瘤梗甘薯和钻叶紫菀 [J]. 天津师范大学学报 (自然科学版), 2017, 37(2): 36–56.

[30] 曲红, 路端正. 中国玄参科植物新资料 [J]. 北京林业大学学报, 2000, 22(6): 67–68.

[31] 群慧. 千穗谷的引种和栽培 [J]. 农业科技通讯, 1976 (Z1): 7.

[32] 寿海洋, 闫小玲, 叶康, 等. 江苏省外来入侵植物的初步研究 [J]. 植物分类与资源学报, 2014,36(6): 793–807.

[33] 汤东生, 寸植贤, 方海燕, 等. 土壤湿度和播种深度对检疫性杂草宽叶酢浆草繁殖的效应 [J]. 云南农业大学学报, 2015,30(3): 333–337.

[34] 田家怡. 山东外来入侵有害生物与综合防治技术 [M]. 北京: 科学出版社, 2004.

[35] 田兴山, 岳茂峰, 冯莉, 等. 外来入侵杂草白花鬼针草的特征特性 [J]. 江苏农业科学, 2010 (5): 174–175.

[36] 万方浩, 刘全儒, 谢明, 等. 生物入侵: 中国外来入侵植物图鉴 [M]. 北京: 科学出版社, 2012.

[37] 汪远, 李惠茹, 马金双. 上海外来植物及其入侵等级划分 [J]. 植物分类与资源学报, 2015, 37(02): 185–202.

[38] 王坤芳. 草甸草原少花蒺藜草入侵机制及防控措施研究 [D]. 沈阳农业大学, 2016.

[39] 王秋实, 汪远, 闫小玲, 等. 假刺苋——中国大陆一新归化种 [J]. 热带亚热带植物学报, 2015, 23(3): 284–288.

[40] 王瑞, 冼晓青, 万方浩. 北美刺龙葵在中国的适生区预测 [J]. 生物安全学报, 2016, 25(2): 106–113.

[41] 王巍, 韩志松. 外来入侵生物——少花蒺藜草在辽宁地区的危害与分布 [J]. 草业科学, 2005, 22(7): 63–64.

[42] 吴彤, 孟陈, 戴洁, 等. 山东外来植物的危害及生态特征 [J]. 山东师范大学学报 (自然科学版), 2006, 21(4): 105–109.

[43] 武目涛, 赵菊鹏, 赵立荣, 等. 广东口岸近年截获危险性杂草苍耳疫情分析 [J]. 安徽农业科学, 2016, 44(36): 165–167.

[44] 熊先华, 丁炳扬, 张豪, 等. 浙江植物分布 2新记录属和 5新记录种 [J]. 浙江大学学报 (理学版), 2014, 41(4): 432–434+439.

[45] 徐丹阳. 火炬树入侵生物学特性及其入侵机制的研究 [D]. 沈阳: 沈阳农业大学, 2016.

[46] 徐海根, 强胜. 中国外来入侵物种编目 [M]. 北京: 中国环境科学出版社, 2004.

[47] 徐海根, 强胜. 中国外来入侵生物 [M]. 北京: 科学出版社, 2011.

[48] 徐晗, 宋云, 范晓虹, 等. 3种异株苋亚属杂草入侵风险及其在我国适生性分析 [J]. 植物检疫, 2013, 27(4): 20–23.

[49] 徐晗. 中国苋属的系统学研究 [D]. 中国科学院植物研究所, 2010.

[50] 徐军, 李青丰, 王树彦, 等. 少花蒺藜草开花习性与种子萌发特性研究 [J]. 中国草地学报, 2011, 33(2): 12–16.

[51] 徐瑛, 张建成, 陈先锋, 等. 白苞猩猩草鉴定及其检疫意义 [J]. 植物检疫, 2006, 20(4): 223–225.

[52] 徐正浩, 戚航英, 陆永良, 等. 杂草识别与防治 [M]. 杭州: 浙江大学出版社, 2014.

[53] 杨忠兴, 陶晶, 郑进烜. 云南湿地外来入侵植物特征研究 [J]. 西部林业科学, 2014, 43(1): 54–61.

[54] 于文涛, 吴薇, 虞赟, 等. 检疫性杂草匍匐矢车菊的学名考证 [J]. 植物保护, 2016, 42(5): 131–133.

[55] 虞赟, 于文涛, 郭琼霞, 等. 一种检疫性有害植物——西部苋 [J]. 江西农业学报, 2012, 24(8): 70–72.

[56] 曾宪锋, 邱贺媛, 林静兰. 福建省 2种新记录归化植物 [J]. 安徽农业科学杂志, 2012, (10): 186.

[57] 曾宪锋, 邱贺媛, 马金双. 江西省 2种大戟属新归化植物 [J]. 广东农业科学, 2012, (20): 151–158.

[58] 曾宪锋，邱贺媛．广东省2种新记录归化杂草 [J]．广东农业科学，2012, (18): 58–61.

[59] 张劲林，吕玉峰，边勇，等．中国境内（内地）一种新的入侵植物——印加孔雀草 [J]．植物检疫，2014, 28(2): 65–67.

[60] 张绍升．原野菟丝子在中国重新发现 [J]．福建农学院学报，1989 (3): 308–311.

[61] 张伟，范晓虹，赵宏．外来入侵杂草——银毛龙葵 [J]．植物检疫，2013, 27(4): 72–76.

[62] 张媛媛，罗小勇．三十五种菊科植物对吡氟禾草灵的敏感性差异 [J]．植物保护学报，2010, 37(6): 557–561.

[63] 郑元春．台湾海滨植物 天人菊 [J]．园林，2011 (4): 68–69.

[64] 周玉玲．外来入侵生物——毒莴苣的识别与防治 [J]．植物保护，2016 (2): 35–36.

[65] 朱长山，田朝阳，吕书凡，等．河南外来入侵植物调查研究及统计分析 [J]．河南农业大学学报，2007, 41(2) 183–187.

[66] 朱长山，朱世新．铺地藜——中国藜属一新归化种 [J]．植物研究，2006 (2): 2131–2132.

[67] Baker H G. Self-compatibility and Establishment after "Long Distance" Dispersal [J]. Evolution, 1955, 9(3): 347-349.

[68] Bansiddhi J. *Croton bonplandianus* Baill. (Euphorbiaceae) newly recorded for Thailand [J]. Natural History Bulletin of the SIAM Society, 1994, 42(1) 79-85.

[69] Beena K, Shiv P S, Anupam P S, et al. A Preliminary Survey of Invasive Alien Angiosperms of Rohilkhand Region (U.P.), India [J]. Plant Archives, 2016, 16(1): 45-50.

[70] Benjamin W van E, Paul E B. Taxonomy and Phylogeny of *Croton* Section *Heptallon* (Euphorbiaceae) [J]. Systematic Botany, 2010, 35(1): 151-167.

[71] Boughton L L. *Croton capitatus* as a Poisonous Forage Plant [J]. Transactions of the Kansas Academy of Science, 1931, 34: 114.

[72] Bovey R W, Meyer R E. Woolly Croton (*Croton capitatus*) and Bitter Sneezeweed (*Helenium amarum*) Control in the Blackland Prairie of Texas [J]. Weed Technology, 1990, 4(4): 862-865.

[73] Clive A S, Michael J G. Alien Plants [M]. London: William Collins, 2015.

[74] Dutta S, Chaudhuri T K. Pharmacological aspect of Croton bonplandianus Baill.: A comprehensive review [J]. Journal of Pharmacognosy and Phytochemistry, 2018, 7(1): 811-813.

[75] Elkhawad M, Kordofani M, Alhadari S, et al. *Croton capitatus* Michx. (Euphorbiaceae): New Record for the Flora of Sudan [J]. Persian Gulf Crop Protection, 2014, 3(4): 45-48.

[76] Forster P I. A taxonomie revision of *Croton* L. (Euphorbiaceae) in Australia [J]. Austrobaileya, 2003, 6(3): 349-436.

[77] Hao J H, Qiang S, Chrobock T, et al. A test of baker s law: breeding systems of invasive species of Asteraceae in China [J]. Biological Invasions, 2011, 13: 571-580.

[78] Hsu T W, Chiang T Y, Peng C I. *Croton bonplandianus* Baillon (Euphorbiaceae), a Plant Newly Naturalized to Taiwan [J]. Endemic Species Research (特有生物研究), 2006, 8(1): 77-82.

[79] Kadereit J W. Kubitzki, The Families and Genera of Vascular Plants: vol. 7 [M]. Berlin: Springer, 2004.

[80] Levin G A, Gillespie L. Flora of North America. Vol.12. (Euphorbiaceae) [M]. New York: Oxford University Press, 2016.

[81] Losa Espana T M. Especies Espanolas Del Genero Chaenorrhinum Lge [J]. Anales Del Instituto Botanico Cavanilles, 1963, 21: 545-566.

[82] Nasir E, Ali S I. Flora of Pakistan: Vol.12 [M]. Karachi: Shamim Printing Press, 1986.

[83]Pandian M, Natarajan S. Studies On The Invasive Alien Plant Species In Tiruvannamalai Reserve Forest, Eastern Ghats, Tamil Nadu, India [J]. Asia Pacific Journal of Research, 2018, 1: 8-15.

[84]Urbatsch L E, Bacon J D, Hartman R L, et al. Chromosome Numbers for North American Euphorbiaceae [J]. American Journal of Botany, 1975, 62(5): 494-500.

[85]Scoggan H J. The Flora of Canada, Part. 4 [M]. Ottawa: National Museum of Natural Sciences, National Museums of Canada, 1979.

[86]Stace C. New Flora of The British Isles. 2nd [M]. Cambridge: Cambridge University Press, 1997.

[87]Stebbins G L. Self fertilization and population variability in the higher plants [J]. The American Naturalist, 1957, 91: 337-354.

[88]Tutin T G, Heywood V H, Burges N A, et al. Flora Europaea Vol. 3 [M]. Cambridge: Cambridge University Press, 1972.

拉丁学名索引

中文名称索引